普通高等院校电子信息类专业应用型规划教材

数字电路与系统

大连理工大学城市学院电子技术研究室　编

唐志宏　韩振振　主编

北京邮电大学出版社

·北京·

内 容 简 介

本书是由具有多年丰富教学和实践经验的高校教师编写,密切结合实际,概念清晰,结构合理,重点突出,便于教学和学习。

本书内容包括数字逻辑基础、集成逻辑门、组合逻辑电路、触发器、时序逻辑电路、存储器和可编程逻辑器件、脉冲波形产生和定时电路、数模和模数转换电路、数字系统设计举例等,各章附有习题和答案。

本书可作为高校电子信息类、计算机类及自动化类等专业的教材和教学参考书,也可作为具有中等文化程度的工程技术人员和感兴趣的读者的自学读物。

图书在版编目(CIP)数据

数字电路与系统/唐志宏,韩振振主编.—北京:北京邮电大学出版社,2008(2022.7 重印)
ISBN 978-7-5635-1575-2

Ⅰ.数… Ⅱ.①唐…②韩… Ⅲ.数字集成电路—系统设计—高等学校—教材 Ⅳ.TN431.2

中国版本图书馆 CIP 数据核字(2007)第 185239 号

书　　名:	数字电路与系统
作　　者:	唐志宏　韩振振
责任编辑:	王晓丹
出版发行:	北京邮电大学出版社
社　　址:	北京市海淀区西土城路 10 号(邮编:100876)
发 行 部:	电话:010-62282185　传真:010-62283578
E-mail:	publish@bupt.edu.cn
经　　销:	各地新华书店
印　　刷:	保定市中画美凯印刷有限公司
开　　本:	787 mm×960 mm　1/16
印　　张:	20
字　　数:	426 千字
版　　次:	2008 年 2 月第 1 版　2022 年 7 月第 7 次印刷

ISBN 978-7-5635-1575-2　　　　　　　　　　　　　　　　　　定 价:44.00 元

应用型本科电子信息类规划教材编委会

前　言

本书《数字电路与系统》是由具有多年丰富教学和实践经验的高校教师编写。本书是编者在原编著教材《数字电路逻辑设计》的基础上,结合当前数字电子技术发展及实际应用和课程教学的需要,对原书内容进行了部分修改和调整,力求结构合理、重点突出,以更有利于学生的学习。本书在内容安排上有如下新的特点:

1. 在第 2 章数字逻辑基础中,首先给出反相圈"○"的概念及应用。

2. 在第 4 章组合逻辑电路中,给出逻辑电路有效电平的概念,这对于学生读懂实际应用中的逻辑电路图十分有用。

3. 在第 6 章时序逻辑电路中,重点介绍同步时序逻辑电路的分析和设计,并通过实例,用简洁的方法和步骤,给出比较容易掌握和理解的设计过程。

4. 在第 7 章存储器和可编程逻辑器件中,介绍了目前广泛使用的 CPLD、FPGA 和闪存存储器(Flash Memory)。

5. 在第 10 章数字系统设计举例中,简介算法状态机(ASM)图表,并通过实例,比较详细地介绍了简单数字系统的设计过程;也给出了 VHDL 语言数字系统设计实例。

6. 在第 4 章介绍硬件描述语言(VHDL)及其在逻辑门、组合逻辑电路方面的应用,并在第 6 章介绍 VHDL 语言在时序逻辑电路方面的应用。

另外,将书中讲解的中规模数字集成电路的国际逻辑符号统一安排在附录中予以专门具体说明,而在前面章节不做介绍。

本书内容分为三部分:数字逻辑、脉冲波形产生和定时电路、数模与模数转换电路,其中重点是数字逻辑部分。教师可根据学生所学专业、课程学时及不同层次、不同类型的教学要求,对本教材的内容进行选择性使用。学习本书内容原则上不需要高等数学、电路、电子线路等大学课程的基础。

本书由唐志宏编写第 1、2、4、5、6、10 章和附录,李美花编写第 3 章,王鲁云参加编写第 4 章,马或编写第 4、6、10 章 VHDL 部分和第 7 章,张辉编写第 8、9 章和参加编写第 5 章,并对相关书稿进行了整理,制作了电子教案。韩振振教授对本书编写给予了指导。全书由唐志宏拟定编写大纲和最后统一定稿。

因编者水平所限,书中难免存在错误和不妥之处,请读者不吝指正。

编　者
2007 年 9 月

目　　录

第 1 章　引言 ··· 1

  1.1　数字电路和数字系统 ··· 1

  1.2　数字逻辑和逻辑代数 ··· 2

  1.3　数字集成电路和器件 ··· 3

第 2 章　数字逻辑基础 ··· 5

  2.1　数制与代码 ·· 5

    2.1.1　数制 ·· 5

    2.1.2　数制间的转换 ··· 7

    2.1.3　有符号的二进制数 ··· 10

    2.1.4　二进制代码 ··· 13

  2.2　基本逻辑运算和逻辑门 ·· 15

    2.2.1　基本逻辑运算 ··· 15

    2.2.2　基本逻辑门电路 ··· 17

    2.2.3　复合逻辑运算及其逻辑门 ··· 19

    2.2.4　正逻辑和负逻辑 ··· 21

  2.3　逻辑函数及逻辑代数公式 ··· 22

    2.3.1　逻辑函数 ·· 22

    2.3.2　逻辑代数基本公式和常用公式 ··· 23

  2.4　逻辑函数标准表达式 ··· 25

    2.4.1　最小项 ··· 25

    2.4.2　逻辑函数标准表达式 ··· 25

    2.4.3　最大项及标准或与表达式 ··· 27

  2.5　逻辑函数化简 ··· 27

    2.5.1　逻辑函数化简的意义 ··· 27

　　　2.5.2　代数化简法 ·· 28

　　　2.5.3　卡诺图化简法 ··· 29

　　2.6　逻辑函数的门电路实现 ··· 34

　　　2.6.1　两级与或逻辑电路 ··· 34

　　　2.6.2　两级与非逻辑电路 ··· 34

　　　2.6.3　两级或非逻辑电路 ··· 36

　　　2.6.4　与或非逻辑电路 ·· 37

　　习题 ·· 37

第3章　集成逻辑门 ··· 43

　　3.1　概述 ·· 43

　　3.2　CMOS 逻辑门 ··· 44

　　　3.2.1　CMOS 基本电路 ·· 44

　　　3.2.2　CMOS 电路特性参数 ·· 47

　　　3.2.3　其他 CMOS 电路 ·· 51

　　　3.2.4　CMOS 逻辑系列 ·· 56

　　3.3　TTL 逻辑门 ··· 57

　　　3.3.1　TTL 基本电路 ··· 57

　　　3.3.2　TTL 电路特性参数 ··· 59

　　3.4　ECL 逻辑门 ··· 60

　　3.5　数字集成电路实际使用 ··· 61

　　　3.5.1　CMOS/TTL 接口电路 ·· 61

　　　3.5.2　数字集成电路型号识别 ·· 63

　　　3.5.3　数字集成电路使用注意事项 ··· 64

　　习题 ·· 64

第4章　组合逻辑电路 ··· 68

　　4.1　组合逻辑电路分析和设计 ·· 68

　　　4.1.1　组合逻辑电路特点 ··· 68

　　　4.1.2　组合逻辑电路分析 ··· 69

　　　4.1.3　组合逻辑电路设计 ··· 70

　　　4.1.4　有效电平 ··· 72

　　4.2　加法器 ·· 72

　　　4.2.1　半加器 ·· 72

　　　4.2.2　全加器 ·· 73

　　　4.2.3　四位二进制加法器 ······························· 74

4.3　算术逻辑单元 ··· 78

　　　4.3.1　一位简单算术逻辑单元 ······················· 78

　　　4.3.2　集成算术逻辑单元 ··························· 78

4.4　编码器 ··· 80

　　　4.4.1　二进制编码器 ······························· 80

　　　4.4.2　二-十进制编码器 ··························· 81

　　　4.4.3　优先编码器 ······························· 82

4.5　译码器 ··· 83

　　　4.5.1　译码的概念 ······························· 83

　　　4.5.2　二进制译码器 ······························· 84

　　　4.5.3　二-十进制译码器 ··························· 86

　　　4.5.4　显示译码器 ······························· 87

4.6　数据选择器和数据分配器 ························· 89

　　　4.6.1　数据选择器 ······························· 89

　　　4.6.2　数据分配器 ······························· 91

4.7　数值比较器 ··· 93

　　　4.7.1　四位数值比较器 ··························· 93

　　　4.7.2　数值比较器应用 ··························· 93

4.8　组合逻辑电路的竞争冒险 ························· 95

　　　4.8.1　竞争冒险的产生 ··························· 95

　　　4.8.2　竞争冒险的判断 ··························· 96

　　　4.8.3　竞争冒险的消除 ··························· 96

4.9　VHDL 语言 ··· 96

　　　4.9.1　VHDL 基本程序结构 ······················· 97

　　　4.9.2　VHDL 数据和运算符 ······················· 98

　　　4.9.3　VHDL 基本语句——并发描述语句 ··········· 101

　　　4.9.4　VHDL 基本语句——顺序描述语句 ··········· 106

4.10　组合逻辑电路 VHDL 设计举例 ··················· 110

　　　4.10.1　三输入与非门 ······························· 110

　　　4.10.2　三态门 ··································· 110

　　　4.10.3　半加器、全加器、四位串行进位加法器 ····· 111

　　　4.10.4　4 线-7 段显示译码器 ······················· 113

　　　4.10.5　八选一数据选择器 ························· 114

　　　4.10.6　四位数值比较器 ··························· 115

    习题 ·· 116

第5章 触发器 ·· 121

  5.1 基本 RS 触发器 ·· 121

    5.1.1 与非门构成的基本 RS 触发器 ···························· 121

    5.1.2 或非门构成的基本 RS 触发器 ···························· 123

  5.2 时钟触发器 ·· 123

    5.2.1 时钟 RS 触发器(RS 锁存器) ·························· 123

    5.2.2 时钟 D 触发器(D 锁存器) ···························· 125

    5.2.3 时钟 JK 触发器 ·· 125

    5.2.4 时钟 T 触发器 ·· 126

    5.2.5 触发器的触发方式和空翻问题 ···························· 127

  5.3 边沿触发器 ·· 128

    5.3.1 维持阻塞正边沿 D 触发器 ······························ 128

    5.3.2 传输延迟负边沿 JK 触发器 ······························ 129

    5.3.3 CMOS 主从结构正边沿 D 触发器 ························ 130

  5.4 主从触发器 ·· 131

    5.4.1 主从 RS 触发器 ·· 132

    5.4.2 主从 JK 触发器 ·· 133

  5.5 触发器的动态特性 ·· 134

    5.5.1 建立时间 ·· 134

    5.5.2 保持时间 ·· 134

    5.5.3 传输延迟时间 ·· 134

    5.5.4 最高时钟频率 ·· 135

  5.6 触发器的激励表及相互转换 ·· 135

    5.6.1 触发器的激励表 ·· 135

    5.6.2 触发器的相互转换 ······································ 136

  5.7 集成触发器 ·· 137

    5.7.1 集成 D 触发器 74HC/HCT74 ························ 137

    5.7.2 集成 JK 触发器 74LS112 ···························· 138

    习题 ·· 139

第6章 时序逻辑电路 ·· 144

  6.1 概述 ·· 144

    6.1.1 时序逻辑电路的一般描述 ································ 144

  6.1.2 Mealy 机和 Moore 机 ·································· 146

  6.1.3 同步时序逻辑电路和异步时序逻辑电路 ············· 146

 6.2 同步时序逻辑电路分析 ·································· 147

  6.2.1 同步时序电路分析的步骤 ························· 147

  6.2.2 同步时序电路分析举例 ··························· 147

 6.3 计数器 ·· 150

  6.3.1 异步二进制计数器 ································· 151

  6.3.2 同步二进制计数器 ································· 152

  6.3.3 十进制计数器 ·· 152

  6.3.4 常用集成计数器 ···································· 154

 6.4 寄存器 ·· 159

  6.4.1 寄存器基本结构 ···································· 159

  6.4.2 典型集成移位寄存器 x194 ······················ 162

  6.4.3 寄存器应用 ·· 163

 6.5 同步时序逻辑电路设计 ·································· 165

  6.5.1 同步时序电路设计步骤 ··························· 165

  6.5.2 同步时序电路设计举例 ··························· 167

 6.6 时序逻辑电路 VHDL 设计举例 ······················ 172

  6.6.1 D 触发器 ··· 172

  6.6.2 四位 D 触发器 ······································ 173

  6.6.3 四位同步二进制加计数器 ························· 174

  6.6.4 四位同步十进制加计数器 ························· 175

 习题 ·· 176

第 7 章 存储器和可编程逻辑器件 ························ 184

 7.1 概述 ··· 184

 7.2 随机存取存储器 ··· 185

  7.2.1 静态随机存取存储器 ····························· 186

  7.2.2 存储器容量扩展 ···································· 189

  7.2.3 动态随机存取存储器 ····························· 190

 7.3 只读存储器 ·· 193

  7.3.1 只读存储器基本结构 ····························· 194

  7.3.2 一次性可编程只读存储器 ························· 195

  7.3.3 电擦写可编程只读存储器 ························· 196

  7.3.4 闪存存储器 ·· 198

7.4　可编程逻辑器件 ·· 200

7.4.1　可编程逻辑器件的基本结构和表示方法 ········· 200

7.4.2　可编程逻辑阵列 ·· 201

7.4.3　可编程阵列逻辑 ·· 203

7.4.4　通用阵列逻辑 ·· 203

7.5　复杂可编程逻辑器件 ··· 205

7.5.1　CPLD 内部结构 ·· 205

7.5.2　CPLD 编程简介 ·· 208

7.6　现场可编程门阵列 ··· 209

7.6.1　查找表原理 ·· 209

7.6.2　FPGA 结构及编程 ····································· 210

习题 ·· 212

第 8 章　脉冲波形产生和定时电路 ····························· 215

8.1　脉冲波形产生电路 ··· 215

8.1.1　概述 ·· 215

8.1.2　多谐振荡器 ·· 215

8.1.3　单稳态触发器 ·· 218

8.1.4　石英晶体多谐振荡器 ·································· 220

8.2　555 定时电路 ··· 221

8.2.1　555 定时电路的结构和功能 ························· 221

8.2.2　555 定时电路组成多谐振荡器 ······················ 222

8.2.3　555 定时电路组成单稳态触发器 ··················· 223

8.3　其他典型集成定时电路 ······································ 224

8.3.1　TTL 集成单稳态触发器 74121 ····················· 224

8.3.2　CMOS 集成振荡器 CD4047 ························· 225

习题 ·· 227

第 9 章　数模和模数转换电路 ··································· 231

9.1　概述 ··· 231

9.1.1　转换关系和量化编码 ·································· 232

9.1.2　主要技术指标 ·· 234

9.2　数模转换器 ··· 235

9.2.1　权电阻网络 DAC ······································· 236

9.2.2　倒 T 形电阻网络 DAC ································· 237

　　　9.2.3　权电流型 DAC ·· 238

　9.3　集成 DAC 及应用 ·· 239

　　　9.3.1　集成 DAC0832 ·· 239

　　　9.3.2　集成 AD7524 ·· 240

　9.4　模拟-数字转换器 ·· 242

　　　9.4.1　反馈式 ADC ·· 242

　　　9.4.2　积分式 ADC ·· 245

　　　9.4.3　并行比较式 ADC ·· 247

　9.5　集成 ADC 及应用 ·· 249

　　　9.5.1　集成 ADC0809 ·· 249

　　　9.5.2　集成双斜积分式 ADC ·· 250

　习题 ··· 251

第 10 章　数字系统设计举例 ··· 256

　10.1　数字系统描述和设计 ··· 256

　　　10.1.1　数字系统描述 ·· 256

　　　10.1.2　数字系统设计 ·· 257

　10.2　ASM 图表及设计举例 ··· 258

　　　10.2.1　ASM 图表 ··· 258

　　　10.2.2　ASM 图表设计举例 1:交通灯控制器 ························· 259

　　　10.2.3　ASM 图表设计举例 2:彩灯控制器 ··························· 263

　10.3　VHDL 语言及设计举例 ·· 267

　　　10.3.1　交通灯控制器 ·· 267

　　　10.3.2　彩灯控制器 ·· 270

习题参考答案 ·· 275

附录　典型中规模集成电路的国标逻辑符号及说明 ·························· 299

参考文献 ··· 304

第1章 引 言

当今世界,科学技术的发展日新月异,但令人感受最为直接、最为深刻的还是信息技术的迅猛发展。计算机这一以往科技人员手中名贵的工具,现在正成为普通百姓家庭的一件家用电器。目前广泛应用的 CD、VCD、DVD、MP3、MP4、手机、IC 卡、因特网(Internet)、电子邮件(E-mail)、网上 QQ 等,无不在改变人们的工作方式、学习方式甚至生活方式。有人说,世界已进入数字经济时代。信息技术的迅猛发展掀起新时代的数字革命,数字经济时代的一切信息将数字化。

1.1 数字电路和数字系统

数字电路是一门新兴的电子电路技术学科。按照电路信号形式的不同,通常将电子电路分为模拟电路(即模拟电子技术)和数字电路(即数字电子技术)两大类。模拟电路是接收和处理模拟信号的电路,模拟信号是在时间和幅值上都连续变化的信号。例如机械式指针手表的秒、分、时显示是连续变化的,可以看成是模拟信号。数字电路是接收和处理数字信号的电路,数字信号是在时间和幅值上都不连续,并取一定离散数值的信号,通常是由数字 0 和 1(也可以说是由低电平电信号和高电平电信号)组成的信号。例如数字电子表显示时间是离散的数值,秒、分、时都是不连续的,电子表中的信号是数字信号。数字电路构成数字系统,数字系统实现对数字信号的存储和各种操作,以满足各种数据处理和信号处理的应用需要。以数字电路为基础的数字技术是实现信息化的硬件基础。

处理数字信号的系统是数字系统,最典型的数字系统就是计算机。数字系统具有如下几个优点。

(1) 数字系统具有较小的误差。因为数字系统中的信号只有两种离散取值,远比模拟信号的连续取值更容易区分,所以数字系统很少出现错误。即使出现错误,数字系统对错误的检测和修正也是比较容易和简单的。另外,相对来说,模拟电路对元件参数的变化比较敏感,而数字电路中的元件工作于开关状态,对元件参数变化不太敏感,因此,数字系统有更高的可靠性和稳定性。

(2) 数字系统具有更高的精确性。数字系统可以通过增加表示信息的变量个数来增加信息处理的精确性,而模拟系统的精确性却仅取决于元件的精确性。

(3) 数字系统不但适用于数值性信息的处理,而且适用于非数值性信息的处理,而模拟系统却只能处理数值性信息。

（4）数字系统处理信息可将一项大任务划分为多项独立的子任务,并且这些子任务能被按顺序分别完成,这样可以形成模块化和成本较低的系统。

（5）数字系统处理信息可以采用通用的信息处理系统(比如计算机)来处理不同的任务,从而减少专门系统的成本。

随着微电子技术的发展,可以以更低的成本和更高的性能来开发更复杂的数字系统(即大规模、超大规模数字集成电路)。尽管模拟系统集成化的开发成本在不断下降,性能也在不断增强,但由于基本数字器件的简单性,还是数字系统集成化发展更为迅速。

随着数字技术和微电子技术的不断发展,采用数字系统来处理模拟信号将会越来越普遍。但这并不影响模拟电路的应用,数字系统不能完全替代模拟系统的工作。

1.2　数字逻辑和逻辑代数

数字电路与模拟电路之间,除了接收和处理的信号不同之外,还有一个主要区别就是输出和输入之间表达的关系不同。模拟电路输出和输入之间表达的是一种数值关系,而数字电路输出和输入之间表达的是一种因果关系,即逻辑关系。因此,数字电路也称逻辑电路,或称数字逻辑电路。

在数字电路中,输出和输入变量都是只有两种状态的逻辑变量。逻辑变量的两种状态分别是状态为真和状态为假,通常用数字 1 表示真,用数字 0 表示假。逻辑变量的取值只能在数字 0 和 1 中选择,而不能有第三种取值。数字电路中基本的逻辑关系(或称逻辑运算)有逻辑与、逻辑或和逻辑非,由这三种基本逻辑运算可以组成多种复合逻辑运算。实现逻辑运算的电路称为逻辑门。逻辑门是组成数字电路的最小单元。数字逻辑电路根据功能和结构特点不同,可划分为组合逻辑电路和时序逻辑电路。组合逻辑电路完全是由逻辑门构成的,不包含存储器件。数字逻辑电路的存储功能是由存储器件完成的,最基本的存储器件是触发器。时序逻辑电路是包含存储器件的电路。在数字电路实际应用中,通常既包括组合电路,也包括时序电路。

逻辑代数是分析和设计数字逻辑电路的数学工具,也称为布尔代数、开关代数。早期的数字系统(比如拨号电话系统)是由继电器的通断状态构成的开关网络系统。开始,开关网络的设计是采用直觉的试验方式进行的。但是,当系统的容量比较大时,这种凭人们直觉的试验,使系统实现既费时又不规范。1938 年,工作在美国贝尔电话实验室的数学家、现代信息理论的创始人克劳德·山农,提出了用于分析和设计开关网络的开关代数。开关代数实际上是将近百年前英国数学家和逻辑学家乔治·布尔创立的布尔代数直接运用于开关电路的结果,也就是将前面提及的与、或、非逻辑运算应用于开关电路的分析和设计。尽管开关代数仅是布尔代数的一种特殊情况,即二值的布尔代数,但是大多数人还是习惯使用术语"布尔代数"。目前,一般情况下所提的布尔代数、逻辑代数都是指开关代数,而不是早期的布尔代数。

布尔在1854年发表的《思维的规律》中,把公元前300年的希腊哲学家亚里士多德提出的逻辑概念,简化为代数符号,并用于描述人们语言表达的复杂逻辑关系。这种对语言逻辑符号的描述是非常重要的。山农的开关代数在逻辑上将人们对电路的复杂和意义不确切的文字描述转换为简洁和明了的数学描述——逻辑表达式,将原来仅停留在数学含义上的布尔代数应用于工程实际。这个理论是非常有意义的,因为它由此揭开了开关网络系统(即数字系统)分析和设计的新篇章,同时也奠定了计算机逻辑设计的理论基础。从1939年到1944年,历时5年,一台名为Mark I的电子机械计算机在美国哈佛大学问世。此后,在1946年,世界上第一台由电子真空管构成的电子数字计算机ENIAC在美国宾夕法尼亚大学诞生。

1.3 数字集成电路和器件

数字技术的发展离不开一项新的高科技支柱技术——微电子技术。微电子技术中最主要的就是集成电路技术,这项技术不仅使电子设备和系统微型化,而且引起系统设计、工艺、封装等方面的巨大变革。集成电路(简称IC)的发展可追溯到晶体管的问世。1947年美国电话电报公司(AT&T)贝尔实验室的三位科学家在一块小小的硅片上制成第一个晶体管,开始了以晶体管取代电子管的时代。随着晶体管的广泛应用和晶体管制造工艺的发展,1958年出现了第一块集成电路,它将组成电路的元器件和联线都像制造晶体管那样做在一小块硅片上。初期的集成电路仅能在一个尺寸很小的芯片上制造十几个或几十个晶体管,现在已发展到一个小芯片上包含有几百万个元件的集成电路。

集成电路分为模拟集成电路和数字集成电路,目前发展比较迅猛的是数字集成电路。通常,将集成100个晶体管以下的集成电路称为小规模集成电路(简称SSI),将集成100～1 000个晶体管的集成电路称为中规模集成电路(简称MSI),将集成1 000～10 000个晶体管的集成电路称为大规模集成电路(简称LSI),而将集成10 000个晶体管以上的集成电路称为超大规模集成电路(简称VLSI)。

20世纪70年代是集成电路飞速发展的年代,这个年代出现了8位微处理器芯片,例如,1971年第一片微处理器问世。这个年代是大规模集成电路的年代,这时集成电路可能是一个复杂的功能部件,也可能是一台整机(如单片微型计算机)。80年代则是超大规模集成电路的年代,集成度已超过10万。最初的IBM-PC机的微处理器(即中央处理单元CPU)Intel 8086在1978年问世,之后相继出现了Intel 80186、80286,1985年出现了32位的386处理器,1989年出现了486处理器,1996年奔腾处理器问世,以后又出现了安腾、迅驰等速度更快、功能更强大的芯片。

集成电路从出现到今天仅有近50年的时间,但其发展速度却是惊人的,它对生产和生活的影响也是非常深远的。1946年世界上第一台电子数字计算机ENIAC,占地150平方米,重30多吨,耗电几百千瓦,但其运算速度和能力却仅与今天高级一点的袖珍计算器差不多。

由于数字集成电路具有集成度高、功耗小、性能可靠、使用方便、价格低廉等优点,因此获得了广泛的应用。数字集成电路不但被应用在各类的计算机上,而且也被应用在工业、军事、航空航天、交通、邮电、气象等诸多领域。人们的生活也已离不开它,生活中的洗衣机、电冰箱、微波炉、电饭煲、空调、摄像机、游戏机、电子玩具、照相机等,到处都要用到集成电路。

数字系统是由数字集成电路组成的。在数字系统中广泛使用不同类型、不同功能的数字集成电路。目前,根据集成电路制造工艺的不同,数字集成电路可分为双极型和MOS 型两大类。双极型数字集成电路又分为 TTL、ECL 和 HTL 三种电路,曾被广泛使用的是 TTL 电路。MOS 型数字集成电路分为 PMOS、NMOS 和 CMOS 三种,由于CMOS 数字集成电路功耗低、集成度高、价格便宜,目前被广泛使用。从数字集成电路实现的功能来看,有各类逻辑门、触发器、编码器、译码器、数据选择器、锁存器、寄存器、计数器、随机存取存储器、只读存储器、加法器、数值比较器等逻辑功能器件。如果从数字集成电路实现方式来看,还有各类可编程逻辑器件,如可编程逻辑阵列(PLA)、可编程阵列逻辑(PAL)、通用阵列逻辑(GAL)、复杂可编程逻辑器件(CPLD)和现场可编程门阵列(FPGA)等包含更多个逻辑功能器件的芯片,这些器件在使用前需要"编程"。另外还有专用集成电路(ASIC),可实现用户专门需要的逻辑功能。

第 2 章　数字逻辑基础

本章是学习数字逻辑电路的基础,介绍数制与代码、基本逻辑运算与逻辑门、逻辑函数及逻辑代数公式、逻辑函数标准表达式、逻辑函数化简和逻辑函数的门电路实现等内容。

2.1　数 制 与 代 码

在数字系统中,经常要使用四种数制:十进制、二进制、八进制和十六进制。因为数字逻辑电路只能识别和处理二进制数码,所以,数字系统中所有信息都要用二进制数码表示。

2.1.1　数制

1. 十进制

十进制是人们熟悉并经常使用的一种数制。十进制所用的数字符号有 0、1、2、3、4、5、6、7、8、9 共计 10 个数码。基数是数制的最基本特征,是指数制中所用数码的个数。因为十进制有 10 个数码,故十进制的基数为 10。

十进制的进位法则是逢十进一,就是低位计满十,向高位进一,或从高位借一,到低位就是十。

十进制数 7 532 可以表示为

$$(7\,532)_{10} = 7 \times 10^3 + 5 \times 10^2 + 3 \times 10^1 + 2 \times 10^0$$

式中 10^0、10^1、10^2 和 10^3 被称为相应各位的权值,权值是从右到左逐位扩大 10 倍,从左到右逐位减小 10 倍;而 7、5、3、2 被称为相应各位的系数。所以,一个十进制数的数值就是这个数的各位系数与各位权值乘积之和。

2. 二进制

二进制只有两个数码:0 和 1,因此,二进制的基数是 2。二进制的进位法则是逢二进一,就是低位计满二,向高位进一,或从高位借一,到低位就是二。

二进制数 1001 可以表示为

$$(1001)_2 = 1 \times 2^3 + 0 \times 2^2 + 0 \times 2^1 + 1 \times 2^0$$

式中 2^0、2^1、2^2 和 2^3 被称为二进制相应各位的权值,权值是从右到左逐位扩大 2 倍,从左到右逐位减小 2 倍;而 1、0、0、1 被称为二进制的各位系数。

同十进制数一样,一个二进制数的数值也可用这个数的各位系数和各位权值乘积之和来表示。例如

$$(1001)_2 = 1 \times 2^3 + 1 \times 2^0 = (9)_{10}$$

通常十进制数的下标"10"可以省略。

在数字系统中使用二进制数码表示信息。一位二进制数可以表示数字系统中的一位信息,因此,位是数字系统中最小的信息量。二进制数值信息可以通过增加表示信息的位数加大信息量。由二进制数表示的信息,它的最低位通常称为最低有效位,用 LSB 表示;它的最高位通常称为最高有效位,用 MSB 表示。

例如,二进制信息 10110010,其最右边的 0,是最低有效位;而最左边的 1,是最高有效位。

二进制数部分权值如表 2-1 所示。

表 2-1 二进制数部分权值

2^n	n	2^{-n}	2^n	n	2^{-n}
1	0	1.0	2 048	11	0.000 488 281 25
2	1	0.5	4 096	12	0.000 244 140 625
4	2	0.25	8 192	13	0.000 122 070 312 5
8	3	0.125	16 384	14	0.000 061 035 156 25
16	4	0.062 5	32 768	15	0.000 030 517 278 125
32	5	0.031 25	65 536	16	0.000 015 258 789 062 5
64	6	0.015 625	131 072	17	0.000 007 629 394 512 5
128	7	0.007 812 5	262 144	18	0.000 003 814 387 265 625
256	8	0.003 906 25	524 288	19	0.000 001 907 348 632 812 5
512	9	0.001 953 125	1 048 576	20	0.000 000 953 674 316 406 25
1 024	10	0.000 976 562 5			

例 2-1 求二进制数 101 的十进制数值。

解 $(101)_2 = 1 \times 2^2 + 1 \times 2^0 = 5$

例 2-2 求二进制数 11010.11 的十进制数值。

解 $(11010.11)_2 = 1 \times 2^4 + 1 \times 2^3 + 1 \times 2^1 + 1 \times 2^{-1} + 1 \times 2^{-2} = 26.75$

3. 八进制和十六进制

八进制和十六进制也是计算机常用的数制。由于二进制表示一个大数时,使用位数太多,因此常采用八进制和十六进制作为二进制的缩写形式。

(1) 八进制

八进制有 0～7 共计 8 个数码,基数为 8,进位法则是逢八进一,各位权值为 8 的

乘方。

例如,八进制数 372 可表示为 $(372)_8 = 3 \times 8^2 + 7 \times 8^1 + 2 \times 8^0$,其十进制数值为 250。

(2) 十六进制

十六进制有 0～9、A、B、C、D、E 和 F,共计 16 个数码,其中 A～F 分别表示 10～15,因此,基数为 16,进位法则是逢十六进一,权值是 16 的乘方。

例如,十六进制数 E5D7 可表示为 $(E5D7)_{16} = 14 \times 16^3 + 5 \times 16^2 + 13 \times 16^1 + 7 \times 16^0$,其十进制数值为 58 839。

2.1.2 数制间的转换

1. 其他进制数转换成十进制数

将二进制、八进制和十六进制数转换为十进制数,只要将这个数的各位系数与各位权值相乘,求和得出数值,即为十进制数。

2. 十进制数转换为其他进制数

(1) 十进制数转换为二进制数

假定待转换的十进制数的整数和小数部分都有数。这样的数的整数部分转换的办法与小数部分转换的办法不同,下面分别介绍。

现以十进制数 41.39 为例说明转换的办法和过程。

1) 整数部分转换

十进制整数转换为二进制数的办法是:除 2 取余。其过程如下:

$$
\begin{array}{r|l}
2 & 41 \quad \cdots\cdots \text{余 } 1 \cdots\cdots \text{最低位 } b_0 \\
2 & 20 \quad \cdots\cdots \quad 0 \cdots\cdots \quad b_1 \\
2 & 10 \quad \cdots\cdots \quad 0 \cdots\cdots \quad b_2 \\
2 & 5 \quad \cdots\cdots \quad 1 \cdots\cdots \quad b_3 \\
2 & 2 \quad \cdots\cdots \quad 0 \cdots\cdots \quad b_4 \\
2 & 1 \quad \cdots\cdots \quad 1 \cdots\cdots \text{最高位 } b_5 \\
& 0
\end{array}
$$

说明:

① 第一次除法所得的余数是转换的二进制数的最低位。

② 最后一次除法(商为 0 时)所得余数是二进制数的最高位。

③ 由最高位向最低位排列所得余数,可得到 41 转换的二进制数为 $41 = (101001)_2$。

可以再验证一下结果是否正确:

$$1 \times 2^5 + 1 \times 2^3 + 1 \times 2^0 = 41$$

2) 小数部分转换

十进制小数转换为二进制数的办法是:乘 2 取整。其过程如下:

$$0.39 \times 2 = 0.78 \qquad b_{-1} = 0$$

$$0.78 \times 2 = 1.56 \qquad b_{-2} = 1$$

$$0.56 \times 2 = 1.12 \qquad b_{-3} = 1$$
$$0.12 \times 2 = 0.24 \qquad b_{-4} = 0$$
$$0.24 \times 2 = 0.48 \qquad b_{-5} = 0$$
$$0.48 \times 2 = 0.96 \qquad b_{-6} = 0$$
$$0.96 \times 2 = 1.92 \qquad b_{-7} = 1$$
$$0.92 \times 2 = 1.84 \qquad b_{-8} = 1$$
$$0.84 \times 2 = 1.68 \qquad b_{-9} = 1$$

说明:

① 第一次乘法所得结果的整数,也就是 0,是转换的二进制小数的小数点后第一位。

② 第二次乘法所得结果的整数,也就是 1,是二进制小数的小数点后第二位,依次类推,直到所得乘积小数部分为 0 为止,或是达到所需精度为止。

③ 由此可得 $0.39 = (0.011000111)_2 + e$,其中 e 为剩余误差,$e < 2^{-9}$。

综合整数部分转换和小数部分转换结果,可得

$$41.39 = (101001.011000111)_2 + e$$

例 2-3 将十进制数 35.375 转换为二进制数。

解 ① 转换整数 35

$$
\begin{array}{r|l}
2 & 35 \quad \cdots\cdots 余\ 1 \cdots 最低位\ b_0 \\
2 & 17 \quad \cdots\cdots 1 \cdots\cdots \quad b_1 \\
2 & 8 \quad \cdots\cdots 0 \cdots\cdots \quad b_2 \\
2 & 4 \quad \cdots\cdots 0 \cdots\cdots \quad b_3 \\
2 & 2 \quad \cdots\cdots 0 \cdots\cdots \quad b_4 \\
2 & 1 \quad \cdots\cdots 1 \cdots 最高位\ b_5 \\
  & 0
\end{array}
$$

结果:$35 = (100011)_2$。

② 转换小数 0.375

$$0.375 \times 2 = 0.75 \qquad b_{-1} = 0$$
$$0.75 \times 2 = 1.5 \qquad b_{-2} = 1$$
$$0.5 \times 2 = 1.0 \qquad b_{-3} = 1$$

因为到此乘积的小数部分为 0,所以计算完毕。

结果:$0.375 = (0.011)_2$。

综合整数和小数得最终结果:$35.375 = (100011.011)_2$。

(2)十进制数转换为八进制数和十六进制数

十进制转换为八进制和十六进制的办法同十进制转换为二进制的办法相似,也是采用整数部分除基数取余和小数部分乘基数取整的方法。

例 2-4　将十进制数 48 956 转换为十六进制数。

解

$$
\begin{array}{r|l}
16 & 48\ 956 \quad\cdots\cdots\text{余}\ 12(a_0) \\
16 & 3\ 059 \quad\cdots\cdots\quad 3(a_1) \\
16 & 191 \quad\cdots\cdots\quad 15(a_2) \\
16 & 11 \quad\cdots\cdots\quad 11(a_3) \\
\end{array}
$$

得结果：$48\ 956 = (BF3C)_{16}$。

3. 二进制、八进制和十六进制数间转换

（1）二进制数转换为八进制数

因为三位二进制数表示一位八进制数，因此二进制数转换为八进制数是很容易的。

例 2-5　将二进制数 1011101 转换为八进制数。

解　　001　　011　　101

　　　　　↓　　　↓　　　↓

　　　　　1　　　3　　　5

从二进制数最低位开始向左，每三位二进制数作为一组，将每一组的数值写在下面，然后从左向右排列，即为转换的八进制数。因此 $(1011101)_2 = (135)_8$。

（2）八进制数转换为二进制数

八进制数转换为二进制数的过程与二进制数转换为八进制数的过程正好相反。

例 2-6　将八进制数 432 转换为二进制数。

解　　4　　　3　　　2

　　　　　↓　　　↓　　　↓

　　　　100　　011　　010

从八进制数最低位开始向左，将每位八进制数对应的二进制数写在下面，然后从左向右排列，即为转换的二进制数，即

$$(432)_8 = (100011010)_2$$

（3）二进制数与十六进制数之间的转换

因为四位二进制数表示一位十六进制数，因此，二进制数和十六进制数之间的转换也就是每四位对应一位十六进制数，反之，一位十六进制数对应四位二进制数。

例 2-7　将二进制数 $(1011001101)_2$ 转换为十六进制数。

解　　0010　　1100　　1101

　　　　　↓　　　↓　　　↓

　　　　　2　　　C　　　D

$(1011001101)_2 = (2CD)_{16}$

例 2-8 将十六进制数（E6AF）$_{16}$转换为二进制数。

解   E   6   A   F

          ↓   ↓   ↓   ↓

        1110   0110   1010   1111

（E6AF）$_{16}$＝（1110011010101111）$_2$

2.1.3 有符号的二进制数

前面介绍的二进制数是没有正、负之分的二进制数。那么对于有正、负之分的二进制数，也就是有符号的二进制数如何表示呢？在十进制算术运算中，是在一个数的前边加上"＋"、"－"符号表示正数和负数，如＋518、－235 等。在数字系统中，有符号二进制数有三种表示方法，即原码、反码和补码表示法。

在这三种表示法中，均采用 0 表示正号，1 表示负号，并且符号位放在码的最高位，即数的最左端。

1. 原码、反码和补码

（1）原码

原码表示法也称为符号加绝对值法。将符号位 0 或 1 加到二进制数绝对值的左端，表示正二进制数或负二进制数，称为原码表示法。

例如，（＋45）$_{10}$的原码可表示为（0101101）$_原$，最高位的 0 是代表正数符号的符号位，而后六位是代表 45 这个数绝对值的二进制表示。又如，（－45）$_{10}$原码表示为（1101101）$_原$，最高位的 1 代表负号，后六位是数值位。

例 2-9 求（－28）$_{10}$的原码表示形式。

解   （－28）$_{10}$＝（111100）$_原$

（2）反码

正二进制数的反码表示同其原码一样，负二进制数的反码表示是符号位 1 加数值位各位取反，这种表示正、负二进制数的方法称为反码表示法。

例如，（＋45）$_{10}$的反码表示同其原码（0101101）$_原$一样，为（0101101）$_反$。又如，（－45）$_{10}$的反码表示为（1010010）$_反$。注意，这里除最高位为符号位外，其余各位是数值各位取反得到的，也就是 101101 各位的 0 变 1、1 变 0。

例 2-10 求（－18）$_{10}$的反码表示。

解   （－18）$_{10}$＝（101101）$_反$

也可以先写出（＋18）的原码形式，然后所有各位（包括符号位）全部取反，即得到（－18）$_{10}$的反码表示。

$$（＋18）_{10}＝（ \ 0 \quad 1 \quad 0 \quad 0 \quad 1 \quad 0 \ ）_原$$

$$↓ \quad ↓ \quad ↓ \quad ↓ \quad ↓ \quad ↓$$

$$（－18）_{10}＝（ \ 1 \quad 0 \quad 1 \quad 1 \quad 0 \quad 1 \ ）_反$$

（3）补码

正二进制数的补码同其原码表示，负二进制数的补码表示是符号位 1 加数值位各位取反末位加 1，这种表示法称为补码表示法。

例如，$(+45)_{10}$ 的补码为 $(0101101)_{补}$，同其原码一样。$(-45)_{10}$ 的补码为 $(1010011)_{补}$。注意，$(-45)_{10}$ 的补码是 $(-45)_{10}$ 反码的末位加 1。

例 2-11　求 $(-22)_{10}$ 的补码表示形式。

解　$(+22)_{10}=(010110)_{原}$

$(-22)_{10}=(101001)_{反}$

$(-22)_{10}=(101010)_{补}$

表 2-2 给出了 $(+7)_{10}\sim(-7)_{10}$ 的二进制原码、反码和补码的表示形式。注意，反码中 0 有两种表达形式 0000 和 1111。补码可多表示一个负数 $(-8)_{10}$。

表 2-2　二进制正、负数的原码、反码和补码表示

十进制	原　码	反　码	补　码	十进制	原　码	反　码	补　码
−8			1000	+0	0000	0000	0000
−7	1111	1000	1001	1	0001	0001	0001
−6	1110	1001	1010	2	0010	0010	0010
−5	1101	1010	1011	3	0011	0011	0011
−4	1100	1011	1100	4	0100	0100	0100
−3	1011	1100	1101	5	0101	0101	0101
−2	1010	1101	1110	6	0110	0110	0110
−1	1001	1110	1111	7	0111	0111	0111
−0		1111					

2. 补码的算术运算

在数字电路中，用原码运算求两个正数 M 和 N 的差值 $M-N$ 时，首先要对减数和被减数进行比较，然后由大数减去小数，最后决定差值的符号。完成这个运算的电路很复杂，速度也慢。如用补码实现减法运算，可把减法运算变成加法运算，即 $M-N$ 变为 $M+(-N)$，也就是说被减数 M 加上减数 N 的补码，这样就把原码减法运算变成了补码加法运算。

例 2-12　求 $(25)_{10}-(13)_{10}$。

解　$(25)_{10}-(13)_{10}=(25)_{10}+(-13)_{10}$

$(25)_{10}$ 的补码与原码相同，是 011001，$(-13)_{10}$ 的补码是 110011。所以

$$
\begin{array}{r}
011001 \\
+)\ 110011 \\
\hline
[1]\quad 001100
\end{array}
$$

$011001+110011=001100=+(12)_{10}$

说明：

① 最高位向上的进位[1]自然舍去，不影响运算结果。

② 相加的结果是补码，但因为最高位为 0，是正数，正数的补码与原码相同，因此，结果是 12。

例 2-13 求 $(13)_{10}-(25)_{10}=(+13)_{10}+(-25)_{10}$。

解 $(+13)_{10}$ 的补码与原码一样都是 001101，$(-25)_{10}$ 的补码是 100111。所以

$$
\begin{array}{r}
001101 \\
+)\quad 100111 \\
\hline
110100
\end{array}
$$

$$(110100)_{\text{补}}=(101100)_{\text{原}}=-(01100)_2=-(12)_{10}$$

说明：

① 相加结果的最高位为 1，是负数，所以要转换为原码。

② 补码再求补一次可以得到原码。求补的作法是除最高位的符号位不变外，其他各位取反，末位加 1。因此，结果是 −12。

例 2-14 求 $(-25)_{10}-(13)_{10}$。

解 $(-25)_{10}-(13)_{10}=(-25)_{10}+(-13)_{10}$

$(-25)_{10}$ 的补码是 100111，$(-13)_{10}$ 的补码是 110011。所以

$$
\begin{array}{r}
100111 \\
+)\quad 110011 \\
\hline
[1]\quad 011010
\end{array}
$$

结果明显是错误的。因为两个负数相加，结果是不会为正数的。那么错在哪里呢？在于运算的位数不够，所以产生错误，这种错误称为溢出。有如下规则可以判断运算有无溢出。

① 如果符号位和数值的最高位都有向高位的进位，或都无向高位的进位，那么运算结果是正确的。如例 2-12 和例 2-13。

② 如果符号位向高位有进位，而数值的最高位向高位无进位，或者符号位无进位，而数值的最高位有进位，那么表明运算结果有溢出，结果是错误的。如例 2-14，符号位有进位，而数值的最高位无进位，其结果是错误的。

运算溢出可以通过增加位数来解决。对于例 2-14，可以在 $(-25)_{10}$ 和 $(-13)_{10}$ 的补码符号位后加 1 即可（相当于原码加 0），其相加过程及结果如下：

$$
\begin{array}{r}
1100111 \\
+)\quad 1110011 \\
\hline
[1]\quad 1011010(\text{补码})
\end{array}
$$

$$\downarrow$$

$$1100110(\text{原码})$$

$$(-38)_{10}$$

2.1.4 二进制代码

数字系统是一种处理离散信息的系统。这些离散的信息可能是数值、数字、字符或其他信号(如电压、压力、温度及其他物理量),但是,数字系统只能识别和处理二进制数码 0 和 1,因此,数字系统中的所有信息都要用二进制数码来表示。

用一定位数的二进制数码,按一种约定的规则来表示数字、字母、符号和其他离散信息的过程称为编码。这些二进制码称为代码。n 位二进制代码有 2^n 个状态,因此,n 位二进制代码最多可以表示 2^n 个信息。

有很多种编码方法及相应的代码,下面介绍常用的二进制代码。

1. 自然二进制码

自然二进制码是采用前面介绍的二进制数表示方法进行编码的一种二进制代码。n 位自然二进制码可以表示 2^n 个信息。

2. 二-十进制码(BCD 码)

二-十进制码是一种用四位二进制码来表示一位十进制数的代码,简称为 BCD 码。用四位二进制码来表示十进制数的 10 个数码有很多种编码方法,但常见的有 8421BCD 码、2421BCD 码、4221BCD 码、5421BCD 码和余 3 码等,如表 2-3 所示。

表 2-3　常见的 BCD 码

十进制数	8421BCD	2421BCD	4221BCD	5421BCD	余 3 码
0	0000	0000	0000	0000	0011
1	0001	0001	0001	0001	0100
2	0010	0010	0010	0010	0101
3	0011	0011	0011	0011	0110
4	0100	0100	0110	0100	0111
5	0101	0101	0111	1000	1000
6	0110	0110	1100	1001	1001
7	0111	0111	1101	1010	1010
8	1000	1110	1110	1011	1011
9	1001	1111	1111	1100	1100

(1) 8421BCD 码

8421BCD 码是使用最广泛的一种 BCD 码。8421BCD 码的每一位都具有同二进制数相同的权值,即从高位到低位有 8、4、2、1 的位权,因此称为 8421BCD 码。因为,四位二进制码有 16 个状态,在 8421BCD 码中,仅使用了 0000~1001 这 10 种状态,而 1010~1111 这 6 种状态是没有使用的状态。

多位的十进制数可用多组 8421BCD 码来表示,并由高位到低位排列起来,组间留有间隔。例如,用 8421BCD 码表示 $(759)_{10}$,其书写形式为

$$(759)_{10} = (0111 \quad 0101 \quad 1001)_{8421BCD}$$

从低位到高位,第一个 8421BCD 码 1001 表示个位的 9,第二个 8421BCD 码 0101 表示十位的 5,第三个 8421BCD 码 0111 表示百位的 7。多位 8421BCD 码的位权如表 2-4 所示。

表 2-4　多位 8421BCD 码的权

...	800 400 200 100	80 40 20 10	8 4 2 1	...
...	10^2	10^1	10^0	...

将多位 8421BCD 码转换为十进制数是很简单的,只要逐位将 8421BCD 码转换为十进制数,然后由高位到低位逐次排列下来即可。例如,

$$(0110 \quad 0010 \quad 1000. 1001 \quad 0101 \quad 0100)_{8421BCD} = (628.954)_{10}$$

（2）余 3 码

余 3 码是由 8421BCD 码加 3 后得到的。在 BCD 码的算术运算中常采用余 3 码。

余 3 码的主要特点是其表示 0 和 9 的码组、1 和 8 的码组、2 和 7 的码组、3 和 6 的码组以及 4 和 5 的码组之间互为反码。当两个用余 3 码表示的数相减时,可以将原码的减法改为反码的加法。因为余 3 码求反容易,所以有利于简化 BCD 码的减法电路。

3. 格雷码

格雷码也称为循环码、单位间距码或反射码。格雷码表示信息的相邻码组中仅有一位码元取值发生变化。用四位格雷码表示十进制数 0~9 如表 2-5 所示。通过表 2-5 也可看出,四位格雷码的低两位和低三位的相邻码组变化情况。因为用格雷码表示信息时,相邻码组之间不会在变化期间出现其他码组,因此,格雷码是一种错误最小化代码。

表 2-5　表示 0~9 的格雷码

十进制数	格雷码	十进制数	格雷码
0	0000	5	0111
1	0001	6	0101
2	0011	7	0100
3	0010	8	1100
4	0110	9	1101

4. ASCII 码

ASCII 码是美国标准信息交换码,它被广泛地应用于计算机和数字通信中。ASCII 码用七位二进制码来表示。ASCII 码如表 2-6 所示。ASCII 码可以用来表示数字、字符、符号和特殊控制符。例如数字 9 可用 ASCII 码表示为 $b_6 b_5 b_4 b_3 b_2 b_1 b_0 = 0111001$,或用十

六进制数缩写为 $(39)_{16}$。又如,字母 F 可表示为 1000110,或缩写为 $(46)_{16}$。

表 2-6　ASCII 码表(七位)

$b_3b_2b_1b_0$ ＼ $b_6b_5b_4$	000	001	010	011	100	101	110	111
0000	NUL	DLE	SP	0	@	P	`	p
0001	SOH	DC1	!	1	A	Q	a	q
0010	STX	DC2	"	2	B	R	b	r
0011	ETX	DC3	#	3	C	S	c	s
0100	EOT	DC4	$	4	D	T	d	t
0101	ENQ	NAK	%	5	E	U	e	u
0110	ACK	SYN	&.	6	F	V	f	v
0111	BEL	ETB	,	7	G	W	g	w
1000	BS	CAN	(	8	H	X	h	x
1001	HT	EM	9		I	Y	i	y
1010	LF	SUB	*	:	J	Z	j	z
1011	VT	ESC	+	;	K	[	k	{
1100	FF	FS	,	<	L	\	l	|
1101	CR	GS	-	=	M	]	m	}
1110	SO	RS	.	>	N	^	n	~
1111	SI	US	/	?	O	_	o	DEL

2.2　基本逻辑运算和逻辑门

2.2.1　基本逻辑运算

数字电路中最基本的逻辑运算(也称逻辑关系)有三种:逻辑与(也称逻辑乘)、逻辑或(也称逻辑加)和逻辑非。

1. 逻辑与

逻辑与的因果关系可以这样陈述:只有当决定一个事件的所有条件都同时成立时,事件才会发生。如果用 F 来表示某一个事件的发生与否,用 A 和 B 分别表示决定这个事件发生的两个条件,那么逻辑与可表示为

$$F = A \cdot B$$

其中,"·"为逻辑与的运算符号,$A \cdot B$ 读做"A 与 B",逻辑与运算符号"·"在运算中可以省略,上式可写成 $F = AB$。

$F = AB$ 称为逻辑表达式,A、B、F 都是逻辑变量,F 是 A 和 B 的逻辑函数(有关逻辑

函数和逻辑代数的概念将在后面详细介绍）。逻辑变量只有两种状态，或状态为真，或状态为假，通常用 1 表示真，用 0 表示假，因此，逻辑变量也称为二值逻辑变量。

作为逻辑取值的 1 和 0 并不表示数值的大小，而是表示完全对立的两个逻辑状态，可以是条件的有或无，事件的发生或不发生，灯的亮或灭，开关的通或断，电压的高或低等。读者应注意，逻辑取值的 0 和 1 的含义不同于前述二进制数的 0 和 1。

逻辑与的运算规则为：

$$0 \cdot 0 = 0 \quad 1 \cdot 0 = 0$$
$$0 \cdot 1 = 0 \quad 1 \cdot 1 = 1$$

通常用串联开关电路来说明逻辑与关系。如图 2-1 所示电路中，只有当开关 1 和开关 2 全接通时，灯才会亮。如果用 A 和 B 分别表示开关 1 和开关 2 是否接通，用 F 表示灯是否亮，那么 F（事件）同 A 和 B（事件发生条件）之间的逻辑关系是逻辑与。

2. 逻辑或

逻辑或的因果关系可以这样陈述：在决定一个事件的几个条件中，只要其中一个或者一个以上的条件成立，事件就会发生。两变量逻辑或可以表示为

$$F = A + B$$

式中"＋"为逻辑或运算符号，$A+B$ 读成"A 或 B"。

逻辑或的运算规则为：

$$0 + 0 = 0 \quad 1 + 0 = 1$$
$$0 + 1 = 1 \quad 1 + 1 = 1$$

用并联开关电路来说明逻辑或关系。如图 2-2 所示电路中，只要开关 1 或开关 2 有一个接通，或都接通，灯就会亮。很显然，灯亮与开关接通之间的逻辑关系是逻辑或。

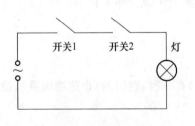

图 2-1 串联开关电路

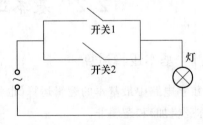

图 2-2 并联开关电路

3. 逻辑非

逻辑非运算也称为逻辑否定或逻辑反。逻辑变量 A 的逻辑非的逻辑表达式是

$$F = \overline{A}$$

式中"－"为逻辑非运算符号，$\overline{A}$ 读成"A 非"。

逻辑非的运算规则为：

$$\overline{0} = 1 \quad \overline{1} = 0$$

2.2.2　基本逻辑门电路

逻辑运算是由逻辑门电路实现的,实现与、或、非三种逻辑运算的电路分别称为与门、或门、非门。为了给出逻辑门完成逻辑运算的原理和概念,下面分别介绍由晶体二极管或三极管构成的原理性的基本逻辑门电路。

1. 与门

图 2-3(a)是由二极管构成的有两个输入端的与门电路。A 和 B 为输入,F 为输出。假定二极管是硅管,正向结压降为 0.7 V,输入高电平为 3 V,低电平为 0 V,下面来分析这个电路如何实现逻辑与运算。输入 A 和 B 的高、低电平共有四种不同的情况。

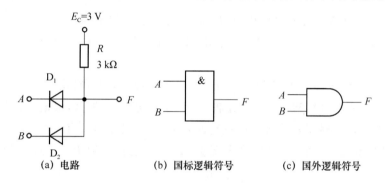

图 2-3　与门电路及逻辑符号

（1）$u_A = u_B = 0$ V。在这种情况下,显然二极管 D_1 和 D_2 都处于正向偏置,D_1 和 D_2 都导通。由于二极管的钳位作用,$u_F = u_A$(或 u_B)$+ 0.7$ V $= 0.7$ V。

（2）$u_A = 0$ V,$u_B = 3$ V。$u_A = 0$ V,故 D_1 先导通。由于二极管钳位作用,$u_F = 0.7$ V。此时,D_2 反偏,处于截止状态。

（3）$u_A = 3$ V,$u_B = 0$ V。$u_B = 0$ V,D_2 先导通,$u_F = 0.7$ V。此时,D_1 截止。

（4）$u_A = 3$ V,$u_B = 3$ V。在这种情况下,D_1 和 D_2 都截止,$u_F = E_C = 3$ V。

将上述输入与输出电平之间一一对应关系列表,如表 2-7 所示。假定用高电平 3 V 代表逻辑取值 1,用低电平 0 V 或 0.7 V 代表逻辑取值 0,则可以把表 2-7 输入-输出电平关系转换为输入-输出逻辑关系表,这个表称为逻辑真值表,如表 2-8 所示。

表 2-7　输入-输出电平关系表

输入/V		输出 u_F/V
u_A	u_B	
0	0	0.7
0	3	0.7
3	0	0.7
3	3	3

表 2-8　与逻辑真值表

输入变量		输出变量 F
A	B	
0	0	0
0	1	0
1	0	0
1	1	1

通过表 2-8 可以看出，只有输入变量 A 和 B 都为 1（即逻辑真）时，输出变量（逻辑函数）F 才为 1（即逻辑真）。由此可知，输入变量 A、B 与逻辑函数 F 之间是逻辑与关系。

因此，图 2-3(a)电路是实现逻辑与运算的与门，即 $F = A \cdot B$。两输入与门的逻辑符号如图 2-3(b)、(c)所示，分别是国标逻辑符号和国外逻辑符号，本书以后章节逻辑门均采用国标逻辑符号。

2. 或门

图 2-4(a)是由二极管构成的有两个输入端的或门，图 2-4(b)、(c)是国标逻辑符号和国外逻辑符号。

(1) $u_A = u_B = 0\,\mathrm{V}$。此时，$D_1$ 和 D_2 都截止，u_F 通过 R 接地，$u_F = 0\,\mathrm{V}$。

(2) $u_A = 0\,\mathrm{V}$，$u_B = 3\,\mathrm{V}$。在这种情况下，D_2 先导通，因二极管钳位作用，$u_F = u_B - 0.7\,\mathrm{V} = 2.3\,\mathrm{V}$。此时，$D_1$ 截止。

同理，在 $u_A = 3\,\mathrm{V}$，$u_B = 0\,\mathrm{V}$ 和 $u_A = u_B = 3\,\mathrm{V}$ 的情况下，均可得出 $u_F = 2.3\,\mathrm{V}$。

如果将高电平 2.3 V 和 3 V 代表逻辑 1，0 V 代表逻辑 0，那么，根据上述分析结果，可以得到如表 2-9 所示逻辑真值表。通过真值表可看出，只要输入有一个 1（即逻辑真），输出就为 1（即逻辑真）。由此可知，输入变量 A、B 与逻辑函数 F 之间的逻辑关系是逻辑或。

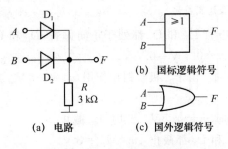

图 2-4　或门电路及逻辑符号

表 2-9　或逻辑真值表

输入变量		输出变量 F
A	B	
0	0	0
0	1	1
1	0	1
1	1	1

因此，图 2-4(a)电路是实现逻辑或运算的或门，即 $F = A + B$。

3. 非门

图 2-5 给出了由三极管（NPN 型硅管）构成的非门电路及其逻辑符号。非门也称为反相器，在逻辑电路中，三极管一般工作在截止或饱和导通状态。

(1) $u_A = 0\,\mathrm{V}$。由于 $u_A = 0\,\mathrm{V}$，三极管 T 的基极电压 $u_B < 0\,\mathrm{V}$，发射结和集电结都反偏，所以，三极管处于截止状态，$u_F = E_C = 3\,\mathrm{V}$。

(2) $u_A = 3\,\mathrm{V}$。由于 $u_A = 3\,\mathrm{V}$，三极管 T 发射结正偏，T 导通并处于饱和状态（可以设计电路使基极电流大于临界饱和基极电流，在这种情况下，三极管为饱和导通状态）。三极管 T 饱和导通时，集电极和发射极之间电压 $u_{CE} \approx 0.3\ \mathrm{V}$，因此，$u_F = 0.3\ \mathrm{V}$。

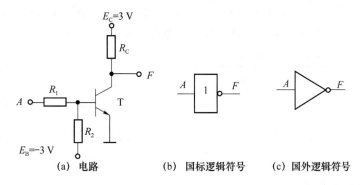

(a) 电路　　　　(b) 国标逻辑符号　　　　(c) 国外逻辑符号

图 2-5　非门及逻辑符号

假定用高电平 3 V 代表逻辑 1，低电平 0 V 和 0.3 V 代表逻辑 0，根据上述分析结果，可得到电路逻辑真值表如表 2-10 所示。根据真值表可知电路是实现逻辑非的非门。

表 2-10　非逻辑真值表

输入变量 A	输出变量 F
0	1
1	0

2.2.3　复合逻辑运算及其逻辑门

在逻辑代数中，由基本的与、或、非逻辑运算组合可实现多种复合逻辑运算关系，实现复合逻辑运算的逻辑门称为复合逻辑门。复合逻辑门有与非门、或非门、与或非门、异或门、异或非门（同或门）等。

1. 与非运算及与非门

由逻辑与和逻辑非组合可实现与非逻辑运算，即 $F = \overline{AB}$。实现与非运算的门电路是与非门，两输入端与非门（原理性电路略）的真值表如表 2-11 所示，其逻辑符号如图 2-6 所示。

表 2-11　两输入与非逻辑真值表

输入		输出 F
A	B	
0	0	1
0	1	1
1	0	1
1	1	0

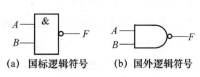

(a) 国标逻辑符号　　(b) 国外逻辑符号

图 2-6　与非门逻辑符号

2. 或非运算及或非门

由逻辑或和逻辑非组合可实现或非逻辑运算，即 $F=\overline{A+B}$。实现或非运算的门电路是或非门，两输入端或非门的真值表如表 2-12 所示，其逻辑符号如图 2-7 所示。

表 2-12　两输入或非逻辑真值表

输　入		输出 F
A	B	
0	0	1
0	1	0
1	0	0
1	1	0

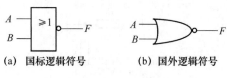

(a)　国标逻辑符号　　(b)　国外逻辑符号

图 2-7　或非门逻辑符号

3. 与或非运算及与或非门

由逻辑与、逻辑或和逻辑非组合可实现与或非逻辑运算，即 $F=\overline{AB+CD}$。实现与或非运算的门电路是与或非门，四输入端与或非门的真值表如表 2-13 所示，其逻辑符号如图 2-8 所示。

表 2-13　四输入与或非逻辑真值表

A	B	C	D	F
0	0	0	0	1
0	0	0	1	1
0	0	1	0	1
0	0	1	1	0
0	1	0	0	1
0	1	0	1	1
0	1	1	0	1
0	1	1	1	0
1	0	0	0	1
1	0	0	1	1
1	0	1	0	1
1	0	1	1	0
1	1	0	0	0
1	1	0	1	0
1	1	1	0	0
1	1	1	1	0

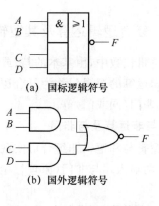

(a)　国标逻辑符号

(b)　国外逻辑符号

图 2-8　与或非门逻辑符号

4. 异或运算及异或门

由逻辑非、逻辑与和逻辑或组合可实现异或逻辑运算，即 $F=A\,\overline{B}+\overline{A}B=A\oplus B$。式中" $\oplus$ "为异或逻辑运算符号，读为"异或"。

异或逻辑的运算规则为：

$$0\oplus0=0$$
$$0\oplus1=1$$
$$1\oplus0=1$$
$$1\oplus1=0$$

实现异或运算的门电路是异或门,异或门的真值表如表 2-14 所示,其逻辑符号如图 2-9所示。

表 2-14　异或逻辑真值表

A	B	F
0	0	0
0	1	1
1	0	1
1	1	0

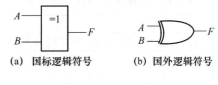

(a) 国标逻辑符号　　　(b) 国外逻辑符号

图 2-9　异或门逻辑符号

5. 异或非(同或)运算及异或非门

由异或逻辑和逻辑非组合可实现异或非逻辑运算,也称同或逻辑运算,即

$$F=\overline{A\oplus B}=\overline{\overline{A}\,B+A\overline{B}}=AB+\overline{A}\,\overline{B}=A\odot B \qquad (变换道理在后面讲)$$

式中"⊙"为同或逻辑运算符号,读做"同或"。

同或逻辑的运算规则为:

$$0\odot 0=1$$
$$0\odot 1=0$$
$$1\odot 0=0$$
$$1\odot 1=1$$

实现同或运算的门电路是同或门,同或门的真值表如表 2-15 所示,逻辑符号如图 2-10所示。

表 2-15　同或逻辑真值表

A	B	F
0	0	1
0	1	0
1	0	0
1	1	1

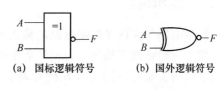

(a) 国标逻辑符号　　　(b) 国外逻辑符号

图 2-10　同或(异或非)门逻辑符号

2.2.4　正逻辑和负逻辑

在数字电路中,通常用电路的高电平和低电平来分别代表逻辑 1 和逻辑 0,在前面二极管门电路的分析中,就是采用这种表示方法。电路的电平和逻辑取值之间这种对应关系的规定,称为逻辑规定。逻辑规定分为正逻辑和负逻辑。

用电路的高电平代表逻辑 1,低电平代表逻辑 0,这种逻辑规定称为正逻辑。

用电路的低电平代表逻辑 1,高电平代表逻辑 0,这种逻辑规定称为负逻辑。

对于一个数字电路,既可以采用正逻辑,也可采用负逻辑。同一电路,如果采用不同的逻辑规定,那么电路所实现的逻辑运算可能是不同的。几种逻辑门的正、负逻辑的电平关系如表 2-16 和表 2-17 所示。高电平用 H 表示,低电平用 L 表示。

<table>
<tr><td colspan="6">表 2-16　逻辑门正逻辑电平关系表</td></tr>
<tr><td colspan="2">输　　入</td><td colspan="4">输　　出</td></tr>
<tr><td>X</td><td>Y</td><td>与门</td><td>或门</td><td>与非门</td><td>或非门</td></tr>
<tr><td>L</td><td>L</td><td>L</td><td>L</td><td>H</td><td>H</td></tr>
<tr><td>L</td><td>H</td><td>L</td><td>H</td><td>H</td><td>L</td></tr>
<tr><td>H</td><td>L</td><td>L</td><td>H</td><td>H</td><td>L</td></tr>
<tr><td>H</td><td>H</td><td>H</td><td>H</td><td>L</td><td>L</td></tr>
</table>

<table>
<tr><td colspan="6">表 2-17　逻辑门负逻辑电平关系表</td></tr>
<tr><td colspan="2">输　　入</td><td colspan="4">输　　出</td></tr>
<tr><td>X</td><td>Y</td><td>与门</td><td>或门</td><td>与非门</td><td>或非门</td></tr>
<tr><td>L</td><td>L</td><td>L</td><td>L</td><td>H</td><td>H</td></tr>
<tr><td>L</td><td>H</td><td>H</td><td>L</td><td>L</td><td>H</td></tr>
<tr><td>H</td><td>L</td><td>H</td><td>L</td><td>L</td><td>H</td></tr>
<tr><td>H</td><td>H</td><td>H</td><td>H</td><td>L</td><td>L</td></tr>
</table>

比较表 2-16 和表 2-17,可以看出:正逻辑与门和负逻辑或门相对应;正逻辑或门和负逻辑与门相对应;正逻辑与非门和负逻辑或非门相对应;正逻辑或非门和负逻辑与非门相对应。同一个电路,采用正逻辑,电路实现与运算;采用负逻辑,电路实现或运算。

通常情况下采用正逻辑。

2.3　逻辑函数及逻辑代数公式

逻辑代数又称为布尔代数,是 19 世纪由英国数学家布尔创立的。1938 年山农将布尔代数直接应用于开关电路。逻辑代数被广泛地应用于数字电路、数字系统及电子计算机的分析和设计过程中,成为重要的数学工具。

2.3.1　逻辑函数

数字电路研究的是数字电路的输入与输出之间的因果关系,也即逻辑关系。逻辑关系一般由逻辑函数来描述。普通代数中的函数是随自变量变化而变化的因变量,函数与变量之间的关系可以用代数方程来表示,逻辑函数也是如此。逻辑代数用字母 A、B、C 等表示变量,称为逻辑变量。在数字电路中,输入变量是自变量,输出变量是因变量,也即是逻辑函数。通常称具有二值逻辑状态的变量为逻辑变量,称具有二值逻辑状态的函数为逻辑函数。

在逻辑代数中,逻辑函数一般是由逻辑变量 A、B、C 等和基本逻辑运算符号·(与)、+(或)、￣(非)及括号、等号等构成的表达式来表示。如在 2.2 节中已介绍过下述表达式:

$$F = \overline{A \cdot B}$$

$$G = \overline{A + B}$$

$$H = \overline{AB + CD}$$

$$I = A\,\overline{B} + \overline{A}B$$

在这些逻辑函数表达式中,A、B、C、D 等称为逻辑变量,F、G、H、I 等称为逻辑函数。$\overline{A}$ 和

$\overline{B}$ 等称为反变量,A、B 等称为原变量。逻辑函数的一般表达式为

$$F = f(A, B, C, \cdots)$$

假设有两个逻辑函数为

$$F_1 = f_1(A_1, A_2, A_3, \cdots, A_n)$$
$$F_2 = f_2(A_1, A_2, A_3, \cdots, A_n)$$

如果对应于变量 $A_1, A_2, A_3, \cdots, A_n$ 的任意一组逻辑取值,F_1 和 F_2 的取值相同,则

$$F_1 = F_2$$

在逻辑代数中,最基本的逻辑运算有与运算、或运算和非运算。由这三种基本逻辑运算可组合成与非、或非、与或非、异或、异或非等复合逻辑运算。有关这些逻辑运算的概念已在 2.2 节中介绍过,这些运算是在数字电路中经常用到的。

2.3.2 逻辑代数基本公式和常用公式

1. 基本公式

0-1 律	$A \cdot 0 = 0$	$A + 1 = 1$
自等律	$A \cdot 1 = A$	$A + 0 = A$
重叠律	$A \cdot A = A$	$A + A = A$
互补律	$A \cdot \overline{A} = 0$	$A + \overline{A} = 1$
交换律	$A \cdot B = B \cdot A$	$A + B = B + A$
结合律	$A \cdot (B \cdot C) = (A \cdot B) \cdot C$	$A + (B + C) = (A + B) + C$
分配律	$A \cdot (B + C) = AB + AC$	$A + B \cdot C = (A + B)(A + C)$
吸收律	$A(A + B) = A$	$A + AB = A$
反演律(摩根定理)	$\overline{AB} = \overline{A} + \overline{B}$	$\overline{A + B} = \overline{A} \cdot \overline{B}$
双重否定律	$\overline{\overline{A}} = A$	

以上这些基本公式可以用真值表进行证明。例如,要证明反演律(也称摩根定理),可将变量 A、B 的各种取值分别代入等式两边,其真值表见表 2-18。从真值表可以看出,等式两边的逻辑值完全对应相等,所以反演律成立。

表 2-18 证明摩根定理真值表

A	B	$A \cdot B$	$\overline{A \cdot B}$	$\overline{A} + \overline{B}$	$\overline{A + B}$	$\overline{A} \cdot \overline{B}$
0	0	0	1	1	1	1
0	1	0	1	1	0	0
1	0	0	1	1	0	0
1	1	1	0	0	0	0

2. 逻辑代数运算规则

(1) 运算优先顺序

逻辑代数的运算优先顺序:先算括号,再是非运算,然后是与运算,最后是或运算。

（2）代入规则

在逻辑等式中,如果将等式两边某一变量都代之以一个逻辑函数,则等式仍然成立,这就是代入规则。

例如,已知 $\overline{A \cdot B} = \overline{A} + \overline{B}$。若用 $Z = A \cdot C$ 代替等式中的 A,根据代入规则,等式仍然成立,即

$$\overline{A \cdot C \cdot B} = \overline{A \cdot C} + \overline{B} = \overline{A} + \overline{C} + \overline{B}$$

（3）反演规则

已知函数 F,欲求其反函数 $\overline{F}$ 时,只要将 F 式中所有的 · 换成 +,+ 换成 ·,0 换成 1,1 换成 0,原变量换成其反变量,反变量换成其原变量,所得到的表达式就是 $\overline{F}$ 的表达式,这就是反演规则。

利用反演规则可以比较容易地求出一个逻辑函数的反函数。例如:

$$X = A[\overline{B} + (C\overline{D} + \overline{E}F)]$$
$$\overline{X} = \overline{A} + B(\overline{C} + D)(E + \overline{F})$$

（4）对偶规则

将逻辑函数 F 中的所有 · 换成 +,+ 换成 ·,1 换成 0,0 换成 1,变量保持不变,得到一个新的逻辑函数式 F',这个 F' 称为 F 的对偶式。例如:

$$F = A \cdot (B + \overline{C})$$
$$F' = A + B \cdot \overline{C}$$

如果两个逻辑函数的对偶式相等,那么这两个逻辑函数也相等。

3. 常用公式

公式 1　$AB + A\overline{B} = A$

证明　$AB + A\overline{B} = A(B + \overline{B}) = A$

公式 2　$A + \overline{A}B = A + B$

证明　$A + \overline{A}B = (A + \overline{A})(A + B) = A + B$（用分配律的右侧等式）

公式 3　$AB + \overline{A}C + BC = AB + \overline{A}C$

证明　$AB + \overline{A}C + BC = AB + \overline{A}C + BC(A + \overline{A})$

$$= AB + \overline{A}C + ABC + \overline{A}BC = AB + \overline{A}C$$

公式 3 推论　$AB + \overline{A}C + BCD = AB + \overline{A}C$

公式 4　$\overline{A\overline{B} + \overline{A}B} = AB + \overline{A}\,\overline{B}$（即 $\overline{A \oplus B} = A \odot B$）

证明　$\overline{A\overline{B} + \overline{A}B} = \overline{A\overline{B}} \cdot \overline{\overline{A}B} = (\overline{A} + B)(A + \overline{B})$

$$= AB + \overline{A}\,\overline{B} = A \odot B$$

2.4 逻辑函数标准表达式

2.4.1 最小项

在三变量 A、B、C 的逻辑函数中，有 8 个乘积项 $\overline{A}\,\overline{B}\,\overline{C}$、$\overline{A}\,\overline{B}\,C$、$\overline{A}B\overline{C}$、$\overline{A}BC$、$A\overline{B}\,\overline{C}$、$A\overline{B}C$、$AB\overline{C}$ 和 ABC。这 8 个乘积项有如下特点：①每个乘积项都有三个因子；②每一个变量都是它的一个因子；③每个变量以原变量或反变量形式出现，且只出现一次。这 8 个乘积项称为三变量 A、B、C 逻辑函数的最小项。n 个变量逻辑函数的最小项有 2^n 个。三变量最小项的真值表如表 2-19 所示。

表 2-19　三变量最小项真值表

A	B	C	$\overline{A}\,\overline{B}\,\overline{C}$	$\overline{A}\,\overline{B}C$	$\overline{A}B\overline{C}$	$\overline{A}BC$	$A\overline{B}\,\overline{C}$	$A\overline{B}C$	$AB\overline{C}$	ABC
0	0	0	1	0	0	0	0	0	0	0
0	0	1	0	1	0	0	0	0	0	0
0	1	0	0	0	1	0	0	0	0	0
0	1	1	0	0	0	1	0	0	0	0
1	0	0	0	0	0	0	1	0	0	0
1	0	1	0	0	0	0	0	1	0	0
1	1	0	0	0	0	0	0	0	1	0
1	1	1	0	0	0	0	0	0	0	1

观察表 2-19 可得到最小项有如下几个性质。

性质 1　对于任意一个最小项，只有一组变量的取值使其值为 1。即每一个最小项对应了一组变量的取值。例如：$\overline{A}B\overline{C}$ 对应于变量组的取值是 010，只有变量组取值为 010 时，最小项 $\overline{A}B\overline{C}$ 的值是 1。

性质 2　对于变量的任一组取值，任意两个最小项之积为 0。

性质 3　对于变量的一组取值，全部最小项之和为 1。

常用符号 m_i 来表示最小项。下标 i 是该最小项值为 1 时对应的变量组取值的十进制等效值，如最小项 $\overline{A}B\overline{C}$ 记为 m_2，$AB\overline{C}$ 记为 m_6 等。

2.4.2　逻辑函数标准表达式

1. 从真值表求逻辑函数的标准与或表达式

由最小项相或组成的表达式称为逻辑函数标准与或表达式，也称为最小项和表达式。根据给定逻辑问题建立的真值表，由最小项性质 1，可以直接写出逻辑函数标准与或表达式。

例 2-15 根据表 2-20 真值表,求逻辑函数 F 的标准与或表达式,并用 m_i 表示。

表 2-20 例 2-15 真值表

A	B	C	F
0	0	0	0
0	0	1	0
0	1	0	0
0	1	1	1
1	0	0	0
1	0	1	1
1	1	0	1
1	1	1	1

解 观察真值表可以发现,F 为 1 的条件是:

$A=0,B=1,C=1$,即 $\overline{A}BC=1$;

$A=1,B=0,C=1$,即 $A\overline{B}C=1$;

$A=1,B=1,C=0$,即 $AB\overline{C}=1$;

$A=1,B=1,C=1$,即 $ABC=1$。

四个条件之中满足一个,F 就是 1,所以 F 的表达式可以写成最小项之和的形式:

$$F=\overline{A}BC+A\overline{B}C+AB\overline{C}+ABC$$
$$=m_3+m_5+m_6+m_7$$

或者

$$F=\sum{}_m(3,5,6,7)$$

有时简写成

$$F=\sum(3,5,6,7)$$

由上例可归纳出从真值表求逻辑函数标准与或表达式的步骤如下所列。

(1) 观察真值表,找出 $F=1$ 的行;

(2) 对 $F=1$ 的行写出对应的最小项;

(3) 将得到的最小项或起来。

一个逻辑函数可以有多个逻辑表达式,但是其标准与或表达式是唯一的。

2. 一般表达式转换为标准与或表达式

任何一个逻辑函数表达式都可以转换为标准与或表达式。

例 2-16 试将 $F(A,B,C)=A\overline{B}+AC$ 转换为标准与或表达式。

解

$$F(A,B,C)=A\overline{B}+AC$$
$$=A\overline{B}(C+\overline{C})+AC(B+\overline{B})$$
$$=A\overline{B}C+A\overline{B}\,\overline{C}+ABC+A\overline{B}C$$
$$=A\overline{B}C+A\overline{B}\,\overline{C}+ABC$$
$$=m_5+m_4+m_7$$
$$=\sum{}_m(7,5,4)$$

例 2-17 试将 $F(A,B,C)=(A+B)(\overline{A}+B+C)$ 转换为标准与或表达式。

解

$$F(A,B,C)=(A+B)(\overline{A}+B+C)$$
$$=AB+AC+\overline{A}B+B+BC$$
$$=AB(C+\overline{C})+AC(B+\overline{B})+\overline{A}B(C+\overline{C})+B(A+\overline{A})(C+\overline{C})+BC(A+\overline{A})$$
$$=ABC+AB\overline{C}+A\overline{B}C+\overline{A}BC+\overline{A}B\overline{C}$$
$$=\sum\nolimits_m(7,6,5,3,2)$$

2.4.3 最大项及标准或与表达式

1. 最大项

在三变量 A、B、C 的逻辑函数中,有 8 个和项 $(\overline{A}+\overline{B}+\overline{C})$、$(\overline{A}+\overline{B}+C)$、$(\overline{A}+B+\overline{C})$、$(\overline{A}+B+C)$、$(A+\overline{B}+\overline{C})$、$(A+\overline{B}+C)$、$(A+B+\overline{C})$、$(A+B+C)$,这 8 个和项称为三变量 A、B、C 逻辑函数的最大项。n 个变量的逻辑函数的最大项有 2^n 个。对应一组变量取值,只有一个最大项值为 0,而其余最大项为 1。

2. 标准或与表达式

由最大项相与所组成的表达式称为标准或与表达式,也称为最大项积表达式。在数字逻辑电路中,通常采用标准与或表达式的形式,而标准或与表达式形式不常用。

2.5 逻辑函数化简

2.5.1 逻辑函数化简的意义

逻辑函数可以有不同形式的表达式,通常有以下 5 种类型。

与或表达式 $\qquad\qquad F_1=AB+A\overline{C}$

或与表达式 $\qquad\qquad F_2=(A+B)(A+\overline{C})$

与非-与非表达式 $\qquad\qquad F_3=\overline{\overline{AB}\cdot\overline{AC}}$

或非-或非表达式 $\qquad\qquad F_4=\overline{\overline{A+B}+\overline{A+C}}$

与或非表达式 $\qquad\qquad F_5=\overline{\overline{AB}+\overline{AC}}$

逻辑函数的某一类型表达式也可有多个。例如

$$F=\overline{A}B+AC$$

可写为 $\qquad\qquad F=\overline{A}B+AC+BC$

或写为 $\qquad\qquad F=ABC+A\overline{B}C+\overline{A}BC+\overline{A}B\overline{C}$

以上三个与或表达式均描述同一个逻辑函数。用逻辑门实现这三个表达式如图2-11

所示。

由图 2-11 可以看到,表达式复杂,实现电路就复杂;表达式简单,实现电路就简单。因为实现电路简单,可以降低成本,所以要进行逻辑函数化简。

通常以与或表达式来定义最简表达式。最简与或表达式的定义是:与或表达式中的与项最少,且每一个与项中变量数目也最少。

如果用逻辑门实现最简与或表达式,使用逻辑门的数量最少,门与门之间的连线也最少,从而得到最简的电路。

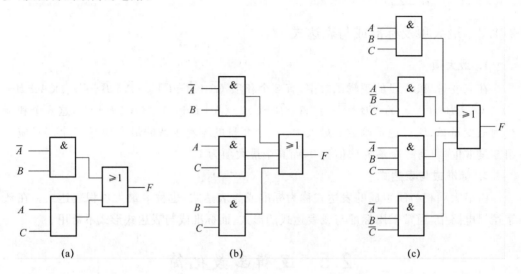

图 2-11　实现同一函数的三种电路

2.5.2　代数化简法

逻辑函数可利用基本公式和常用公式进行逻辑化简,这种化简方法称为代数化简法。

1. 利用吸收律消去多余项

例 2-18　化简逻辑函数 $F = A\overline{B} + A\overline{B}C(E + F)$。

解　　　　$F = A\overline{B} + A\overline{B}C(E + F)$　　（一项包含了另一项 $A\overline{B}$）

　　　　　　　$= A\overline{B}$

2. 利用常用公式 1 合并项

例 2-19　化简逻辑函数 $F = AB\overline{C} + A\overline{B}\,\overline{C}$。

解　　　$F = A\overline{B}C + A\overline{B}\,\overline{C}$　　（观察可知式中 $B\overline{C}$ 和 $\overline{B}\,\overline{C}$ 互为反变量）

　　　　　　$= A$

3. 利用常用公式 2 消去一个因子

例 2-20　化简逻辑函数 $F = AB + \overline{A}C + \overline{B}C$。

解
$$F = AB + \overline{A}C + \overline{B}C$$
$$= AB + (\overline{A} + \overline{B})C$$
$$= AB + \overline{AB}C \qquad (AB \text{ 和 } \overline{AB} \text{ 互为反变量})$$
$$= AB + C$$

4. 利用常用公式 3 消项和配项化简

例 2-21 化简逻辑函数 $F = A\overline{B} + AC + ADE + \overline{C}D$。

解
$$F = A\overline{B} + AC + ADE + \overline{C}D = A\overline{B} + AC + \overline{C}D$$

例 2-22 化简逻辑函数 $F = A\overline{B} + B\overline{C} + \overline{B}C + \overline{A}B$。

解
$$F = A\overline{B} + B\overline{C} + \overline{B}C + \overline{A}B$$
$$= A\overline{B} + B\overline{C} + \overline{B}C + \overline{A}B + \overline{A}C \qquad (\text{添加项})$$
$$= A\overline{B} + B\overline{C} + \overline{A}C \qquad (\text{通过 } A\overline{B} \text{ 和 } \overline{A}C, \text{消去} \overline{B}C; \text{通过 } B\overline{C} \text{ 和 } \overline{A}C, \text{消去} \overline{A}B)$$

上述介绍了几种代数逻辑化简的方法,在实际逻辑化简中,可以综合运用。

2.5.3 卡诺图化简法

利用代数化简逻辑函数不但要求熟练掌握逻辑代数的基本公式,而且还需要一些技巧,特别是经代数化简后得到的逻辑表达式是否为最简式较难掌握。下面介绍的卡诺图化简法能直接获得最简表达式,并且易于掌握。

1. 卡诺图

卡诺图是真值表的图形表示。二变量、三变量、四变量和五变量的卡诺图如图 2-12 所示。

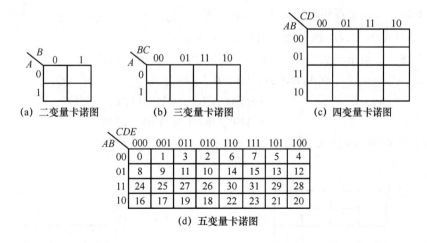

图 2-12 卡诺图

关于卡诺图的说明：

(1) 卡诺图方格外为输入变量及其相应逻辑取值，变量取值的排序不能改变。

(2) 卡诺图中的每一个方格代表一个最小项，最小项的逻辑取值填入方格中。

(3) 卡诺图中的相邻方格是逻辑相邻项。逻辑相邻项是指只有一个变量互为反变量，而其余变量完全相同的两个最小项。除相邻的两个方格是相邻项外，左右两侧、上下两侧相对的方格也是相邻项。

2. 逻辑函数的卡诺图表示

由逻辑函数的真值表或表达式都可以直接画出逻辑函数的卡诺图。

例 2-23 试画出表 2-21 所示逻辑函数的卡诺图。

解 真值表的每一行对应一个最小项，也对应卡诺图中的一个方格，将函数的取值填入对应方格中，即可画出卡诺图如图 2-13。

表 2-21 函数 F 的真值表

A	B	C	F
0	0	0	0
0	0	1	0
0	1	0	0
0	1	1	1
1	0	0	0
1	0	1	1
1	1	0	1
1	1	1	1

F: A \ BC	00	01	11	10
0	0	0	1	0
1	0	1	1	1

图 2-13 表 2-21 真值表的卡诺图

例 2-24 试画出逻辑函数 $F_1(A,B,C,D)=\sum_m(0,1,3,5,10,11,12,15)$的卡诺图。

解 $F_1(A,B,C,D)$ 的卡诺图如图 2-14 所示。

例 2-25 试画出函数 $G(A,B,C)=AB+BC+AC$ 的卡诺图。

解

$$\begin{aligned}G(A,B,C)&=AB+BC+AC\\&=AB(C+\overline{C})+(A+\overline{A})BC+AC(B+\overline{B})\\&=ABC+AB\overline{C}+A\overline{B}C+\overline{A}BC\end{aligned}$$

然后，可画出 G 的卡诺图如图 2-15 所示。

F_1: AB \ CD	00	01	11	10
00	1	1	1	0
01	0	1	0	0
11	1	0	1	0
10	0	0	1	1

图 2-14 函数 F_1 的卡诺图

G: A \ BC	00	01	11	10
0	0	0	1	0
1	0	1	1	1

图 2-15 函数 G 的卡诺图

例 2-26 试画出函数 $H(A,B,C)=A+BC$ 的卡诺图。

解 可将非标准表达式直接填入卡诺图。与项 A 对应卡诺图 $A=1$ 一行下面四个方格,而与项 BC 对应卡诺图 $BC=11$ 一列两个方格,在这些方格中填 1,其他方格填 0,即可得到函数 H 的卡诺图,如图 2-16 所示。

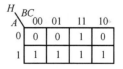

图 2-16 函数 H 的卡诺图

3. 逻辑函数的卡诺图化简

性质 1 卡诺图中任何两个为 1 的相邻方格的最小项可以合并为一个与项,并且消去一个变化的变量。

读者可用逻辑代数公式自行证明。

例 2-27 试用卡诺图化简函数 $F_2(A,B,C)=\overline{A}BC+A\overline{B}\,\overline{C}+ABC+AB\overline{C}$。

解 ① 画出函数 F_2 的卡诺图如图 2-17 所示。

② 将相邻的两个为 1 的方格圈在一起,分别合并为 BC 和 $A\overline{C}$。

③ 将上述与项或起来,得到最简与或表达式 $F_2=BC+A\overline{C}$。

注意:画虚线的圈不能画,否则形成冗余项。

例 2-28 试用卡诺图化简函数 $G_1(X,Y,Z)=\overline{X}\,\overline{Y}\,\overline{Z}+X\overline{Y}\,\overline{Z}+X\overline{Y}Z+XY\overline{Z}$。

解 画出函数 G_1 的卡诺图如图 2-18 所示。合并相邻的 1,得 $G_1=X\overline{Y}+X\overline{Z}+\overline{Y}\,\overline{Z}$。注意:最小项 m_4 被重复使用三次。

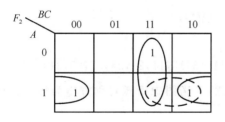

图 2-17 例 2-27 卡诺图

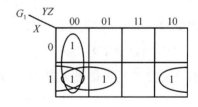

图 2-18 例 2-28 卡诺图

性质 2 卡诺图中为 1 的四个相邻方格的最小项可以合并成一个与项,并消去变化的两个变量。

例 2-29 试用卡诺图化简函数 $F_3(A,B,C)=\overline{A}C+\overline{A}B+A\overline{B}C+BC$。

解 画出 F_3 的卡诺图如图 2-19 所示。合并相邻 1,得两个与项 C 和 $\overline{A}B$。经化简,$F_3=C+\overline{A}B$。

性质 3 卡诺图中为 1 的八个相邻最小项可以合并成一个与项,并消去变化的三个变量。

例 2-30 试用卡诺图化简函数

$$F_4 = (W, X, Y, Z) = \sum_m(0,1,2,4,5,6,8,9,12,13,14)$$

解 画出 F_4 的卡诺图如图 2-20 所示。经化简得

$$F_4 = \overline{Y} + \overline{W}\,\overline{Z} + X\,\overline{Z}$$

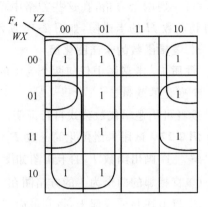

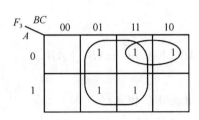

图 2-19 例 2-29 卡诺图

图 2-20 例 2-30 卡诺图

例 2-31 试用卡诺图化简函数 $F_5(A,B,C,D) = \overline{A}\,\overline{B}\,\overline{C} + \overline{A}C\,\overline{D} + A\,\overline{B}C\,\overline{D} + AB\,\overline{C}$。

解 函数 F_5 的卡诺图如图 2-21 所示。注意:四个角上的 1 可以圈在一起,形成与项 $\overline{B}\,\overline{D}$。经化简得

$$F_5 = \overline{B}\,\overline{D} + \overline{B}\,\overline{C} + \overline{A}C\,\overline{D}$$

例 2-32 试用卡诺图化简函数

$$F_6(A,B,C,D,E) = \sum_m(0,2,4,6,9,11,13,15,17,21,25,27,29,31)$$

解 函数 F_6 的卡诺图如图 2-22 所示。注意:卡诺图中镜像对称方格为相邻方格。经化简得

$$F_6 = BE + A\,\overline{D}E + \overline{A}\,\overline{B}\,\overline{E}$$

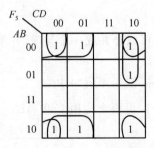

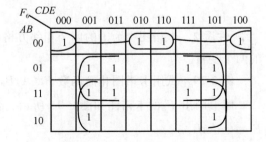

图 2-21 例 2-31 卡诺图

图 2-22 例 2-32 卡诺图

卡诺图化简应注意以下几个问题：

① 圈 1 时，包围的方格应尽可能的多，但必须为 2^k。$k \leq n$，n 为函数的变量数。

② 圈 1 时，每一个 1 都可以重复使用，但每一个圈必须包括新的 1，否则得到的与项是冗余项。

③ 必须把所有的 1 圈完，特别要注意孤立的 1，在表达式中应保留其对应的最小项。

④ 最简与或式不一定是唯一的。

4. 具有无关项的逻辑函数化简

在一些逻辑函数中，变量取值的某些组合不允许出现或不会出现，这些组合对应的最小项称为约束项。例如，8421BCD 码中的 1010～1111 所对应的 6 个最小项就是约束项。在另外一些逻辑函数中，变量取值的某些组合所对应的最小项可以是 1，也可以是 0，这些最小项称为任意项。约束项和任意项统称为无关项。在逻辑化简时，无关项取值可以为 1，也可以为 0。在逻辑函数表达式中无关项通常用 $\sum_d(\cdots)$ 来表示，在真值表和卡诺图中，无关项对应函数取值用"$\varnothing$"或"×"表示。例如，$\sum_d(10,11,15)$ 说明最小项 m_{10}、m_{11}、m_{15} 是无关项。有时也用逻辑表达式表示函数中的无关项。例如，$d = AB + AC$，表示 $AB + AC$ 所包含的最小项为无关项。

利用无关项所对应的函数值可为 0 也可为 1 的特点，在进行逻辑函数化简时，可使函数进一步简化。

例 2-33 试用卡诺图化简逻辑函数

$$F_7(A,B,C,D) = \sum_m(4,6,8,9,10,12,13,14) + \sum_d(0,2,5)$$

解 画出函数 F_7 的卡诺图如图 2-23 所示。将无关项 m_0 和 m_2 视为 1，可使函数进一步简化为 $F_7 = \overline{D} + A\overline{C}$。

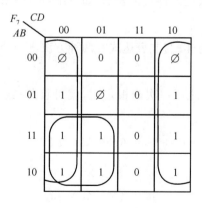

图 2-23　例 2-33 卡诺图

2.6 逻辑函数的门电路实现

逻辑函数经过化简之后,得到了最简逻辑表达式,根据逻辑表达式,就可以采用合适的逻辑门来实现逻辑函数。实现逻辑函数首先要画出逻辑图。逻辑图是由逻辑符号以及其他电路符号构成的电路连接图。逻辑图是除真值表、逻辑表达式和卡诺图之外,表示逻辑函数的另一种方法。逻辑图更贴近于逻辑电路设计的工程实际,一般设计逻辑电路就是要设计出它的逻辑图。

由于采用的逻辑门不同,实现逻辑函数的形式也不同。这里介绍两级与或电路、两级与非电路、两级或非电路和与或非电路四种电路的实现形式,并约定第一级门电路输入可以用反变量。

2.6.1 两级与或逻辑电路

根据与或逻辑表达式,可以直接画出两级与或逻辑电路。

例 2-34 试用与门和或门实现逻辑函数 $F_1 = AB + AC + BC$,画出逻辑图。

解 用与门实现与功能,用或门实现或功能,可画出 F_1 的逻辑图如图 2-24(a)所示。

2.6.2 两级与非逻辑电路

与非门是工程实际中大量应用的逻辑门,单独使用与非门可以实现任何组合逻辑函数。逻辑函数往往用与或表达式形式来表示,如果用与非门来实现,就要将与或表达式转换为与非-与非表达式的形式。

将与或表达式转换为与非-与非表达式有两种方法——公式法和图示法。

1. 公式法

将与或式两次求反,并使用一次摩根定理,就可将与-或式转换成与非-与非式。例如,对于上例逻辑函数

$$F_1 = AB + AC + BC$$

对 F_1 两次求反,即

$$F_1 = \overline{\overline{AB + AC + BC}}$$

用一次摩根定理得

$$F_1 = \overline{\overline{AB} \cdot \overline{AC} \cdot \overline{BC}}$$

用两级与非门实现函数 F_1,其逻辑图如图 2-24(b)所示。

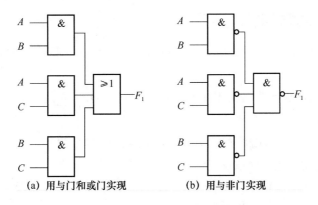

(a) 用与门和或门实现　　　　　(b) 用与非门实现

图 2-24　例 2-34 逻辑图

2. 图示法

介绍图示法之前,先介绍与非门的两种等效逻辑符号。图 2-25(a)所示为与非符号;
图 2-25(b)为非或符号。由摩根定理得知它们是
等效的,可以说明图(a)完成正逻辑与非运算,图
(b)完成负逻辑或非运算。符号"∘"称为反相圈,相
当于一个非门,它既可以出现在逻辑符号输出端,
也可以出现在输入端。这是很有用的逻辑概念,在
逻辑电路分析和设计中具有重要的作用,并将在第
4 章进一步介绍其使用。

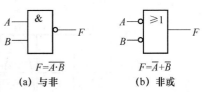

(a) 与非　　　(b) 非或

图 2-25　与非门两种等效符号

例 2-35　试用两级与非门实现逻辑函数 $F_2=AB+CD+E$,画出逻辑图(用图示法)。

解　图 2-26 给出了用与非门实现 F_2 的图示过程。首先在与门和或门之间的各连线
两端画反相圈"∘"(相当于两次求反,功能不变),见图(b);然后用与非门等效符号替换,可
得到图(c)。

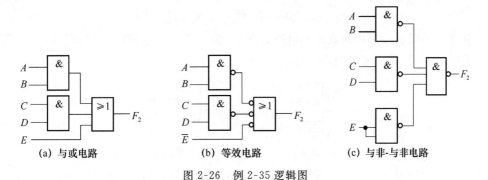

(a) 与或电路　　　　　(b) 等效电路　　　　　(c) 与非-与非电路

图 2-26　例 2-35 逻辑图

同公式法比较 $F_2 = AB + CD + E = \overline{\overline{AB} \cdot \overline{CD} \cdot \overline{E}}$ 完全一致。

2.6.3 两级或非逻辑电路

单独使用或非门可以实现任何组合逻辑函数。用或非门来实现逻辑函数也要进行表达式的形式转换。

例 2-36 试用两级或非门实现函数 $F_3(A, B, C, D) = \sum_m(0, 1, 2, 5, 8, 9, 10)$ 最简式，并画出逻辑图。

解 画出函数 F_3 的卡诺图如图 2-27(a)所示。由组合为 0 的方格求得 $\overline{F_3} = AB + CD + B\overline{D}$，然后等式两边同时取反，得

$$F_3 = \overline{AB + CD + B\overline{D}}$$
$$= (\overline{A} + \overline{B})(\overline{C} + \overline{D})(\overline{B} + D)$$
$$= \overline{\overline{(\overline{A} + \overline{B})(\overline{C} + \overline{D})(\overline{B} + D)}} \quad (\text{取反两次，逻辑功能不变})$$
$$= \overline{\overline{\overline{A} + \overline{B}} + \overline{\overline{C} + \overline{D}} + \overline{\overline{B} + D}} \quad (\text{下面反号用一次摩根定理})$$

由此可画出 F_3 逻辑图如图 2-27(b)所示。

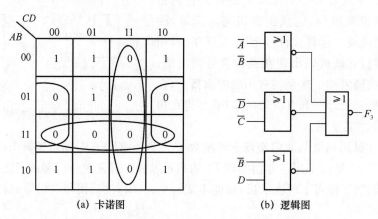

(a) 卡诺图 (b) 逻辑图

图 2-27 例 2-36 图

也可以用图示法实现两级或非电路。图 2-28(a)给出正逻辑或非门，图(b)给出负逻辑与非门，两种形式是等效的。

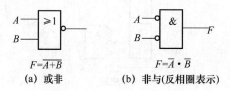

$F = \overline{A + B}$ $F = \overline{A} \cdot \overline{B}$
(a) 或非 (b) 非与(反相圈表示)

图 2-28 或非门两种等效符号

由此,可以将上例的 $F_3 = (\overline{A} + \overline{B})(\overline{C} + \overline{D})(\overline{B} + D)$ 通过图示法来实现两级或非电路,如图 2-29 所示。仍采用连线两端画反相圈办法得到图(b),再用或非等效符号替换得出图(c)。

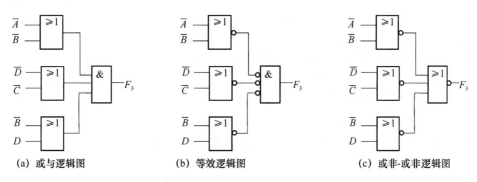

(a) 或与逻辑图　　　　　(b) 等效逻辑图　　　　　(c) 或非-或非逻辑图

图 2-29　例 2-36 图示法实现

2.6.4　与或非逻辑电路

例 2-37　化简函数 $F_4(A,B,C) = \sum_m(1,3,6,7)$,并用与或非逻辑门实现,最后画出逻辑图。

解　画出 F_4 的卡诺图如图 2-30(a)所示。组合为 0 的方格可得 $\overline{F_4} = \overline{A}\,\overline{C} + A\,\overline{B}$,两边取反得

$$F_4 = \overline{\overline{A}\,\overline{C} + A\,\overline{B}}$$

可画出逻辑图如图 2-30(b)所示。

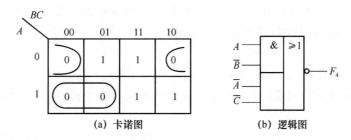

(a) 卡诺图　　　　　　　(b) 逻辑图

图 2-30　例 2-37 图

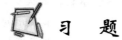 **习　题**

2-1　将下列十进制数转换为二进制数。

(1) 26　　　　　　(2) 158　　　　　　(3) 48

(4) 135　　　　　　(5) 365　　　　　　(6) 5.3125

2-2 将下列二进制数转换为十进制数。

(1) 1101   (2) 10110   (3) 101001

(4) 110110   (5) 0.1011   (6) 1011.01101

2-3 将下列十进制数转换为八进制数。

(1) 18   (2) 56   (3)121   (4)518

2-4 将下列十进制数转换为十六进制数。

(1) 42   (2) 68   (3)112   (4)532

2-5 将下列十六进制数转换为十进制数。

(1) $(3DF)_{16}$ (2) $(5EC)_{16}$ (3)$(2AB)_{16}$ (4)$(7B.D)_{16}$

2-6 将下列二进制数分别转换为八进制数和十六进制数。

(1) 10110110   (2) 10100111   (3)11011100

(4) 11101001   (5)100101101011   (6)111101011101

2-7 将习题 2-5 中十六进制数转换为二进制数。

2-8 求下列有符号二进制数的原码、反码和补码。

(1) -1010101 (2) $+0111000$ (3)-0000001 (4)-1000000

2-9 求下列补码的原码表示及十进制数值。

(1) $(10101101)_{补}$ (2) $(11010011)_{补}$ (3) $(10011110)_{补}$

(4) $(01110100)_{补}$ (5) $(10110101)_{补}$ (6) $(10000000)_{补}$

2-10 用补码加法求下列运算结果。

(1) $(51)_{10}-(32)_{10}$ (2) $(-51)_{10}+(32)_{10}$

(3) $(-68)_{10}-(42)_{10}$ (4) $(35)_{10}+(18)_{10}$

2-11 分别用自然二进制码、8421BCD 码、余 3 码和格雷码表示$(128)_{10}$。

2-12 将下列 8421BCD 码转换为十进制数。

(1) $(0110\ 1001.0111\ 0100)_{8421BCD}$

(2) $(1000\ 1001\ 0111.0010\ 0011)_{8421BCD}$

2-13 根据 ASCII 码表,用 ASCII 码表示下列数字和字母(分别用二进制和十六进制表示)

(1) 5   (2) A   (3) 18   (4) CHINA

2-14 填空题

(1) 作为逻辑取值的 0 和 1,并不表示数值的大小,而是表示_____两个_____。

(2) 数字电路中的逻辑状态是用_____来表示的。

(3) 逻辑真值表是表示数字电路_____之间逻辑取值_____关系的表格。

(4) 用电路的高电平代表_____,低电平代表_____,这种逻辑规定称为正逻辑。

(5) 正逻辑的与非门等效于负逻辑的_____。

(6) 复合逻辑运算有_____,_____,_____,_____,_____。

(7) 可以实现逻辑非的逻辑门有_____门,_____,_____,_____,

_____。

2-15 用基本公式和常用公式证明下列等式。

(1) $\overline{A+BC+D}=\overline{A}\,\overline{B}\,\overline{D}+\overline{A}\,\overline{C}\,\overline{D}$

(2) $A+\overline{A}\cdot\overline{B+C}=A+\overline{B}\,\overline{C}$

(3) $\overline{A}\,\overline{B}+\overline{A}B+A\overline{B}+AB=1$

(4) $AB+\overline{A}C+\overline{B}C=AB+C$

(5) $A\overline{B}+\overline{A}B=(\overline{A}+\overline{B})(A+B)$

2-16 用真值表证明下列等式。

(1) $\overline{A}\,\overline{B}+\overline{A}B=AB+\overline{A}\,\overline{B}$

(2) $A\overline{B}+B\overline{C}+\overline{A}C=\overline{A}B+\overline{B}C+A\overline{C}$

(3) $A\overline{B}+\overline{A}B+BC=A\overline{B}+\overline{A}B+AC$

(4) $ABC+\overline{A}\,\overline{B}\,\overline{C}=\overline{A}\,\overline{B}+B\,\overline{C}+\overline{A}C$

(5) $AB+BCD+\overline{A}C+\overline{B}C=AB+C$

2-17 用公式证明下列等式。

(1) $\overline{A\oplus B}=\overline{A}\oplus B$

(2) $A\oplus B=\overline{A}\oplus\overline{B}$

(3) $\overline{A\oplus B\oplus C}=\overline{A}\oplus\overline{B}\oplus\overline{C}$

(4) $A(A\oplus B)=A\overline{B}$

(5) $AB(A\oplus B\oplus C)=ABC$

2-18 用代数法化简下列逻辑函数。

(1) $XY+X\overline{Y}$

(2) $(X+Y)(X+\overline{Y})$

(3) $XYZ+\overline{X}Y+XY\overline{Z}$

(4) $XZ+\overline{X}YZ$

(5) $\overline{X+Y}\cdot\overline{X+\overline{Y}}$

(6) $Y(W\overline{Z}+WZ)+XY$

(7) $ABC+\overline{A}\,\overline{B}C+\overline{A}BC+AB\overline{C}+\overline{A}\,\overline{B}\,\overline{C}$

(8) $BC+A\overline{C}+AB+BCD$

(9) $\overline{\overline{CD}+A}+A+CD+AB$

(10) $(A+C+D)(A+C+\overline{D})(A+\overline{C}+D)(A+\overline{B})$

(11) $A\overline{B}\,\overline{C}+A\overline{B}C+AB\overline{C}+ABC$

(12) $(A+B)\cdot C+\overline{A}C+AB+ABC+\overline{B}C$

2-19 填空题

(1) 表示逻辑函数的四种方法是_____、_____、_____和_____。

(2) 在真值表、表达式和逻辑图三种表示方法中,形式唯一的是_____。

(3) 与最小项 $AB\overline{C}$ 相邻的最小项有_____、_____和_____。

(4) 最简与或表达式的定义是表达式中的_____项最少,且_____数目也最少。

(5) 逻辑化简的结果_____唯一的(填是或不是)。

(6) 利用无关项化简之后,无关项_____出现,否则,将出现错误。

(7) 卡诺图化简是利用公式_____。

(8) 正逻辑与非运算与负逻辑或非运算等效,根据是_____定理。

2-20 写出下列函数的对偶式。

(1) $F=(A+\overline{B})+(\overline{A}+B)+(B+C)+(\overline{A}+C)$

(2) $F=\overline{A+\overline{B+C}}$

(3) $F=\overline{\overline{A} \cdot \overline{B} \cdot \overline{C}}$

2-21 写出下列函数的反函数。

(1) $F=A+B+\overline{C}+D+\overline{E}$

(2) $F=B[(C\overline{D}+A)+\overline{E}]$

(3) $F=A\overline{B}+\overline{C}\overline{D}$

2-22 根据下表写出函数 T_1 和 T_2 的标准与或表达式,然后化简为最简与或表达式。

A	B	C	T_1	T_2	A	B	C	T_1	T_2
0	0	0	1	0	1	0	0	0	1
0	0	1	1	0	1	0	1	0	1
0	1	0	1	0	1	1	0	0	1
0	1	1	0	1	1	1	1	0	1

2-23 把下列函数转换为标准与或表达式。

(1) $F=D(\overline{A}+B)+\overline{B}D$

(2) $F=\overline{Y}Z+WX\overline{Y}+WX\overline{Z}+\overline{W}\,\overline{X}Z$

(3) $F=(\overline{A}+B)(\overline{B}+C)$

(4) $F(A,B,C)=1$

2-24 用卡诺图化简下列函数,并求出最简与或式。

(1) $F(X,Y,Z)=\sum(2,3,6,7)$

(2) $F(A,B,C,D)=\sum(7,13,14,15)$

(3) $F(A,B,C,D)=\sum(4,6,7,15)$

(4) $F(A,B,C,D)=\sum(2,3,12,13,14,15)$

(5) $F(A,B,C,D,E)=\sum(0,1,4,5,16,17,21,25,29)$

2-25 用卡诺图化简下列函数,并求出最简与或式。

(1) $F=XY+\overline{X}\,\overline{Y}\,\overline{Z}+XY\overline{Z}$

(2) $F=\overline{A}B+B\overline{C}+\overline{B}\,\overline{C}$

(3) $F=\overline{A}\,\overline{B}+BC+\overline{A}B\overline{C}$

(4) $F=X\overline{Y}Z+XY\overline{Z}+\overline{X}YZ+XYZ$

(5) $F=D(\overline{A}+B)+\overline{B}(C+AD)$

(6) $F=ABD+\overline{A}\,\overline{C}\,\overline{D}+\overline{A}B+\overline{A}C\overline{D}+A\overline{B}\,\overline{D}$

(7) $F=\overline{X}Z+\overline{W}X\overline{Y}+W(\overline{X}Y+X\overline{Y})$

(8) $F=\overline{A}\,\overline{C}D+\overline{A}B\overline{D}+ABD+A\overline{C}\,\overline{D}$

(9) $F=BDE+\overline{B}\,\overline{C}D+CDE+\overline{A}\,\overline{B}CE+\overline{A}\,\overline{B}C+\overline{B}\,\overline{C}\,\overline{D}\,\overline{E}$

(10) $F=\overline{A}\,\overline{B}C\overline{E}+\overline{A}\,\overline{B}\,\overline{C}\,\overline{D}+\overline{B}\,\overline{D}\,\overline{E}+BC\overline{D}+CD\overline{E}$

2-26 利用无关项化简下列函数,并求最简与或式。

(1) $F=\overline{Y}+\overline{Z}\,\overline{X}$; $d=YZ+XY$

(2) $F=\overline{B}\,\overline{C}\,\overline{D}+BC\overline{D}+AB\overline{C}D$; $d=BC\overline{D}+\overline{A}B\overline{C}D$

(3) $F(A,B,C,D)=\sum_m(0,1,5,7,8,11,14)+\sum_d(3,9,15)$

(4) $F(A,B,C,D)=\sum_m(0,2,3,5,6,7,8,9)+\sum_d(10,11,12,13,14,15)$

2-27 如果逻辑函数为 $F=BE+BCDE+B\overline{C}\,\overline{D}E+\overline{B}D\overline{E}+\overline{B}\,\overline{C}D\overline{E}$,化简之后的最简与或式为 $F=BE+\overline{B}\,\overline{E}$,问是否存在无关项,如果有,无关项是哪些?

2-28 给定逻辑函数 $F=XY+X\overline{Y}+\overline{Y}Z$,请分别用如下电路实现:

(1) 用两级与或电路;

(2) 用两级与非电路;

(3) 用两级或非电路。

2-29 化简下列函数,并用与非门实现,画出逻辑图。

(1) $F=A\overline{C}+ACE+AC\overline{E}+\overline{A}C\overline{D}+\overline{A}\,\overline{D}\,\overline{E}$

(2) $F=(\overline{B}+\overline{D})(\overline{A}+\overline{C}+D)(A+\overline{B}+\overline{C}+D)(\overline{A}+B+\overline{C}+D)$

2-30 用或非门实现题 2-29 所化简的函数,并画出逻辑图。

2-31 用两个或非门实现下列函数,并画出逻辑图。

$$F=\overline{A}\,\overline{B}\,\overline{C}+A\overline{B}D+\overline{A}\,\overline{B}C\overline{D}, \quad d=ABC+A\overline{B}\,\overline{D}$$

2-32　用三个与非门实现函数 F,并画出逻辑图。

$$F=(A+D)(\overline{A}+B)(\overline{A}+\overline{C})$$

2-33　化简逻辑函数 F,用两级与非电路实现,并画出逻辑图。

$$F=\overline{B}D+\overline{B}C+ABCD,\ d=\overline{A}BD+A\overline{B}\,\overline{C}\,\overline{D}$$

2-34　用四个与非门实现下列函数,并画出逻辑图(注:输入端只提供原变量)。

$$F=\overline{W}XZ+\overline{W}YZ+\overline{X}Y\,\overline{Z}+WX\,\overline{Y}Z,\ d=WYZ$$

2-35　试用最少的与非门实现下列多输出逻辑函数。

$$\begin{cases} Y_1=F_1(A,B,C,D)=\sum_m(0,2,3,6,7,8,14,15) \\ Y_2=F_2(A,B,C,D)=\sum_m(2,3,10,11,14,15) \end{cases}$$

2-36　有两个逻辑函数:

$$F_1(A,B,C,D)=\sum_m(0,2,8,10,12,14)$$

$$F_2(A,B,C,D)=\sum_m(0,1,2,4,5,11,13,15)$$

求 $F=F_1+F_2$ 的最简与或式,并用与或非门实现,画出逻辑图。

第3章　集成逻辑门

集成逻辑门是构成数字电路的基本逻辑器件。目前数字集成电路的商品器件主要分为 CMOS 型和双极型两大类,因 CMOS 器件的应用广泛,故本章主要介绍 CMOS 集成逻辑门电路结构、工作原理和外部特性参数,简单介绍双极型的 TTL、ECL 电路。

3.1　概　述

CMOS (Complementary Metal-Oxide Semiconductor,互补金属氧化物半导体)电路是目前应用最广泛的逻辑电路。CMOS 电路是在早期的 PMOS 电路和 NMOS 电路基础上发展起来并因为具有功耗低的显著特点而获得大量应用,PMOS、NMOS 和 CMOS 统称为 MOS 电路。MOS 电路都是由 MOS 场效应管作为开关元件,PMOS 电路是由 P 沟道 MOS 管构成,NMOS 电路是由 N 沟道 MOS 管构成,而 CMOS 电路是由 PMOS 管和 NMOS 管互补构成。从 20 世纪 80 年代中期开始,CMOS 电路大大提高了其应用的主要限制——工作速度,与 TTL 电路相比,CMOS 电路具有低功耗、高抗扰能力和高集成度等优点,工作速度的提高进一步扩大了其应用范围。到 20 世纪 90 年代,传统的 TTL 电路已基本被新型高速的 CMOS 电路所取代。目前,几乎所有的大规模集成电路(如微处理器、存储器以及 PLD 器件)都采用 CMOS 电路,甚至原来采用 TTL 电路的中小规模集成电路,也逐渐采用 CMOS 电路。目前 CMOS 电路已经成为占主导地位的逻辑器件。

双极型数字集成电路是指由双极型晶体三极管构成的一大类逻辑电路,主要包括 TTL 和 ECL 两种类型。

TTL(Transistor-Transistor Logic,三极管-三极管逻辑)电路是在 CMOS 电路应用之前技术最为成熟、应用最为广泛的逻辑电路。制约 TTL 电路进一步发展最主要的原因是其功耗比较大,而现代数字集成电路的发展方向是体积小、容量大、性能高,其功耗大则严重限制了集成电路制造的尺寸和密度。尽管 TTL 电路制造工艺也进行了不断地技术更新和改造,但由于目前 CMOS 电路制造工艺的进步及其低功耗的显著特点,TTL 电路已无法与之匹敌。目前 TTL 电路仅在较高速的中小规模数字集成电路方面有所应用,应用范围较小。

ECL(Emitter-Coupled Logic,射极耦合逻辑)电路也是双极型数字集成电路的一类电路,其显著特点是工作速度非常高,是目前数字集成电路中工作速度最高的一类器件。但 ECL 电路功耗很大,商品价格也相当昂贵,一般仅在有特殊需要的高速或超高速应用场合下使用。

3.2 CMOS 逻辑门

3.2.1 CMOS 基本电路

1. MOS 管及其开关特性

MOS 场效应管(以下简称 MOS 管)是构成 MOS 电路的开关元件,它有三个电极:栅极 G、源极 S 和漏极 D,B 是衬底,用栅-源电压来控制漏-源电流。根据所用材料不同,MOS 管分为 N 沟道和 P 沟道两大类,分别简称为 NMOS 和 PMOS,按其采用工艺又分为增强型和耗尽型两种。这里仅介绍增强型 NMOS 管和 PMOS 管及其开关特性,它们的电路符号示于图 3-1。

在数字电路中,MOS 管仅工作在两个状态:导通和截止。对于 NMOS 管,若栅-源电压 U_{GS} 大于开启电压 U_{TN},则 MOS 管处于导通状态,漏-源之间有电流流过,导通电阻低至几欧姆,此时的 NMOS 管等效为一个闭合的开关;反之,若栅-源电压 U_{GS} 小于开启电压 U_{TN},则 MOS 管处于截止状态,漏-源之间的电阻高达 1 MΩ 以上,没有电流流过,此时的 NMOS 管等效为一个断开的开关。PMOS 管的工作原理与 NMOS 管类似,区别在于 PMOS 管的栅-源电压 U_{GS} 一般为零或负值。若

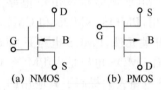

图 3-1 MOS 管的电路符号

(a) NMOS   (b) PMOS

U_{GS} 为零,则 PMOS 管截止,漏-源之间电阻非常高,无电流流过;随着 U_{GS} 的降低,漏-源之间电阻也逐渐降低,当 U_{GS} 小于开启电压 U_{TP}(其值为负)时,PMOS 管导通,漏-源之间有电流流过,导通电阻非常小。

MOS 管的衬底接法:N 沟道衬底接电路中最低电位,P 沟道衬底接电路中最高电位。

2. CMOS 非门(反相器)

CMOS 非门是 CMOS 电路的基本单元电路,是用一个 NMOS 管和一个 PMOS 管以互补对称的方式构成,电路结构如图 3-2(a)所示。两管的栅极 G 相连作为输入端 A,漏极 D 相连作为输出端 Y,PMOS 管的源极和衬底接电源 V_{DD},NMOS 管的源极和衬底接地。设 V_{DD} 为 5 V。

若输入为低电平 $u_A = 0$ V,PMOS 管导通,等效为闭合的开关,输出端和电源相连;NMOS 管截止,等效为断开的开关,输出端对地的通路被阻断,如图 3-3(a)所示,此时输出高电平 $u_Y = V_{DD} = 5$ V。若输入为高电平 $u_A = 5$ V,NMOS 管导通,输出端和地相连;PMOS 管截止,输出端到电源的通路被阻断,如图 3-3(b)所示,此时输出低电平 $u_Y = 0$ V。

CMOS 非门的上述分析结果可用如图 3-2(b)所示真值表来描述,由表可见,这个

CMOS 非门电路实现了输出 Y 和输入 A 之间的逻辑非关系,即 $Y=\overline{A}$。

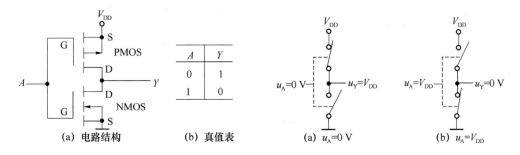

图 3-2　CMOS 非门　　　　　图 3-3　CMOS 非门的开关模型电路

3. CMOS 与非门和或非门

（1）二输入与非门

图 3-4(a)是二输入 CMOS 与非门的电路结构,其中 T_1、T_3 是两个并联的 PMOS 管,T_2、T_4 是两个串联的 NMOS 管,A、B 是两个输入端,分别连到一个 PMOS 管和一个 NMOS 管的栅极。A、B 中只要有一个为低电平,则串联的两个 NMOS 管中至少有一个是截止的,使得输出端对地的通路被阻断,而并联的两个 PMOS 管至少有一个是导通的,输出端可通过该导通晶体管和电源相连,此时输出 Y 为高电平;只有当 A、B 皆为高电平时,串联的两个 NMOS 管才能同时导通,输出端与地相连,同时,并联的两个 PMOS 管全部截止,输出端与电源断开,此时输出 Y 为低电平。根据以上分析,可得到如图 3-4(b)所示真值表,可见此电路输出 Y 和输入 A、B 之间为逻辑与非的关系,即 $Y=\overline{A \cdot B}$。

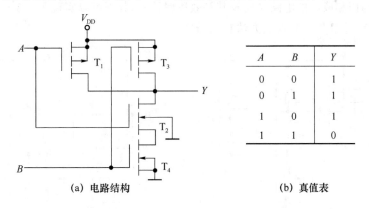

A	B	Y
0	0	1
0	1	1
1	0	1
1	1	0

　　(a) 电路结构　　　　　　　　　　(b) 真值表

图 3-4　二输入 CMOS 与非门

（2）二输入或非门

图 3-5(a)是二输入或非门的电路结构,T_1、T_3 是两个串联的 PMOS 管,T_2、T_4 是两个并联的 NMOS 管,A、B 是两个输入端,分别与一个 PMOS 管和一个 NMOS 管的栅极相连。A、B 中只要有一个为高电平,则串联的两个 PMOS 管至少有一个截止,输出端与

电源之间的通路被断开,而两个并联的 NMOS 管至少有一个导通,输出端和地相连,此时 Y 为低电平;只有当 A、B 皆为低电平时,两个并联的 NMOS 管全部截止,输出端对地的通路被断开,同时,两个串联的 PMOS 管全部导通,输出端和电源相连,输出 Y 为高电平。由此可以得到如图 3-5(b)所示真值表,可看出输出 Y 和输入 A、B 之间为逻辑或非的关系,即 $Y=\overline{A+B}$。

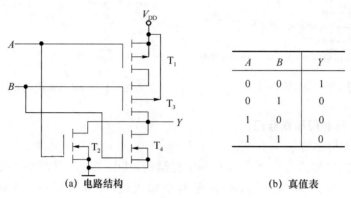

A	B	Y
0	0	1
0	1	0
1	0	0
1	1	0

(a) 电路结构　　　　　　　　(b) 真值表

图 3-5　二输入 CMOS 或非门

4. CMOS 与门和或门

在 CMOS 逻辑电路中,非门是最简单、速度最快的逻辑门,其次是与非门和或非门,由于 CMOS 电路的互补对称结构,使其在逻辑上的求反是自然产生的,非反相的逻辑门(如与门、或门)可以在反相门(如与非门、或非门)的基础上再加一级非门来构造,并且正是由于这种结构上的特点,使得非反相门的速度要比反相门的速度慢。图 3-6 给出了二输入 CMOS 与门和或门的电路结构及其等效逻辑符号,分别可以实现 $Y=A \cdot B$ 和 $Y=A+B$ 的逻辑功能,请读者参考以上方法自行分析。

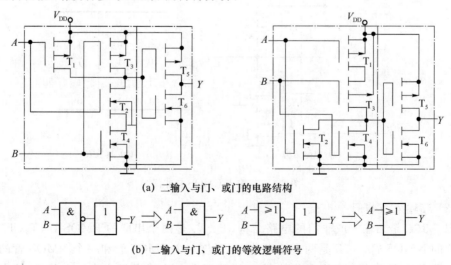

(a) 二输入与门、或门的电路结构

(b) 二输入与门、或门的等效逻辑符号

图 3-6　二输入 CMOS 与门、或门的电路结构、逻辑符号

3.2.2 CMOS 电路特性参数

CMOS 电路的特性参数分为静态特性参数和动态特性参数两类。

1. CMOS 电路静态特性参数

CMOS 电路静态特性是指输入和输出信号不变时的 CMOS 电路特性,主要性能参数有逻辑电平、噪声容限和扇出系数等。

(1)逻辑电平

在前述电路分析中,均假定 +5 V 代表逻辑值 1,0 V 代表逻辑值 0。然而在逻辑门实际使用中,由于电源电压波动、噪声干扰、负载变化以及环境温度变化等因素的影响,使得逻辑门的高、低电平不能保持在规定的 +5 V 和 0 V,而是有一个偏离的电压范围。为了保证逻辑门正确实现逻辑功能,高、低电平各容许多大的偏离范围呢?

图 3-7 是 CMOS 反相器输入电压 u_I 在 0～5 V 范围内变化时,输出电压 u_O 随之变化的曲线,称为电压传输特性曲线。在特性曲线的 AB 段和 EF 段,对应输入分别为低电平接近 0 V 和高电平接近 5 V,因为此时两个 MOS 管中一个完全导通,而另一个完全截止,这时正确实现了输入和输出之间的逻辑非关系;在 BC 段和 DE 段,两个 MOS 管都工作在既不是完全导通,也不是完全截止的工作状态,尤其在接近 CD 段的附近,逻辑门输入和输出之间的逻辑关系将会发生错误;在 CD 段,两管均处于导通状态,流经两管的电流达到最大值,两管管耗较大,易损坏。因此,在实际使用中,应尽量避免使 CMOS 反相器工作在 BC、DE 和 CD 区域。

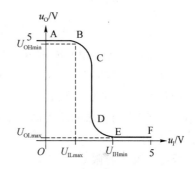

图 3-7 CMOS 反相器的电压传输特性

生产厂家通常给出逻辑门以下 4 个逻辑电平的参数。

U_{ILmax}:输入低电平的最大值,该值是保证 PMOS 管导通、NMOS 管截止,输出为高电平的最大输入电平;

U_{IHmin}:输入高电平的最小值,该值是保证 NMOS 管导通、PMOS 管截止,输出为低电平的最小输入电平;

U_{OHmin}:输出高电平的最小值,该值是保证输出电平能被识别为逻辑 1 的最小值;

U_{OLmax}:输出低电平的最大值,该值是保证输出电平能被识别为逻辑 0 的最大值。

以典型的高速 CMOS 电路 74HC 系列为例,若电源电压 $V_{DD}=5$ V,则:

$$U_{ILmax}=30\%V_{DD}=1.5 \text{ V} \qquad U_{IHmin}=70\%V_{DD}=3.5 \text{ V}$$
$$U_{OHmin}=V_{DD}-0.1=4.9 \text{ V} \qquad U_{OLmax}=0+0.1=0.1 \text{ V}$$

即对于采用 5 V 工作电压的 74HC 系列 CMOS 电路,输入电平 0～1.5 V 为逻辑 0,3.5～5 V 为逻辑 1;输出电平 0～0.1 V 为逻辑 0,4.9～5 V 为逻辑 1。

（2）噪声容限

噪声容限用来表示逻辑门输入的抗干扰能力,噪声容限大,则表示其抗干扰能力强。在数字电路的实际应用中,逻辑门与逻辑门之间是相互连接的,前一级驱动门的输出电压 u_O 作为下一级负载门的输入电压 u_I,那么允许输入电压上叠加多大的噪声干扰呢? 图3-8给出了一个 CMOS 非门驱动另一个 CMOS 非门时高、低电平可承受噪声范围的示意图。

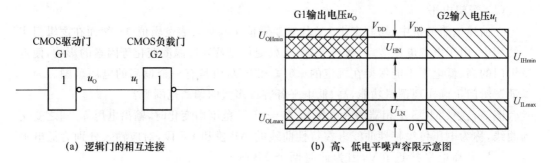

(a) 逻辑门的相互连接   (b) 高、低电平噪声容限示意图

图 3-8　逻辑门的相互连接及噪声容限示意图

噪声容限分为高电平噪声容限 U_{HN} 和低电平噪声容限 U_{LN},分别说明如下:

高电平噪声容限 $U_{HN} = U_{OHmin} - U_{IHmin}$,是指逻辑门输入为高电平时,叠加在输入高电平上所允许最大的噪声范围。因为驱动门输出的高电平最小值 U_{OHmin} 也是负载门输入的最小值,而逻辑门要求的输入高电平最小值是 U_{IHmin},所以输入高电平噪声容限 U_{HN} 应为 $U_{OHmin} - U_{IHmin}$。

低电平噪声容限 $U_{LN} = U_{ILmax} - U_{OLmax}$,是指逻辑门输入为低电平时,叠加在输入低电平上所允许最大的噪声范围。因为驱动门输出的低电平最大值 U_{OLmax} 也是负载门输入的最大值,而逻辑门要求的输入低电平最大值是 U_{ILmax},所以 $U_{ILmax} - U_{OLmax}$ 应该是允许叠加的最大噪声范围,即为低电平噪声容限 U_{LN}。

74HC 系列 CMOS 电路在 5 V 工作电压的条件下,其高、低电平噪声容限分别为:

$$U_{HN} = U_{OHmin} - U_{IHmin} = 4.9 - 3.5 = 1.4 \text{ V}$$
$$U_{LN} = U_{ILmax} - U_{OLmax} = 1.5 - 0.1 = 1.4 \text{ V}$$

因此在电源电压 $V_{DD} = 5$ V 时,74HC 系列 CMOS 电路的抗干扰能力为 1.4 V,即叠加在输入信号上的噪声电压不能大于 1.4 V,否则,逻辑门电路的输出将会发生逻辑错误。

（3）负载能力

逻辑门的负载能力用扇出系数 N 表示,扇出系数 N 是一个逻辑门电路所能驱动的同类逻辑门的个数。扇出系数的计算需要考虑两种情况:拉电流负载和灌电流负载。

1）拉电流负载

图3-9(a)中,当驱动门输出高电平时,负载电流(输出高电平时的电流)从驱动门的内

部流向外部,称为拉电流负载 I_{OH},该电流是流进各负载门输入端的电流之和,其最大值记为 I_{OHmax},每个负载门输入端的拉电流最大值记为 I_{IHmax}。当负载门的个数增加时,拉电流将增加,会导致输出高电平的降低。为了保证输出高电平不低于其最小值,负载门接入端的个数要有一定的限制。驱动门输出高电平时的扇出系数 N_H 可按如下公式计算:

$$N_H = \left| \frac{I_{OHmax}}{I_{IHmax}} \right|$$

典型 74HC 系列的拉电流最大值 $I_{OHmax} = -20\ \mu A$,负号"一"表示拉电流的方向(电流流进端口为正,流出端口为负),负载门每个输入端输入高电平时拉电流的最大值 $I_{IHmax} = 1\ \mu A$,因此其输出高电平时的扇出系数是 20。

2)灌电流负载

图 3-9(b)中,当驱动门输出低电平时,负载电流(输出低电平时的电流)从外部流进内部,称为灌电流负载 I_{OL},其最大值记为 I_{OLmax}。该电流是各负载门输入端灌进驱动门的电流之和,每个负载门输入端的灌电流最大值记为 I_{ILmax}。负载门个数的增加不仅会使灌电流增加,还将导致驱动门输出低电平的抬高。当驱动门的输出低电平不超过其最大值时,所能驱动的输入端个数的最大值,称为输出低电平时的扇出系数 N_L,可按如下公式计算:

$$N_L = \left| \frac{I_{OLmax}}{I_{ILmax}} \right|$$

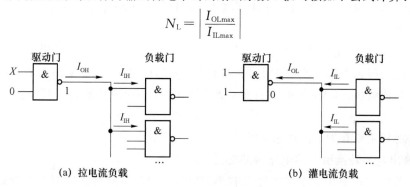

(a) 拉电流负载　　　　　　　　　　(b) 灌电流负载

图 3-9　扇出系数示意图

典型 74HC 系列的灌电流最大值 $I_{OLmax} = 20\ \mu A$,每个输入端输入低电平时灌电流的最大值 $I_{ILmax} = -1\ \mu A$,因此其输出低电平时的扇出系数也是 20。

值得注意的是:一个逻辑门电路拉电流负载和灌电流负载时的扇出系数不是必须相等的,通常取较小者作为该门电路的扇出系数。另外,由于多数逻辑门具有多个输入端,因此扇出系数实际上是指与驱动门相连的负载门输入端的个数。

2. CMOS 电路动态特性

CMOS 电路的动态特性是指输入和输出信号发生变换时的电路特性,主要性能参数有平均传输延迟时间 t_{pd}、功耗 P_D 等。

(1)平均传输延迟时间 t_{pd}

在理想情况下,当逻辑门的输入信号发生变化时,其输出信号会按照逻辑关系立即响应。然而实际上,从输入信号变化到引起输出信号变化需要一定的时间,这个时间称之为传输延迟时间。以非门为例,当输入 u_I 为方波信号时,其输出 u_O 波形如图 3-10 所示。

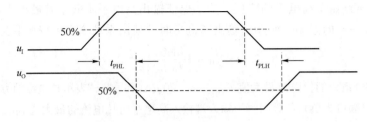

图 3-10　逻辑门的传输延迟时间

从输入波形上升沿的中点到输出波形下降沿中点之间的延迟时间称为 t_{PHL}(输出由高变低时,输入变化引起输出变化的时间);从输入波形下降沿的中点到输出波形上升沿中点之间的延迟时间称为 t_{PLH}(输出由低变高时,输入变化引起输出变化的时间)。平均传输延迟时间 t_{pd} 是两者的平均值,即

$$t_{pd} = (t_{PHL} + t_{PLH})/2$$

逻辑门的 t_{pd} 越小,表明其工作速度越快。74HC 系列典型 t_{pd} 值为 9 ns。

(2) 功耗 P_D

静态时,CMOS 电路中的每一对 MOS 管中,总有一个导通,另一个是截止的,使得电源和地之间的静态工作电流非常小,通常小于 1 μA,因此 CMOS 电路的静态功耗极低,一般在纳瓦数量级。CMOS 电路只在动态(即电平转换时)才消耗功耗,称之为动态功耗 P_D。

动态功耗主要有如下的两个来源。

1) 输出电平转换引起的电路内部功耗 P_T

CMOS 电路在输出电平转换过程中,NMOS 和 PMOS 管可能同时饱和导通,使得电源和地之间瞬时"短路",有较大电流流过,从而消耗一定的功耗 P_T,其大小可计算如下:

$$P_T = C_{PD} V_{DD}^2 f$$

其中,C_{PD} 为功耗电容;V_{DD} 为电源电压;f 为输出信号的转换频率。

2) 负载电容消耗的功耗 P_L

CMOS 电路的输出电平由高变低,或者由低变高时,会有电流通过导通的 MOS 管给负载电容 C_L 充、放电,也消耗一定的功耗 P_L,可计算如下:

$$P_L = C_L V_{DD}^2 f$$

总的动态功耗 P_D 是 P_T 和 P_L 之和,即

$$P_D = (C_{PD} + C_L) V_{DD}^2 f$$

动态功耗通常被称为 $CV_{DD}^2 f$ 功耗,其大小一般在 1 mW 左右。正是由于低功耗的优点,使得 CMOS 电路在需要电池供电的使用场合中(如笔记本电脑、数码摄像机、手机等)

得到了广泛的应用。

表 3-1 列出了 74HC、74HCT 系列 CMOS 电路的主要性能参数。74HCT 系列电路是指与 TTL 电路可完全兼容并可完全互换使用的一种高速 CMOS 电路。

表 3-1 74HC、74HCT 系列 CMOS 电路的参数表

参　数	符号/单位		74HC	74HCT
输入高电平	$U_{\text{IHmin}}/\text{V}$		3.5	2
输入低电平	$U_{\text{ILmax}}/\text{V}$		1.5	0.8
输入高电平电流	$I_{\text{IHmax}}/\mu\text{A}$		1	1
输入低电平电流	$I_{\text{ILmax}}/\mu\text{A}$		−1	−1
输出高电平	$U_{\text{OHmin}}/\text{V}$	CMOS 负载	4.9	4.9
		TTL 负载	3.84	3.84
输出低电平	$U_{\text{OLmax}}/\text{V}$	CMOS 负载	0.1	0.1
		TTL 负载	0.33	0.33
输出高电平电流	$I_{\text{OHmax}}/\text{mA}$	CMOS 负载	−0.02	−0.02
		TTL 负载	−4	−4
输出低电平电流	$I_{\text{OLmax}}/\text{mA}$	CMOS 负载	0.02	0.02
		TTL 负载	4	4
平均传输延迟时间	t_{pd}/ns		9	10
功耗	P_{D}/mW		0.56	0.39

注:本表参数值的测量条件为 $V_{\text{DD}}=5\text{ V}, C_{\text{L}}=15\text{ pF}, T=25\text{ ℃}$,测试频率 $f=1\text{ MHz}$。

3.2.3 其他 CMOS 电路

CMOS 电路除了前面介绍的电路外,还有一些能满足其他特定应用需要的 CMOS 电路,主要有传输门、三态输出门、漏极开路门以及施密特整形电路等。

1. CMOS 传输门(Transmission Gate, TG)

CMOS 传输门由一个 PMOS 管 T_P 和 NMOS 管 T_N 并联构成,其电路结构和逻辑符号如图 3-11(a)、(b)所示。T_P 和 T_N 的源极相连作为输入端 A,漏极相连作为输出端 B,栅极作为一对互补的控制端 C 和 $\overline{C}$。T_P 和 T_N 结构对称,两者的漏极和源极可以互换,因此 CMOS 传输门的输入端和输出端可以互

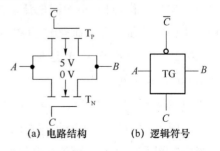

(a) 电路结构　　(b) 逻辑符号

图 3-11 CMOS 传输门

换,即 CMOS 传输门是一个双向器件。假设 PMOS 和 NMOS 管的开启电压 $|V_\mathrm{T}|=2\ \mathrm{V}$,当电源电压为 +5 V 时,电路中信号电平变化范围为 $0\sim+5\ \mathrm{V}$。

当 $C=0$,$\overline{C}$ 端接 +5 V 电压时,T_P 栅极为高电平 +5 V,T_N 栅极为低电平 0 V,T_P 和 T_N 同时截止,输入 A 和输出 B 之间呈现高阻状态,传输门断开,不能传送信号。

当 C 端接 +5 V,$\overline{C}=0$ 时,u_A 在 $0\sim+3\ \mathrm{V}$ 范围内变化时,T_N 导通;u_A 在 $+2\sim+5\ \mathrm{V}$ 范围内变化时,T_P 导通。由此可知,$C=1$,$\overline{C}=0$ 时,T_P 和 T_N 至少有一个导通,$u_\mathrm{A}=u_\mathrm{B}$,信号由 A 传送到 B,也可由 B 传送到 A。

传输门的应用较为广泛,不仅可以作为逻辑电路的基本单元电路,进行数字信号的传输,还可以构成模拟开关,在模数和数模转换、取样-保持等电路中传输模拟信号。图 3-12 是由 CMOS 传输门和非门构成的模拟开关,当 $C=1$ 时,开关闭合,A、B 之间进行数据传送;当 $C=0$ 时,开关断开,A、B 不通,不能进行数据传送。

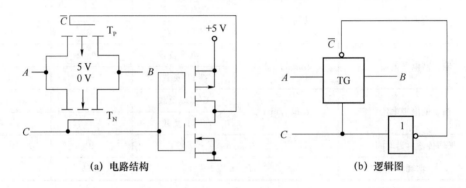

(a) 电路结构　　　　　　　　(b) 逻辑图

图 3-12　CMOS 模拟开关

2. 三态输出门电路(Tristate Logic,TSL)

一般逻辑门的输出有高电平和低电平两种状态,三态输出门电路除了具有这两种状态之外,还具有高输出阻抗的第三种状态,称为高阻态。在高阻态下,输出端好像和电路没有连接一样,只有小的漏电流流进或者流出输出端。CMOS 三态输出门电路的结构示于图3-13(a)(为了简化结构图,内部的与非门、或非门以及非门用逻辑符号表示,共用 10 个 MOS 管),A 是输入端,Y 是输出端,EN 是高电平有效的使能端,图 3-13(b)是其逻辑符号。

当使能端 EN=1 时,若 $A=0$,则 $B=1$、$C=1$,使得 T_N 导通,T_P 截止,输出端 $Y=0$;若 $A=1$,则 $B=0$、$C=0$,使得 T_N 截止,T_P 导通,输出端 $Y=1$。

当使能端 EN=0 时,无论 A 取何值,都使得 $B=1$、$C=0$,T_N 和 T_P 均截止,输出端开路,既非高电平,也非低电平,而是高阻状态。

综上所述,当 EN 为高电平时,电路处于正常逻辑状态,$Y=A$;当 EN 为低电平时,电路处于高阻状态。图 3-13(c)是三态输出门电路的真值表,其中"×"表示 A 可以为 0 或 1。

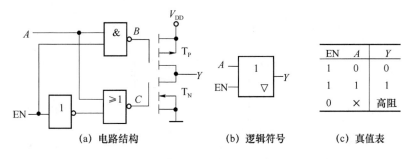

(a) 电路结构	(b) 逻辑符号	(c) 真值表

图 3-13　高电平使能三态输出门电路

三态输出门电路主要用于总线传输,如计算机或微处理机系统。图 3-14 是由多个三态门构成的 1 位总线,任意时刻只能有一个三态门电路被使能,把相应的信号传到总线上,而其他三态门均处于高阻状态。由此可实现总线数据的分时传送。

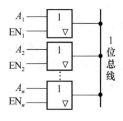

3. 漏极开路门电路(Open Drain,OD)

图 3-14　由三态门构成的 1 位总线

普通 CMOS 逻辑门的输出端不能连接在一起,图 3-15(a)示出了两个 CMOS 非门输出端相连的情况,在图 3-15(b)中,当 $A=0$、$B=1$ 时,从电源经导通的低阻抗 T_{P1} 和 T_{N2} 将有较大的电流 I 流过,有可能导致器件的损坏,并且无法确定输出为高电平还是低电平。

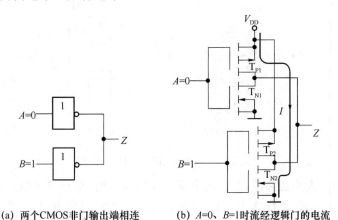

(a) 两个 CMOS 非门输出端相连　　(b) $A=0$、$B=1$时流经逻辑门的电流

图 3-15　普通 CMOS 非门输出端相连

漏极开路门电路可以解决工程实践中需要将多个逻辑门输出端相连的问题。所谓漏极开路是指 CMOS 门电路中只有 NMOS 管,并且其漏极是开路的。CMOS 漏极开路与非门电路及其逻辑符号示于图 3-16(a)和(b),其中"◇"表示漏极开路。

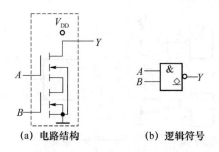

(a) 电路结构　　　　　　(b) 逻辑符号

图 3-16　漏极开路与非门电路

若将多个漏极开路门电路的输出端连接在一起,并通过一个电阻 R_P 与电源 V_{DD} 相连,可实现逻辑与的功能。图 3-17(a)是两个漏极开路与非门输出端相连的电路及其逻辑图。此电路只有当两个与非门的输出全为 1 时,输出 Y 才为 1;只要其中一个为 0,输出就为 0。这说明漏极开路电路输出端相连可实现逻辑与的功能: $Y=\overline{AB}\cdot\overline{CD}$。这种通过输出端线相连形成的逻辑与,称为"线与",电阻 R_P 称为上拉电阻,这个电阻的取值大小是有限制的。

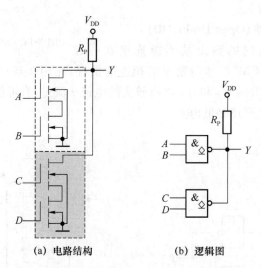

(a) 电路结构　　　　　　(b) 逻辑图

图 3-17　漏极开路与非门线与电路

上拉电阻 R_P 大小选择原则是:当全部 OD 门截止时,应保证 OD 门输出高电平不低于其最小值 U_{OHmin},R_P 不能太大;当一个或一个以上 OD 门导通时,要保证输出低电平不高于其最大值 U_{OLmax}。

图 3-18(a)中,n 个 OD 门输出端直接相连,驱动 N 个负载门,共接入 m 个输入端,当

所有 OD 门均输出高电平时,上拉电阻最大值 R_{Pmax} 可按如下公式计算:

$$R_{Pmax} = \frac{V_{DD} - U_{OHmin}}{nI_{OH} + mI_{IH}}$$

式中,I_{OH} 是 OD 门输出高电平时,流入每个 OD 门的漏电流;I_{IH} 是负载门的输入高电平电流。

图 3-18(b)中,在 n 个并联的 OD 门中,若仅有一个 OD 门导通,输出端为低电平,其他门截止,并忽略截止管的漏电流,这时的上拉电阻最小值 R_{Pmin} 可由下式计算:

$$R_{Pmin} = \frac{V_{DD} - U_{OLmax}}{I_{OLmax} - NI_{IL}}$$

式中,I_{OLmax} 为驱动门输出低电平时电流的最大值;I_{IL} 是负载的灌电流;N 是负载门的个数。

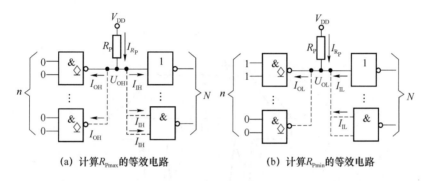

(a) 计算 R_{Pmax} 的等效电路　　　　　(b) 计算 R_{Pmin} 的等效电路

图 3-18　OD 门上拉电阻的计算

4. 施密特整形电路

CMOS 施密特整形电路是一种特殊的门电路,也称为施密特触发器。施密特整形电路主要是用于工作场合干扰比较大、输入信号波动较大且不规则的情况下,通过内部特殊的电路结构,对信号进行处理,以完成规定的逻辑功能。施密特整形电路的商品器件是以门电路的形式供应的,比较常用的器件是施密特反相器。图 3-19 是施密特反相器的逻辑符号及其输入-输出电压传输特性曲线。

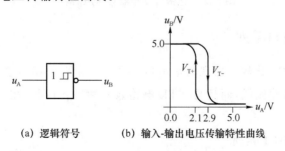

(a) 逻辑符号　　　　　(b) 输入-输出电压传输特性曲线

图 3-19　施密特反相器

通过图 3-19(b)可以看出，当施密特反相器输入电压由 0 V 增加至 2.9 V 左右，输出才由高电平变为低电平；如果输出为低电平，那么输入电压要降到 2.1 V 时，输出低电平才能变为高电平。这个 2.9 V 电压称为输入信号的正向阈值电压 V_{T+}，这个 2.1 V 电压称为反向阈值电压 V_{T-}，两者之差称为"滞后电压"，施密特反相器的滞后电压约为 0.8 V。

为了说明滞后的作用，图 3-20(a)给出输入信号 u_A 的波形，说明该信号波动幅度比较大。对于没有滞后作用的普通反相器，在输入信号的电压值每次经过 2.5 V 左右，都将引起输出信号的变化。而施密特反相器由于具有 0.8 V 左右的滞后电压，对这种幅值变化较大的输入信号，具有抗干扰和整形的能力，输出仅有一个较为理想的波形。

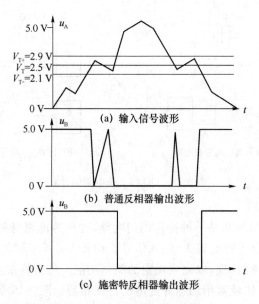

图 3-20　施密特反相器对噪声的响应

3.2.4　CMOS 逻辑系列

在 CMOS 电路中，比较早出现的是 4000 系列，以后又有 4500 系列问世，性能虽有改进，但其工作速度仍然偏低，而且与 TTL 电路兼容性差。目前，在实际应用中广泛采用以下逻辑系列。

1. 74HC 和 74HCT 系列

与早期的 4000 系列相比，74HC（High-Speed CMOS）和 74HCT（High-Speed

CMOS,TTL Compatible)的速度更高、带负载能力更强。74HC 系列用于只采用 CMOS 电路的系统中,可使用较低的 2～6 V 工作电压;74HCT 系列采用 5 V 电源,可与 TTL 电路完全兼容和匹配。

2. 74VHC 和 74VHCT 系列

74VHC(Very High-Speed CMOS)和 74VHCT(Very High-Speed CMOS,TTL Compatible)系列是最新、最通用的逻辑系列,其工作速度是 74HC 和 74HCT 系列的近 2 倍,并与前期系列保持向后兼容性。

3. 74FCT 和 74FCT-T 系列

20 世纪 90 年代出现的 74FCT(Fast CMOS,TTL Compatible)和 74FCT-T(Fast CMOS,TTL Compatible with TTL U_{OH})系列,在进一步降低功耗并与 TTL 完全兼容的条件下,其速度和驱动能力能达到甚至超过性能好的 TTL 电路。

4. 74LVC 系列和 74AUC 系列

低电压 74LVC(Low-Voltage Logic)系列和超低电压 74AUC(Ultra-Low-Voltage Logic)系列采用低于 5 V 的供电电压,成本更低、速度更快、功耗更低、体积更小,在便携式电子产品中得到了广泛的应用。

3.3 TTL 逻辑门

3.3.1 TTL 基本电路

1. 双极型晶体三极管(Bipolar Junction Transistor,BJT)的开关特性

双极型三极管是一种三端器件,三个电极分别为基极 B、集电极 C、发射极 E。在基极输入电流的控制下,可使三极管工作在开关状态。根据结构不同,双极型三极管分为 NPN 型和 PNP 型,其电路符号如图 3-21 所示。

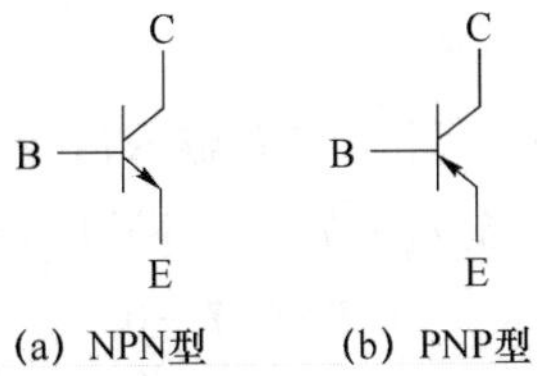

由 NPN 型硅三极管构成的开关电路如图 3-22 (a)所示。当输入低电平 $u_A=0$ V 时,T 的发射结零偏,集电结反偏,$i_B≈0$,$i_C≈0$,集电极和发射极之间近似开路,相当于一个断开的开关,如图 3-22(b)所示,此时输出高电平 $u_B=V_{CC}$;当输入为高电平 $u_A=+5$ V 时,调节 R_b,使得基极电流 i_B 较大,并且集电极电流 i_C 接近达到最大值 V_{CC}/R_c,此时 T 处于饱和状态,集电极和发射极之间的电压约为 0.2～0.3 V,近似于短路,相当于一个闭合的开关,如图 3-22(c)所示,忽略三极管的

图 3-21 双极型三极管的电路符号

(a) NPN型   (b) PNP型

饱和管压降,此时输出低电平 $u_B=0$ V。因此图3-22(a)是一个基本的 TTL 反相器电路。

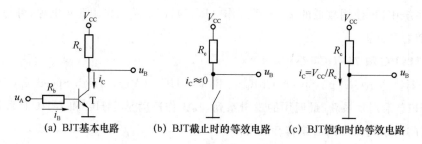

(a) BJT基本电路　　(b) BJT截止时的等效电路　　(c) BJT饱和时的等效电路

图 3-22　基本的 BJT 开关电路

2. 基本 TTL 与非门

二输入端基本 TTL 与非门的电路结构如图 3-23(a)所示,由输入级、中间级和输出级三部分组成。输入级由多发射极三极管 T_1 和二极管 D_1 和 D_2 构成。其中 T_1 的发射结可看成是与集电结背靠背的两个二极管,如图 3-23(b)所示。D_1 和 D_2 为输入保护二极管,限制输入负脉冲。中间级由 T_2 构成,其集电极和发射极的信号相位相反,分别驱动 T_3 和 T_4。T_3、T_4 和 D_3 构成推拉式输出。

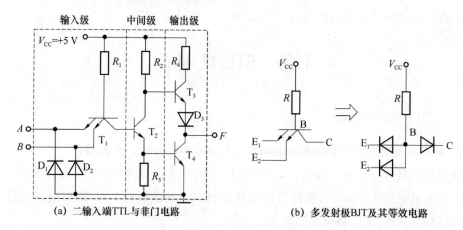

(a) 二输入端TTL与非门电路　　　　　(b) 多发射极BJT及其等效电路

图 3-23　基本 TTL 与非门

假定 TTL 电路输入信号高电平为 3.6 V,低电平为 0.3 V,三极管的饱和压降 $U_{CES}=0.3$ V。当 $u_A=u_B=3.6$ V 时,电源 V_{CC} 通过电阻 R_1 使 T_1 的集电结和 T_2、T_4 的发射结导通,故 $u_{B1}=0.7+0.7+0.7=2.1$ V,T_1 的两个发射结反向偏置,多发射极管 T_1 处于倒置运用状态,倒置运用时三极管的电流放大倍数近似为 1,因此 $i_{B2}\approx i_{B1}$,基极电流较大,使 T_2 处于饱和状态。由此 T_2 集电极电位 $u_{C2}=U_{CES2}+u_{BE4}=0.3+0.7=1.0$ V,故 T_3 和 D_3 截止,使 T_4 的集电极电流近似为零,T_4 处于饱和状态,输出低电平 $u_F=U_{CES4}=0.3$ V。

若 u_A 和 u_B 中任意一个为低电平 0.3 V 时,T_1 的两个发射结至少有一个导通,$u_{B1}=$

$0.3+0.7=1\text{ V}<2.1\text{ V}$,故 T_2 和 T_4 都处于截止状态。电源电压 V_{CC} 通过电阻 R_2 使 T_3 和 D_3 导通,输出电压为

$$u_F \approx V_{CC} - i_{B3}R_2 - u_{BE3} - u_{D3}$$

由于 i_{B3} 很小,故电阻 R_2 上的压降很小,可忽略不计,u_{BE3} 和 u_{D3} 都为 0.7 V,故输出高电平 $u_F \approx 5-0.7-0.7=3.6\text{ V}$。

由以上分析可知:输入信号有一个或两个为低电平时,输出高电平;当输入全为高电平时,输出为低电平。因此,该逻辑门可实现与非的逻辑运算:$F=\overline{A \cdot B}$。

3.3.2　TTL 电路特性参数

以典型 74LS 系列 TTL 电路(工作电压为 5 V)为例,介绍相关参数指标。

1. 逻辑电平和噪声容限

输出高电平最小值 $U_{OHmin}=2.7\text{ V}$,输入高电平最小值 $U_{IHmin}=2.0\text{ V}$,输入低电平最大值 $U_{ILmax}=0.8\text{ V}$,输出低电平最大值 $U_{OLmax}=0.5\text{ V}$。

高电平噪声容限

$$U_{HN}=U_{OHmin}-U_{IHmin}=2.7-2.0=0.7\text{ V}$$

低电平噪声容限

$$U_{LN}=U_{ILmax}-U_{OLmax}=0.8-0.5=0.3\text{ V}$$

因此,74LS 系列 TTL 电路噪声容限为 0.3 V。

2. 扇出系数

输出低电平最大灌电流 I_{OLmax} 为 8 mA。

输出高电平最大拉电流 I_{OHmax} 为 -0.4 mA。

输入低电平最大电流 I_{ILmax} 为 -0.4 mA。

输入高电平最大电流 I_{IHmax} 为 0.02 mA。

拉电流负载扇出系数:$N=\left|\dfrac{I_{OHmax}}{I_{IHmax}}\right|=\dfrac{0.4}{0.02}=20$。

灌电流负载扇出系数:$N=\left|\dfrac{I_{OLmax}}{I_{ILmax}}\right|=\dfrac{8}{0.4}=20$。

3. 平均传输延迟时间与功耗

目前 TTL 电路与新型高速 CMOS 电路相比,尽管其平均传输延迟时间 t_{pd} 稍小,但已无明显优势,而功耗却很高。因此,从 20 世纪 90 年代开始,普通 TTL 电路已基本被新型高速 CMOS 电路所取代。表 3-2 给出了 74LS、74ALS 系列 TTL 电路的主要性能参数。

表 3-2　74LS、74ALS 系列 TTL 电路的参数表

参　数	符号/单位	74LS	74ALS
输入高电平	U_{IHmin}/V	2	2
输入低电平	U_{ILmax}/V	0.8	0.8
输入高电平电流	I_{IHmax}/mA	0.02	0.02
输入低电平电流	I_{ILmax}/mA	−0.4	−0.1
输出高电平	U_{OHmin}/V	2.7	3
输出低电平	U_{OLmax}/V	0.5	0.5
输出高电平电流	I_{OHmax}/mA	−0.4	−0.4
输出低电平电流	I_{OLmax}/mA	8	8
平均传输延迟时间	t_{pd}/ns	9	4
功耗	P_D/mW	2	1.2

注:本表参数值的测试条件为:$V_{CC}=5$ V,$C_L=15$ pF,$T=25$ ℃。

3.4　ECL 逻辑门

在 TTL 逻辑门中,由于 BJT 在饱和和截止两种状态之间转换需要一定的时间,因此 TTL 逻辑门的工作速度受到了一定的限制。射极耦合逻辑门电路(ECL)是一种非饱和型的门电路,电路中的 BJT 工作在非饱和状态,即截止和放大,由于状态之间转换加快,从而从根本上提高了逻辑门的开关速度。ECL 逻辑门的平均传输延迟时间可达 2 ns 以下,是目前双极型电路中速度最高的,主要应用于高速或超高速数字系统中。

目前应用较为广泛的 ECL 逻辑器件通常标记有"10XXX"(如 10102、10181、10209),称为 ECL10K 系列。图 3-24 是二输入端 10KECL 或/或非门的基本电路。X 和 Y 是两个输入端,T_1、T_2 和 T_3 组成发射极耦合电路,T_4 是构成偏置电路的主要器件,设置合适的元件取值,使得参考电压 $V_{BB}=-1.3$ V。T_5 和 T_6 是两个互补的射极跟随器,起到电平匹配、提高输出负载能力的作用。P 和 M 是两个互补的输出端。ECL 逻辑电路的输入高电平 $U_{IH}=-0.9$ V,输入低电平 $U_{IL}=-1.75$ V。

当 X 和 Y 都输入低电平时,因 T_3 的基极电位比 T_1、T_2 的基极电位高,所以 T_3 先行导通,使差分放大器的射极电位 $u_E=V_{BB}-u_{BE3}=-2$ V,故 T_1 和 T_2 同时截止。若忽略 T_5 的基极电流在 R_{C1} 上的电压降,可得 $u_{C1}=0$ V,$u_{O1}=u_{C1}-u_{BE5}=-0.7$ V,即 P 端输出为高电平。由于 T_3 导通,流过 R_{E1} 的电流是 T_3 的射极电流 $i_E=(u_E-V_{EE})/R_{E1}\approx 4.1$ mA。忽略 T_6 的基极电流,T_3 的集电极电位 $u_{C3}=-i_ER_{C3}=-1$ V,$u_{O2}=u_{C3}-u_{BE6}=-1.7$ V,即 M 端输出为低电平。导通的 T_3 管集电结反偏,所以其工作在放大状态,而并非饱和状态。

当输入 Y 接高电平时,由于 $u_Y > V_{BB}$,故 T_1 先导通,使得 $u_E = u_Y - u_{BE1} = -1.6\,V$,所以 T_3 截止。忽略 R_{C3} 上的电压降,$u_{O2} = -0.7\,V$,即 M 输出端为高电平。T_1 导通,使 R_{E1} 的电流 $i_{E1} = (u_E - V_{EE})/R_{E1} \approx 4.6\,mA$,利用该电流在 R_{C1} 上产生的压降求得 T_1 的集电极电位 $u_{C1} = -i_{E1} \cdot R_{C1} = -1\,V$,$u_{O1} = u_{C1} - u_{BE5} = -1.7\,V$,即 P 输出端为低电平。同样,T_1 的集电结接近零偏,也并非饱和状态。

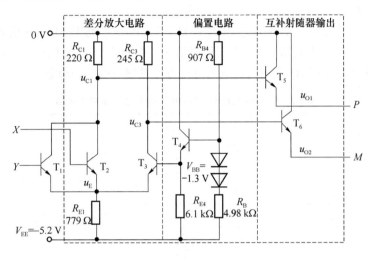

图 3-24　二输入端 10KECL 或/或非门的基本电路

由于 T_1 和 T_2 并接,X 和 Y 中只要有一个输入高电平,都将使得 M 输出高电平,P 输出低电平,因此 $M = X + Y$,$P = \overline{X + Y}$,即 ECL 门同时输出或/或非逻辑,称为互补逻辑输出。

由以上分析可知,ECL 逻辑门电路中,BJT 均工作在放大或截止状态,避免了由于饱和而引起的电荷存储,而且其逻辑 1($-0.9\,V$)和逻辑 0($-1.75\,V$)之间的电平摆幅很小,仅有 $0.8\,V$,有利于电路状态的转换,并使得 BJT 势垒电容充、放电速度极快,因此 ECL 门电路的平均延迟时间极短,通常为 1～2 ns。

ECL 电路的缺点在于功耗大、高低电平摆幅小、抗干扰能力差。

3.5　数字集成电路实际使用

3.5.1　CMOS/TTL 接口电路

在数字电路的使用或设计中,往往出于对器件的工作速度或功耗等实际问题的考虑,而同时使用 CMOS 和 TTL 电路。由于两者之间的电平和电流并不能完全兼容,因此相互连接时必须解决匹配的问题。

首先必须解决电平匹配的问题。驱动门的输出高电平必须高于负载门的输入高电平,而驱动门的输出低电平必须低于负载门的输入低电平,即

$$U_{\text{OHmin}} \geqslant U_{\text{IHmin}} \quad U_{\text{OLmax}} \leqslant U_{\text{ILmax}} \tag{3-1}$$

其次必须解决电流匹配的问题。驱动门的输出电流必须大于负载门的输入电流,即

拉电流负载: $$I_{\text{OHmax}} \geqslant I_{\text{IHmax}} \tag{3-2}$$

灌电流负载: $$I_{\text{OLmax}} \geqslant I_{\text{ILmax}} \tag{3-3}$$

表 3-3 列出了采用 5 V 工作电压的 74HC、74HCT 系列 CMOS 电路和 74LS 系列 TTL 电路相关的电压和电流参数,下面将利用该表中的数据讨论两种电路相互连接的接口问题。另外,CMOS 器件逐渐向低电源电压方向发展,此处也将做简要介绍。

表 3-3　CMOS 电路和 TTL 电路相关电压和电流参数

参数名称		CMOS 电路		TTL 电路
		74HC	74HCT	74LS
电源电压/V		5	5	5
输出电平	U_{OHmin}/V	3.84	3.84	2.7
	U_{OLmax}/V	0.33	0.33	0.5
输入电平	U_{IHmin}/V	3.5	2	2
	U_{ILmax}/V	1.5	0.8	0.8
输出电流	I_{OHmax}/mA	−4	−4	−0.4
	I_{OLmax}/mA	4	4	8
输入电流	I_{IHmax}/mA	0.001	0.001	0.02
	I_{ILmax}/mA	−0.001	−0.001	−0.4

1. CMOS 电路驱动 TTL 电路

由表 3-3 中数据可以看出,74HC、74HCT 系列 CMOS 电路和 74LS 系列 TTL 电路的电压、电流参数满足式(3-1)、(3-2)、(3-3)的关系,因此前者可以直接驱动后者。

2. TTL 电路驱动 CMOS 电路

表 3-3 中列出的 74LS 系列 TTL 电路驱动 74HCT 电路时,由于高、低电平兼容,不需另加接口电路;但其 U_{OHmin} 小于 74HC 系列的 U_{IHmin},所以前者不能直接驱动后者,可采用如图 3-25 所示电路,在 TTL 电路输出端和 +5 V 电源之间接一个上拉电阻 R_{P},来提高 TTL 电路的输出高电平。上拉电阻的值取决于负载器件的数目以及 TTL 和 CMOS 电路的电流参数。

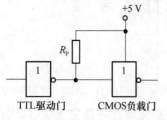

图 3-25　TTL 电路驱动 CMOS 电路的连接图

3. 低电压 CMOS 电路及其接口

CMOS 电路的动态功耗为 $CV_{DD}^2 f$ 的形式,因此减小电源电压,可大大减低功耗。另外,晶体管的尺寸趋向于更小化,MOS 管栅源、栅漏之间的绝缘氧化物层越来越薄,难以承受高达 5 V 的供电电压。因此,IC 行业已经向低电源电压方向发展,JEDEC(IC 工业标准协会)规定了 3.3 V、2.5 V、1.8 V 的标准逻辑电源电压以及相应的输入输出逻辑电平,生产厂家也已经推出了一系列的低电压集成电路。不同供电电压的逻辑器件之间也存在接口问题。

采用 3.3 V 供电电源的 74LVC 系列 CMOS 电路的输入端可以承受 5 V 输入电压,因此可以与 HCT 系列 CMOS 电路或 TTL 电路直接相连;74LVC 系列的输出高电平低于 HC 系列的输入低电平,因此当前者驱动后者时,需要采用电平变换电路或上拉电阻。

采用 2.5 V 或 1.8 V 供电电源的 CMOS 电路与其他系列的逻辑电路接口时,则需要专用的电平转换电路,如 74ALVC164245 可用于不同 CMOS 系列或 TTL 系列之间的电平转移。

3.5.2 数字集成电路型号识别

1. CMOS 数字集成电路

目前国内外 CMOS 数字集成电路型号命名方法已完全一致,产品都有形如"54/74FAMnnte"的型号表示形式,其中:

(1) 74 代表民品,54 代表军品。

(2) "FAM"为按字母排列的系列标记。例如,"HC"代表高速系列,"HCT"代表高速、TTL 兼容系列,"VHC"代表甚高速系列,"VHCT"代表与 TTL 兼容的甚高速系列,"AHC"代表先进的 HC 系列,"AHCT"代表先进的、与 TTL 兼容的 HC 系列,"LVC"代表低电压逻辑系列,"AUC"代表超低电压逻辑系列。

(3) nn 为用数字标记的功能编号,且 nn 相同的不同系列器件具有相同的逻辑功能。例如 74HC00、74HCT00、74HAHC00、74AHCT00 等都是二输入端 4 与非门。

(4) t 用字母表示工作温度范围,一般 C 表示工作温度 0～70 ℃,属民品范畴;M 表示工作温度 -55～125 ℃,属军品范畴。

(5) 最后一位 e 表示芯片的封装形式,可取 F,B,H,D,J,P,S,K,T,C,E,G 等字母,如 B 表示塑料扁平封装,D 表示陶瓷双列直插封装,J 表示黑陶瓷双列直插封装,P 表示塑料直插封装等。

2. TTL 数字集成电路

与 CMOS 电路一样,国内外 TTL 器件的型号也标记为上述 54/74FAMnnte 形式,例如 74S 代表民用肖特基 TTL,74LS 代表低功耗肖特基系列,74AS 代表先进的肖特基系列,74ALS 代表先进的低功耗肖特基系列,74F 代表快速 TTL 系列等。

3.5.3　数字集成电路使用注意事项

1. 电源

TTL 电路电源电压为 +5 V，CMOS 电路电压为 3～18 V，一般要求电源电压波动范围在 ±5% 之内。由于数字电路在高、低电平之间转换时，在电源与地之间会产生较大的脉冲电流或尖峰电流，因此要在电源和地之间接入 10～100 μF 耦合滤波电容，或者在每一集成芯片的电源与地之间接一个 0.1 μF 的电容以消除开关噪声。此外，为了进一步降低电路噪声，可将电源地与信号地分开，先将信号地汇集在一起，然后将二者用最短的导线连起来，防止噪声电流引入某器件的输入端而破坏系统的正常逻辑功能。

2. 多余输入端的处理

在多输入端逻辑门的使用中，有时会遇到有多余输入端的情况，为了防止干扰，一般禁止悬空，可作如下处理：

（1）将其与使用的输入端并接在一起；

（2）根据逻辑关系，与门和与非门的多余输入端可通过 1～3 kΩ 电阻与正电源相连，CMOS 电路可直接接电源；或门和或非门的多余输入端接地。

3. 输出端的连接

除特殊电路外，一般集成电路的输出端不允许直接接电源或地，输出端也不允许并接使用。

4. CMOS 电路的静电防护

由于 CMOS 电路为高输入阻抗器件，易感应静电高压，电路部件间绝缘层薄，因此在使用中尤其要注意静电保护问题：

（1）包装、运输和储存 CMOS 器件时，不宜接触化纤材料和制品，最好用防静电材料包装；

（2）组装、调试 CMOS 电路时，所有工具、仪表、工作台、服装、手套等注意接地或防静电；

（3）CMOS 电路中有输入保护钳位二极管，为防止其过流损坏，如果输入端接有低内阻信号源或大电容时，要加限流电阻。

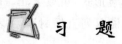 习　题

3-1　某一 CMOS 逻辑系列将 0.0～0.8 V 电压定义为逻辑 0，将 2.0～3.3 V 电压定义为逻辑 1。按照正逻辑体制的规定，写出下列电压值所对应的逻辑值。

（1）0.1 V　　　　（2）1.0 V　　　　（3）2.0 V

（4）0.0 V　　　　（5）1.9 V　　　　（6）2.2 V

3-2　画出图 3-4(a)所示两输入与非门在 4 种不同输入组合，即 $A=0$、$B=0$；$A=0$、$B=1$；$A=1$、$B=0$；$A=1$、$B=1$ 下的开关模型电路，并指出输出为高电平还是低电平。

3-3　具有相同数目输入端的 CMOS 反相门和非反相门，哪种使用晶体管的数目少？

3-4　CMOS 与非门和 CMOS 或非门在电路结构上有什么不同之处？

3-5　写出图 P3-5 中所示电路输出端的逻辑表达式，并画出其相应的逻辑门电路图。

3-6　写出图 P3-6 中所示电路输出端的逻辑表达式，并画出其相应的逻辑门电路图。

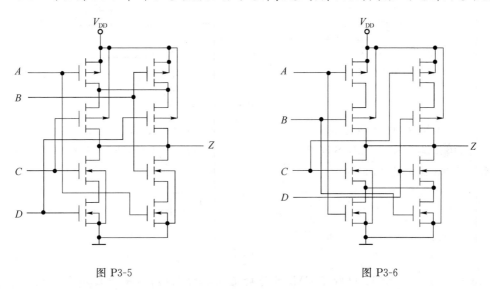

图 P3-5　　　　　　　　　　　　　　　　　图 P3-6

3-7　某数字设计者欲根据以下表格中数据，选择一种可以在高噪声环境下工作的门电路，请问应该选择哪一种？并说明理由(三种门电路工作电压均为 +5 V)。

逻辑门	U_{OHmin}/V	U_{OLmax}/V	U_{IHmin}/V	U_{ILmax}/V
甲	4.44	0.5	3.5	1.5
乙	2.4	0.4	2.0	0.8
丙	2.7	0.5	2.0	0.8

3-8　给定逻辑门电路的 $U_{OHmin}=2.2$ V，请问高电平状态下该逻辑门能否驱动一个 $U_{IHmin}=2.5$ V 的负载门；若该逻辑门电路的 $U_{OLmax}=0.45$ V，请问低电平状态下该逻辑门能否驱动一个 $U_{ILmax}=0.75$ V 的负载门？并说明理由。

3-9　根据表 3-1 中数据计算 74HCT 系列 CMOS 逻辑门驱动同类型逻辑门时的扇出系数。

3-10 对应图 P3-10 中所示电路以及输入信号波形,画出 F_1 和 F_2 的波形图,并归纳如何利用与非门、或非门控制输入信号通过。

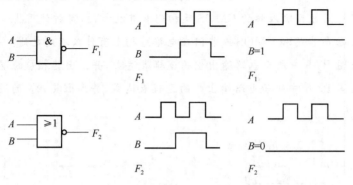

图 P3-10

3-11 CMOS 门电路的未用输入端不能悬空,为什么?请在保证门电路正常工作的前提下,给出二输入端 CMOS 与非门、或非门的未用输入端(图 P3-11 中的"＊"输入端)的处理方法(至少提供两种)。

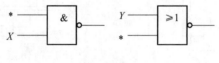

图 P3-11

3-12 分析图 P3-12 中所示 CMOS 传输门构成的电路,写出输出端 Z 的逻辑表达式,画出其等效的逻辑门电路图,并说明电路功能。

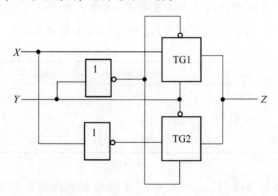

图 P3-12

3-13 试说明下列各种电路中哪些输出端可以并联使用:

(1) 普通 CMOS 逻辑门;

(2) 漏极开路门电路。

3-14 请指出 CMOS 三态门的 3 种可能的输出状态及其主要应用。

3-15 根据表 3-2 中数据，计算 74LS 系列 TTL 逻辑门驱动同类型逻辑门时的扇出系数。

3-16 图 P3-16 各图中逻辑门均为 TTL 逻辑门，若要正确实现输出端所示的逻辑功能，各图的连接是否正确？若不正确，请说明理由并改正。

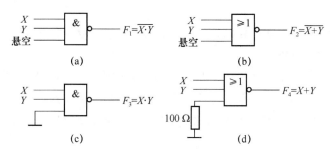

图 P3-16

3-17 CMOS 电路与 TTL 电路相比，最大的优点是什么？请简述理由。

3-18 74HC 系列 CMOS 电路和 74LS 系列 TTL 电路相比，哪一种的抗干扰能力较强？请简述理由。

3-19 试说明 ECL 门电路的主要优点和缺点。

3-20 当 CMOS 电路和 TTL 两种门电路相互连接时，必须考虑电压和电流的匹配问题，请指出具体的参数以及应该满足的关系。

第4章　组合逻辑电路

数字电路按逻辑功能和电路结构的不同特点划分为两大类,一类称为组合逻辑电路,另一类称为时序逻辑电路。

本章先介绍由小规模数字集成电路组成的组合逻辑电路的分析和设计方法,然后介绍常用的中规模数字集成电路:加法器、算术逻辑单元、编码器、译码器、数据选择器(MUX)、数据分配器(DEMUX)、数值比较器等,并介绍数字电路系统设计的硬件描述语言——VHDL 语言。

4.1　组合逻辑电路分析和设计

4.1.1　组合逻辑电路特点

组合逻辑电路的特点是电路任一时刻输出状态仅取决于该时刻的输入状态,而与该时刻前的电路输入状态无关。在电路结构上,组合逻辑电路全部是由逻辑门组成的,并且逻辑门的输出与逻辑门的输入之间没有反馈连接。

图 4-1　组合逻辑电路框图

组合逻辑电路框图如图 4-1 所示。电路有 X_1,X_2,$\cdots$,X_n 等输入逻辑变量,有 F_1,F_2,$\cdots$,F_m 等输出逻辑变量。组合逻辑电路输出与输入之间的逻辑关系可用一组逻辑函数表达式表示为

$$\begin{cases} F_1 = f_1(X_1, X_2, \cdots, X_n) \\ F_2 = f_2(X_1, X_2, \cdots, X_n) \\ \vdots \\ F_m = f_m(X_1, X_2, \cdots, X_n) \end{cases}$$

组合逻辑电路的功能除用逻辑表达式来描述之外,也可以用真值表、卡诺图、逻辑图来描述。

在第 2 章中介绍过的逻辑电路,如图 2-24、图 2-26、图 2-29 等逻辑电路都是组合逻辑电路。

4.1.2　组合逻辑电路分析

组合逻辑电路分析的主要任务是根据给出的逻辑图确定其实现的逻辑功能。由小规模集成电路组成的组合逻辑电路,对其分析通常是写出电路的输出逻辑表达式,并用真值表比较直观地表示出电路的逻辑功能。

例 4-1　试分析图 4-2 所示逻辑电路的逻辑功能,要求写出输出表达式,列出真值表。

解　(1) 从给出的逻辑图,由左向右,在各级逻辑门的输出,用逻辑变量 T_1、T_2、T_3 做出标记。

(2) 根据逻辑图,由输入到输出,逐级写出逻辑表达式:

$$T_1 = \overline{AB}$$

$$T_2 = \overline{A \cdot \overline{AB}}$$

$$T_3 = \overline{B \cdot \overline{AB}}$$

$$F = \overline{\overline{A \cdot \overline{AB}} \cdot \overline{B \cdot \overline{AB}}}$$

(3) 变换逻辑表达式

$$F = \overline{\overline{A \cdot \overline{AB}} \cdot \overline{B \cdot \overline{AB}}}$$

$$= A \cdot \overline{AB} + B \cdot \overline{AB}$$

$$= A(\overline{A} + \overline{B}) + B(\overline{A} + \overline{B})$$

$$= A\overline{B} + \overline{A}B$$

(4) 列真值表如表 4-1 所示。

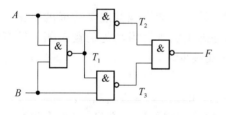

图 4-2　例 4-1 的电路图

表 4-1　图 4-2 电路的真值表

A	B	F
0	0	0
0	1	1
1	0	1
1	1	0

由真值表看出,当输入变量 A,B 取值相异时,函数 F 取值为 1;A,B 取值相同时,函数 F 取值为 0。这个电路是异或逻辑电路。

例 4-2　试分析图 4-3 所示电路的逻辑功能,要求写出输出逻辑表达式,列出真值表。

解　由图 4-3 可直接写出输出逻辑表达式:

$$F_0 = \overline{A_1}\,\overline{A_0}$$

$$F_1 = \overline{A_1}A_0$$

$$F_2 = A_1\,\overline{A_0}$$

$$F_3 = A_1A_0$$

再根据表达式列出真值表如表 4-2 所示。由表 4-2 看出 $A_1A_0 = 00$ 时,$F_0 = 1$,其他输出为 0；$A_1 A_0 = 01$ 时，$F_1 = 1$，其他输出为 0；$A_1 A_0 = 10$ 时，$F_2 = 1$，其他输出为 0；$A_1 A_0 = 11$ 时，$F_3 = 1$，其他输出为 0。这种对于输入代码，只有一组输入代码取值所对应的输出为 1，其余输出为 0 的逻辑电路，称为译码器。这个电路称为 2 线-4 线译码器。

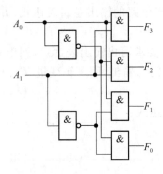

图 4-3　例 4-2 的电路图

表 4-2　图 4-3 电路的真值表

A_1	A_0	F_0	F_1	F_2	F_3
0	0	1	0	0	0
0	1	0	1	0	0
1	0	0	0	1	0
1	1	0	0	0	1

由此，将组合逻辑电路分析的步骤归纳如下：
（1）用逻辑变量标记各级门的输出；
（2）逐级写出输出逻辑表达式；
（3）化简表达式为最简形式；
（4）列出真值表，并说明电路的逻辑功能。

4.1.3　组合逻辑电路设计

组合逻辑电路的设计是根据给定的逻辑问题，设计出能实现其逻辑功能的电路。用小规模集成电路设计组合逻辑电路，最后的要求是画出实现逻辑功能的逻辑图。用逻辑门实现组合逻辑电路，应该是使用的芯片最少，连线最少。

组合逻辑电路一般设计步骤如下：
（1）分析设计任务，确定输入变量、输出变量，找出输出与输入之间的因果关系。
（2）将输出和输入之间的关系列成真值表。如果有多个输入变量，真值表的输入部分应列入所有输入变量的全部取值组合，输出变量的取值与每一组输入取值一一对应。若输入变量数为 n，那么真值表有 2^n 行排列。
（3）由真值表写出逻辑表达式。
（4）用代数法或卡诺图法化简逻辑函数，求出最简逻辑函数表达式。
（5）根据最简逻辑函数表达式，画出逻辑图。

上述步骤是指一般原理性逻辑设计的过程。而实际逻辑设计工作，还包括选定集成电路芯片、绘制布局图、定时分析、工艺设计、安装、调试等内容。

例 4-3　试设计一个三人表决电路，多数人同意，提案通过，否则提案不通过。

解　（1）根据给定的逻辑问题，设定参加表决提案的 3 人分别为 A, B, C，并规定同意提案为 1，不同意为 0；设提案通过与否为 F，规定通过为 1，不通过为 0。提案通过与否由参加表决的情况来决定,构成逻辑的因果关系。

(2) 列出输入和输出关系的真值表如表 4-3 所示。

(3) 由真值表写出输出逻辑表达式

$$F=\overline{A}BC+A\overline{B}C+AB\overline{C}+ABC$$

(4) 表达式化简。可用卡诺图化简得最简与或表达式

$$F=AB+BC+AC$$

(5) 逻辑图如图 4-4(a)所示。也可全用与非门来实现,如图 4-4(b)所示。

表 4-3　例 4-3 真值表

A	B	C	F
0	0	0	0
0	0	1	0
0	1	0	0
0	1	1	1
1	0	0	0
1	0	1	1
1	1	0	1
1	1	1	1

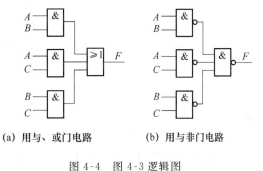

(a) 用与、或门电路　　(b) 用与非门电路

图 4-4　图 4-3 逻辑图

例 4-4　试设计两个一位二进制数的数值比较电路。

解　两个一位二进制数 A 和 B 比较,结果有 3 种情况,$A=B$($A=0$,$B=0$ 或 $A=1$,$B=1$),$A>B$($A=1$,$B=0$),$A<B$($A=0$,$B=1$),其真值表如表 4-4 所示。

由真值表得到输出函数表达式

$$Q=AB+\overline{A}\,\overline{B}$$

$$L=A\overline{B}$$

$$M=\overline{A}B$$

由表达式可画出逻辑图如图 4-5 所示。图中 Q 表达式用与或非门实现。

表 4-4　一位数值比较器真值表

A	B	L	Q	M
		$(A>B)$	$(A=B)$	$(A<B)$
0	0	0	1	0
0	1	0	0	1
1	0	1	0	0
1	1	0	1	0

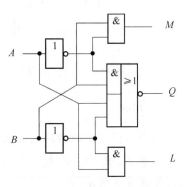

图 4-5　一位数值比较器逻辑图

4.1.4 有效电平

有效电平在逻辑电路的分析和设计中具有十分重要的作用。为了给出有效电平的概念,下面分析如图 4-6 所示逻辑电路。根据前几章的介绍,可知图 4-6 逻辑电路是混合逻辑电路,因为它既包含了正逻辑逻辑符号,也包含了负逻辑逻辑符号。

根据逻辑门的输入端或输出端有无反相圈"。",将电路中的逻辑变量分为低电平有效或高电平有效。如果逻辑门输入或输出端有反相圈"。",那么逻辑变量为低电平有效;如果没有"。",那么逻辑变量为高电平有效。当逻辑变量处于有效电平时,称其为有效;当逻辑变量不处于有效电平时,称其为无效。

可用有效电平概念来分析图 4-6 电路中各逻辑门输入和输出之间的逻辑关系。对于 $1^{\#}$ 逻辑门,只有当 A 和 B 同时为低电平有效时,其输出 F 为高电平有效,其他为无效。对于 $2^{\#}$ 逻辑门,当其输入 F 或 C 只要有一个为高电平有效,则其输出 Z_1 为低电平有效。对于 $3^{\#}$ 逻辑门,当其输入 F 或 D 只要有一个为低电平有效,则其输出 Z_2 为低电平有效。

对于逻辑组件的矩形符号,有效电平的概念同样适用。在如图 4-7 所示矩形逻辑符号中,标记有反相圈"。"的引脚,为低电平有效;而没有反相圈"。"的引脚,则为高电平有效。在图 4-7(a)中,输入 EN 引脚为低电平有效,而输入 A 和 B 为高电平有效,输出 $Y_0 \sim Y_3$ 为低电平有效;在(b)中,所有变量都是高电平有效。

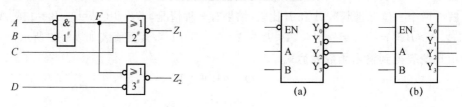

图 4-6　混合逻辑电路举例　　　　　图 4-7　逻辑组件的有效电平

4.2　加法器

计算机完成各种复杂运算的基础是算术加法运算。完成算术加法运算的电路是加法器。

4.2.1 半加器

完成两个一位二进制数加法的运算称为半加,实现半加的电路称为半加器。半加器的输入是加数 A、被加数 B,输出是本位和 S、进位位 CO,根据二进制数加法运算规则,其真值表如表 4-5 所示。

根据真值表写表达式

$$S = \overline{A}B + A\,\overline{B} = A \oplus B$$

$$C_{i+1} = AB$$

画逻辑图示于图 4-8(a)；(b)为半加器的常用逻辑符号。

表 4-5　半加器真值表

A	B	S	C_{i+1}
0	0	0	0
0	1	1	0
1	0	1	0
1	1	0	1

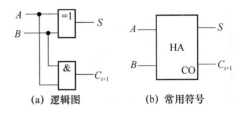

(a) 逻辑图　　　　(b) 常用符号

图 4-8　半加器

4.2.2　全加器

　　加法运算除了加数和被加数相加之外，还应加上来自相邻低位的进位。实现这种运算的电路称为全加器。表 4-6 给出全加运算的真值表。其中 A、B 是加数和被加数，C_i 是来自低位的进位输入，C_{i+1} 是向高位的进位输出，S 是本位和输出。

表 4-6　全加器真值表

A	B	C_i	S	C_{i+1}
0	0	0	0	0
0	0	1	1	0
0	1	0	1	0
0	1	1	0	1
1	0	0	1	0
1	0	1	0	1
1	1	0	0	1
1	1	1	1	1

　　根据真值表填写 S 的卡诺图，从卡诺图可看出 4 个小项都没有相邻项，不能化简，由此可以得出

$$S = \overline{A}\,\overline{B}C_i + \overline{A}B\,\overline{C_i} + A\,\overline{B}\,\overline{C_i} + ABC_i$$

对此表达式进行如下变换：

$$S = \overline{A}\,\overline{B}C_i + \overline{A}B\,\overline{C_i} + A\,\overline{B}\,\overline{C_i} + ABC_i = \overline{A}(\overline{B}C_i + B\,\overline{C_i}) + A(\overline{B}\,\overline{C_i} + BC_i)$$

$$= \overline{A}(B \oplus C_i) + A(\overline{B \oplus C_i}) \qquad （根据 2.3.2 节基本公式 4）$$

$$= A \oplus B \oplus C_i$$

　　因此，全加器本位和 S 为输入加数 A、被加数 B 和低位进位 C_i 的异或逻辑，即

$$S = A \oplus B \oplus C_i$$

　　实际上，通过观察表 4-6 真值表中 S 与输入变量之间的关系，可直接得出上述结论。如果当输入变量全部取值组合之中对应所有奇数个"1"的输入取值组合，其输出都为"1"，那么这样的逻辑关系为异或逻辑。

　　根据真值表并填写卡诺图化简，可得出：

$$C_{i+1} = AB + BC_i + AC_i$$

根据 S 和 C_{i+1} 的表达式可画出全加器的逻辑图如图 4-9(a)所示,(b)为全加器的常用逻辑符号。

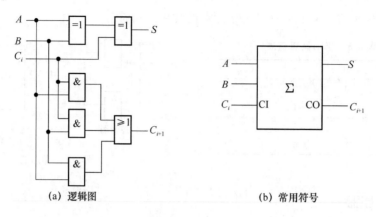

(a) 逻辑图　　　　　　　　　　　　(b) 常用符号

图 4-9　全加器

4.2.3　四位二进制加法器

四位二进制加法器能够完成两个四位二进制数相加的加法运算。加法器按运算方式分成串行进位加法器和并行进位加法器两种。

1. 串行进位加法器

四位串行加法器是由 4 个全加器级联而成,并从最低位开始逐位相加,直至最高位,最后才能得到和数,其逻辑图如图 4-10 所示。由于串行加法器低位进位要经过多位才能到最高位,传播延迟时间较长,速度慢,故很少使用。

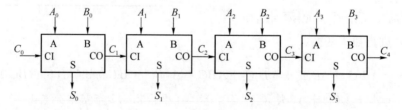

图 4-10　四位串行进位加法器

2. 并行进位加法器

并行进位加法器也称超前进位加法器,能够预先判断出各位的进位是 0 还是 1,并通过超前进位逻辑传送到高位,其原理图如图 4-11 所示(具体电路见图 4-13 虚线内)。

由于超前进位加法器运算速度快,故得到广泛应用。

3. 中规模集成电路加法器 x283

四位二进制加法器 x283 为超前进位加法器,其常用逻辑符号如图 4-12 所示,其逻辑电路如图 4-13 所示。x283 中的"x"是用来代替器件型号的相关前缀,以后章节相关器件型号也这样表示。另外,本章及以后各章介绍的所有中规模集成电路仅给出常用逻辑符号,它们的国标逻辑符号将在附录中统一介绍。

图 4-11　超前进位逻辑原理图　　　　　　图 4-12　x283 常用逻辑符号

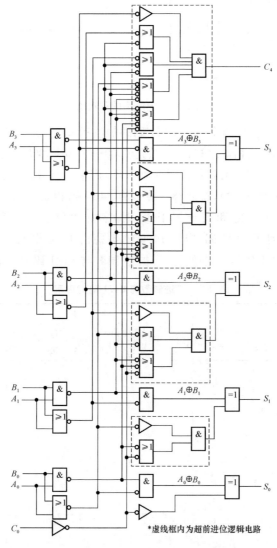

*虚线框内为超前进位逻辑电路

图 4-13　四位二进制加法器 x283 逻辑图

例 4-5　试用两片 x283 构成八位二进制加法器。

解　按照加法的规则,低位芯片的进位输出 C_4 应接高位芯片输入 C_0,低位芯片的 C_0 和高位芯片的 C_4 分别作为八位加法器的低位进位输入和高位进位输出。逻辑图如图 4-14 所示。

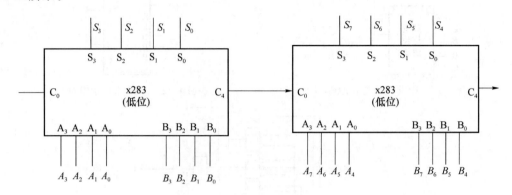

图 4-14　例 4-5 的逻辑图

例 4-6　试用 x283 实现两个一位 8421 码的加法运算。

解　两个一位 8421 码相加之和,最小数是 $0000+0000=0000$,最大数是 $1001+1001=11000$(8421 码的 18)。x283 为四位二进制加法器,用它进行 8421 码相加时,若和数小于等于 9 时,不需修正(加 0000),即 x283 输出为 8421 码相加之和,例如 $0000+1001=1001$。可是,两个 8421 码之和大于等于 10 时,需加以修正。和为 10 时,对于 x283,$S_3 S_2 S_1 S_0 = 1010$,而对于 8421 码,应为 10000。要想由 1010 得到 10000,可在 1010 基础上加 0110 即可。这时十位为 1,个位为 0。二进制数与 8421 码对应表如表 4-7 所示。

表 4-7　二进制数与 8421 码对应表

二进制数					8421 码					说明
						十位	个位			
C_4	S_3	S_2	S_1	S_0	C	S_3	S_2	S_1	S_0	
0	0	0	0	0	0	0	0	0	0	
0	0	0	0	1	0	0	0	0	1	
0	0	0	1	0	0	0	0	1	0	
0	0	0	1	1	0	0	0	1	1	
0	0	1	0	0	0	0	1	0	0	
0	0	1	0	1	0	0	1	0	1	加 0000
0	0	1	1	0	0	0	1	1	0	
0	0	1	1	1	0	0	1	1	1	
0	1	0	0	0	0	1	0	0	0	
0	1	0	0	1	0	1	0	0	1	

二进制数					8421 码					说明
						十位		个位		
C_4	S_3	S_2	S_1	S_0	C	S_3	S_2	S_1	S_0	
0	1	0	1	0	1	0	0	0	0	
0	1	0	1	1	1	0	0	0	1	
0	1	1	0	0	1	0	0	1	0	
0	1	1	0	1	1	0	0	1	1	
0	1	1	1	0	1	0	1	0	0	加 0110
0	1	1	1	1	1	0	1	0	1	
1	0	0	0	0	1	0	1	1	0	
1	0	0	0	1	1	0	1	1	1	
1	0	0	1	0	1	1	0	0	0	

此时的问题就是要得出和大于 10 的逻辑表达式,也即十位 C 的表达式。观察表 4-7 可看出:当 C_4 为 1 时,C 为 1;当 $S_3 S_2 = 11$ 时,C 为 1;当 $S_3 S_1 = 11$ 时,C 为 1,故可写出 C 的表达式为

$$C = C_4 + S_3 S_2 + S_3 S_1$$

当 $C = 0$ 时,不需调整,加 0000;当 $C = 1$ 时,需要调整,要在加法结果上加 0110。

这样,作为调整电路的第 2 个加法器的 B_0 和 B_3 应接 0,B_1 和 B_2 应接 C。由此,逻辑图如图 4-15 所示。

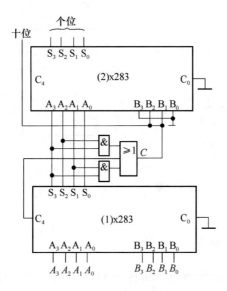

图 4-15 例 4-6 的逻辑图

多位 8421 码加法器可通过串接多个一位 8421 码加法器来实现。

4.3　算术逻辑单元

算术逻辑单元简称 ALU。它既可以做加、减等算术运算,又可实现与、与非、或、或非、异或等逻辑运算,是计算机 CPU 中必用的功能器件。

4.3.1　一位简单算术逻辑单元

图 4-16 给出一位简单算术逻辑单元的原理图,它是在全加器的基础上,增加控制门和功能选择控制端构成的。

图 4-16 所示电路的 M 端为方式控制端,$M=1$ 执行算术运算,$M=0$ 执行逻辑运算。S_1、S_0 为操作选择端,它将决定 ALU 执行哪种算术运算或逻辑运算。A_i 和 B_i 是两个数据输入端,作算术运算时是数据,而作逻辑运算时则是二值代码。F_i 为输出端。C_i 为算术运算的进位输入端。C_{i+1} 为进位输出端。图 4-16 所示电路的逻辑功能列于表 4-8 中,"加"为算术加法运算。

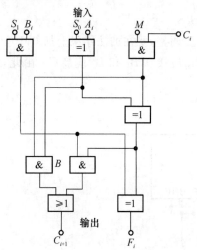

图 4-16　一位简单 ALU 逻辑原理图

表 4-8　图 4-16 所示电路的逻辑功能

选　择		$M=0$	$M=1$
S_1	S_0	逻辑运算	算术运算
0	0	$F_i=A_i$	$F_i=A_i$ 加 C_i
0	1	$F_i=\overline{A_i}$	$F_i=\overline{A_i}$ 加 C_i
1	0	$F_i=A_i\oplus B_i$	$F_i=A_i$ 加 B_i 加 C_i
1	1	$F_i=\overline{A_i\oplus B_i}$	$F_i=\overline{A_i}$ 加 B_i 加 C_i

4.3.2　集成算术逻辑单元

集成四位算术逻辑单元的典型产品有 x181 等。图 4-17 给出了 x181 的常用逻辑符号。$A_3\,A_2\,A_1\,A_0$ 和 $B_3\,B_2\,B_1\,B_0$ 为二值代码或二进制数;$F_3\,F_2\,F_1\,F_0$ 为输出(F),作逻辑运算时是逻辑值,作算术运算时是二进制数;M 为方式控制端;CI 为算术运算时,来自低位的进位输入；CO 为算术运算时的进位输出；当 $A_3 A_2 A_1 A_0 = B_3 B_2 B_1 B_0$ 时，$A=B$ 端为 1；G 和 P 是超前进位输出端，供扩展位数时片间连接使用；$S_3 \sim S_0$ 为操作选择端。x181 的功能列入表 4-9 中。表中的"＋"为逻辑加，"加"、"减"为算术加、减；加 1 和减 1 均指对最低位加 1 或减 1。

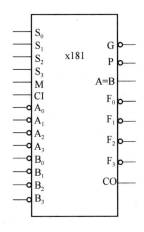

图 4-17　四位算逻单元 x181 常用逻辑符号

表 4-9　x181 的功能表

选		择		$M=$H	$M=$L算术运算	
S_3	S_2	S_1	S_0	逻辑功能	$C_i=$L(无进位)	$C_i=$H(有进位)
0	0	0	0	$F=\overline{A}$	$F=A$	$F=A$ 加 1
0	0	0	1	$F=\overline{A+B}$	$F=A+B$	$F=(A+B)$ 加 1
0	0	1	0	$F=\overline{A} \cdot B$	$F=A+\overline{B}$	$F=(A+\overline{B})$ 加 1
0	0	1	1	$F=0$	$F=$减 1	$F=0$
0	1	0	0	$F=\overline{AB}$	$F=A$ 加 $A\overline{B}$	$F=A$ 加 $A\overline{B}$ 加 1
0	1	0	1	$F=\overline{B}$	$F=(A+B)$ 加 $A\overline{B}$	$F=(A+B)$ 加 $A\overline{B}$ 加 1
0	1	1	0	$F=A\oplus B$	$F=A$ 减 B 减 1	$F=A$ 减 B
0	1	1	1	$F=A \cdot \overline{B}$	$F=A\overline{B}$ 减 1	$F=A\overline{B}$
1	0	0	0	$F=\overline{A}+B$	$F=A$ 加 AB	$F=A$ 加 AB 加 1
1	0	0	1	$F=\overline{A\oplus B}$	$F=A$ 加 B	$F=A$ 加 B 加 1
1	0	1	0	$F=B$	$F=(A+\overline{B})$ 加 AB	$F=(A+\overline{B})$ 加 AB 加 1
1	0	1	1	$F=A \cdot B$	$F=AB$ 减 1	$F=AB$
1	1	0	0	$F=1$	$F=A$ 加 A	$F=A$ 加 A 加 1
1	1	0	1	$F=A+\overline{B}$	$F=(A+B)$ 加 A	$F=(A+B)$ 加 A 加 1
1	1	1	0	$F=A+B$	$F=(A+\overline{B})$ 加 A	$F=(A+\overline{B})$ 加 A 加 1
1	1	1	1	$F=A$	$F=A$ 减 1	$F=A$

4.4 编码器

用二进制代码来表示离散信息的过程称为编码。实现编码逻辑功能的电路称为编码器。

4.4.1 二进制编码器

图4-18给出由与非门构成的三位二进制编码器,它可以对 $D_0 \sim D_7$ 8个输入信号进行二进制编码,也称8线-3线编码器。这种编码器在某一时刻,只能对其中一个输入信号进行编码,在编码器的输入端每次只能有一个输入信号有效。编码器的真值表如表4-10所示。由真值表可以看出,输入信号为高电平有效。当某一输入为高电平时,其他输入信号必须为低电平,不允许在输入端同时出现两个或两个以上的有效输入信号。

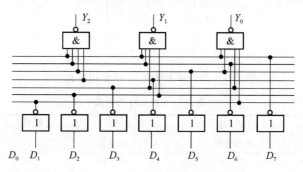

图4-18 8线-3线二进制编码器逻辑图

表4-10 8线-3线二进制编码器真值表

D_0	D_1	D_2	D_3	D_4	D_5	D_6	D_7	Y_2	Y_1	Y_0
1	0	0	0	0	0	0	0	0	0	0
0	1	0	0	0	0	0	0	0	0	1
0	0	1	0	0	0	0	0	0	1	0
0	0	0	1	0	0	0	0	0	1	1
0	0	0	0	1	0	0	0	1	0	0
0	0	0	0	0	1	0	0	1	0	1
0	0	0	0	0	0	1	0	1	1	0
0	0	0	0	0	0	0	1	1	1	1

由图4-18可写出输出表达式:

$$Y_0 = \overline{\overline{D_1}\ \overline{D_3}\ \overline{D_5}\ \overline{D_7}}$$

$$Y_1 = \overline{\overline{D_2}\ \overline{D_3}\ \overline{D_6}\ \overline{D_7}}$$

$$Y_2 = \overline{\overline{D_4}\ \overline{D_5}\ \overline{D_6}\ \overline{D_7}}$$

例 4-7 试根据表 4-10 真值表设计 8 线-3 线二进制编码器。

解 首先根据真值表求 Y_2 表达式。观察 Y_2 为 1 的每一行输入取值：当 $D_4=1$，或 $D_5=1$，或 $D_6=1$，或 $D_7=1$，只要有其中一个为 1，输出 Y_2 就为 1，这明显是"或"逻辑关系。故

$$Y_2 = D_4 + D_5 + D_6 + D_7 = \overline{\overline{D_4} \cdot \overline{D_5} \cdot \overline{D_6} \cdot \overline{D_7}}$$

可得

$$Y_1 = \overline{\overline{D_2} \cdot \overline{D_3} \cdot \overline{D_6} \cdot \overline{D_7}}$$

$$Y_0 = \overline{\overline{D_1} \cdot \overline{D_3} \cdot \overline{D_5} \cdot \overline{D_7}}$$

根据表达式，可画出逻辑图如图 4-18 所示。

4.4.2　二-十进制编码器

图 4-19 给出二-十进制编码器的逻辑图。二-十进制编码器也称为 10 线-4 线编码器。表 4-11 给出其编码真值表。输入 $I_1 \sim I_9$ 代表十进制数 $1 \sim 9$，十进制数 0 的输入是隐含的，当 $I_1 \sim I_9$ 均为 0 时，代表 I_0 输入有效。输出 $Y_3\ Y_2\ Y_1\ Y_0$ 代表对十进制数的 8421BCD 编码，其表达式请读者自行推导。

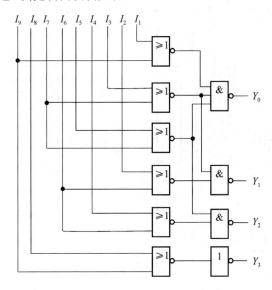

图 4-19　二-十进制编码器逻辑图

表 4-11　二-十进制编码器编码表

I_1	I_2	I_3	I_4	I_5	I_6	I_7	I_8	I_9	Y_3	Y_2	Y_1	Y_0
1	0	0	0	0	0	0	0	0	0	0	0	1
0	1	0	0	0	0	0	0	0	0	0	1	0
0	0	1	0	0	0	0	0	0	0	0	1	1
0	0	0	1	0	0	0	0	0	0	1	0	0
0	0	0	0	1	0	0	0	0	0	1	0	1
0	0	0	0	0	1	0	0	0	0	1	1	0
0	0	0	0	0	0	1	0	0	0	1	1	1
0	0	0	0	0	0	0	1	0	1	0	0	0
0	0	0	0	0	0	0	0	1	1	0	0	1

4.4.3　优先编码器

前面介绍的两种编码器,在某一时刻,只允许在输入端加入一个有效信号,否则编码器输出就会产生混乱。优先编码器允许输入同时有多个输入信号有效,但仅对优先级高的信号编码。在设计优先编码器时,预先规定输入信号的优先顺序,这样在多个输入信号同时出现时,编码器按优先顺序进行编码。

图 4-20 给出二-十进制优先编码器 x147 的逻辑图和逻辑符号。表 4-12 给出其功能表。输入变量中 I_9 的优先级最高,其次是 I_8,依次降低。此电路输入和输出都为低电平有效。

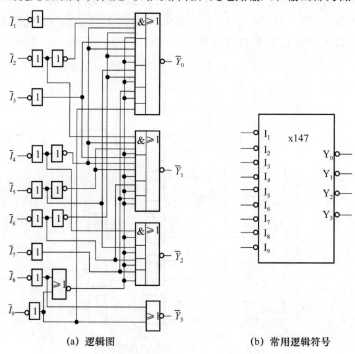

(a) 逻辑图　　　　　(b) 常用逻辑符号

图 4-20　10 线-4 线优先编码器 x147

表 4-12　8421BCD 码输出的 10 线-4 线优先编码器 x147 的功能表

$\bar{I}_1$	$\bar{I}_2$	$\bar{I}_3$	$\bar{I}_4$	$\bar{I}_5$	$\bar{I}_6$	$\bar{I}_7$	$\bar{I}_8$	$\bar{I}_9$	$\bar{Y}_3$	$\bar{Y}_2$	$\bar{Y}_1$	$\bar{Y}_0$
H	H	H	H	H	H	H	H	H	H	H	H	H
×	×	×	×	×	×	×	×	L	L	H	H	L
×	×	×	×	×	×	×	L	H	L	H	H	H
×	×	×	×	×	×	L	H	H	H	L	L	L
×	×	×	×	×	L	H	H	H	H	L	L	H
×	×	×	×	L	H	H	H	H	H	L	H	L
×	×	×	L	H	H	H	H	H	H	L	H	H
×	×	L	H	H	H	H	H	H	H	H	L	L
×	L	H	H	H	H	H	H	H	H	H	L	H
L	H	H	H	H	H	H	H	H	H	H	H	L

（表头：左侧大列为"输 入"，右侧大列为"输 出"）

4.5　译码器

译码是编码的逆过程。译码是将二进制代码变换为相应的输出信号或者另一种形式的代码。实现译码的电路称为译码器。

4.5.1　译码的概念

在第 2 章介绍的 ASCII 码是一种广泛应用于计算机和数字通信的标准代码。在实际应用中,常常需要将一些 ASCII 代码识别出来,这就需要对这些代码进行译码。例如,如果需要将 ASCII 码中的控制字符 BEL(响铃码)识别出来,应该如何来设计这个译码电路呢?

根据 ASCII 码表,响铃码 BEL 的编码是 $b_6 b_5 b_4 b_3 b_2 b_1 b_0 = 0000111$,可设计译码电路如图 4-21 所示。

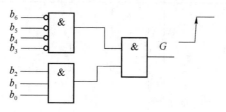

图 4-21　译码 BEL 逻辑电路

当输入编码取值为 0000111 时,图 4-21 所示电路输出 G 就会输出为 1,即产生一个高电平脉冲信号。可以通过这个高电平脉冲信号去触发发声装置,即可识别响铃码 BEL。

同理,也可以将 4.4 节的编码再恢复为原来的信号。

4.5.2 二进制译码器

图 4-22 给出 3 线-8 线译码器 x138 的逻辑图和逻辑符号。这个电路即是对 4.4 节 8 线-3 线编码器的逆变换,将二进制代码恢复为原来的 8 个信号。图 4-22 中 A_0、A_1 和 A_2 为三位二进制代码输入;$\overline{Y_0} \sim \overline{Y_7}$ 为译码器输出,低电平有效;S_A、$\overline{S_B}$ 和 $\overline{S_C}$ 为 3 个输入控制端,S_A 高电平有效,$\overline{S_B}$ 和 $\overline{S_C}$ 为低电平有效。只有当 $S_A \overline{S_B} \overline{S_C} = 100$ 时,译码器才能译码,否则,译码器处于禁止状态,所有输出为高电平。x138 的功能表见表 4-13。

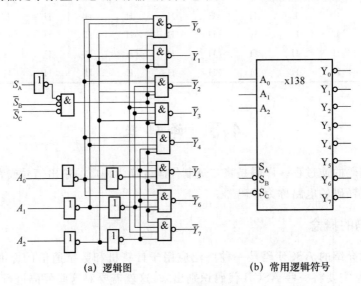

(a) 逻辑图　　　　　　　　　(b) 常用逻辑符号

图 4-22　3 线-8 线译码器 x138

表 4-13　3 线-8 线译码器 x138 功能表

输入					输出							
S_A	$\overline{S_B}+\overline{S_C}$	A_2	A_1	A_0	$\overline{Y_0}$	$\overline{Y_1}$	$\overline{Y_2}$	$\overline{Y_3}$	$\overline{Y_4}$	$\overline{Y_5}$	$\overline{Y_6}$	$\overline{Y_7}$
×	1	×	×	×	1	1	1	1	1	1	1	1
0	×	×	×	×	1	1	1	1	1	1	1	1
1	0	0	0	0	0	1	1	1	1	1	1	1
1	0	0	0	1	1	0	1	1	1	1	1	1
1	0	0	1	0	1	1	0	1	1	1	1	1
1	0	0	1	1	1	1	1	0	1	1	1	1
1	0	1	0	0	1	1	1	1	0	1	1	1
1	0	1	0	1	1	1	1	1	1	0	1	1
1	0	1	1	0	1	1	1	1	1	1	0	1
1	0	1	1	1	1	1	1	1	1	1	1	0

在 $S_A \overline{S_B} \overline{S_C} = 100$ 的条件下,译码器译码,输出表达式为

$$\overline{Y_0} = \overline{\overline{A_2} \, \overline{A_1} \, \overline{A_0}}$$

$$\overline{Y_1} = \overline{\overline{A_2} \, \overline{A_1} A_0}$$

$$\overline{Y_2} = \overline{\overline{A_2} A_1 \, \overline{A_0}}$$

$$\overline{Y_3} = \overline{\overline{A_2} A_1 A_0}$$

$$\overline{Y_4} = \overline{A_2 \, \overline{A_1} \, \overline{A_0}}$$

$$\overline{Y_5} = \overline{A_2 \, \overline{A_1} A_0}$$

$$\overline{Y_6} = \overline{A_2 A_1 \, \overline{A_0}}$$

$$\overline{Y_7} = \overline{A_2 A_1 A_0}$$

例 4-8 试用 x138 构成 4 线-16 线译码器,画出逻辑图。

解 用两片 3 线-8 线译码器 x138 构成 4 线-16 线译码器的逻辑图如图 4-23 所示。利用 x138(1) 的控制端 $\overline{S_B}$、$\overline{S_C}$ 与 x138(2) 的控制端 S_A 相连,接四位输入 $A_0 A_1 A_2 A_3$ 的最高位 A_3 可以完成译码器的扩展。当 $A_3 = 0$ 时,x138(1) 工作,而 x138(2) 处于禁止状态,输出为高电平;而当 $A_3 = 1$ 时,x138(2) 工作,x138(1) 处于禁止状态。x138(1) 的输出为 $\overline{Y_0} \sim \overline{Y_7}$,x138(2) 的输出为 $\overline{Y_8} \sim \overline{Y_{15}}$。

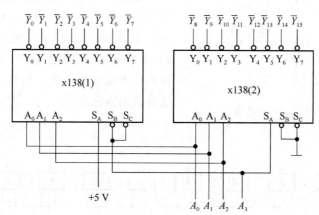

图 4-23 例 4-8 的逻辑图

例 4-9 试用 x138 和逻辑门实现表 4-14 真值表所示逻辑函数。

解 观察真值表可知,输出函数 F 为 0 的最小项项数少,由此可取

$$\overline{F} = \overline{A} \, \overline{B} \, \overline{C} + ABC$$

$$F = \overline{Y_0} \cdot \overline{Y_7}$$

逻辑图如图 4-24 所示。此例是利用译码器输出为最小项的特点实现逻辑函数。

例 4-10 试用 x138 和逻辑门实现一位全加器。

解 一位全加器有 3 个输入变量 A_i、B_i、C_i,两个输出变量 S_i、C_{i+1} 表达式为

表 4-14   例 4-9 的真值表

A	B	C	F
0	0	0	0
0	0	1	1
0	1	0	1
0	1	1	1
1	0	0	1
1	0	1	1
1	1	0	1
1	1	1	0

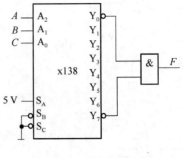

图 4-24   例 4-9 逻辑图

$$S_i = \overline{A}_i\,\overline{B}_i C_i + \overline{A}_i B_i\,\overline{C}_i + A_i\,\overline{B}_i\,\overline{C}_i + A_i B_i C_i$$

$$C_{i+1} = \overline{A}_i B_i C_i + A_i\,\overline{B}_i C_i + A_i B_i\,\overline{C}_i + A_i B_i C_i$$

用一片 x138 和两个四输入与非门实现一位全加器的逻辑图如图 4-25 所示。

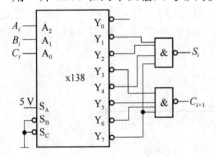

图 4-25   例 4-10 逻辑图

4.5.3　二-十进制译码器

图 4-26 给出一种 8421BCD 码输入,输出为十进制数 0~9 的 4 线-10 线译码器逻辑图,表 4-15 列出其真值表。此电路为全译码电路,由最小项形成输出电路,未经逻辑化简,这样不会出现乱码干扰。请读者自行写出或根据真值表推导出 $\overline{F}_0 \sim \overline{F}_9$ 表达式。

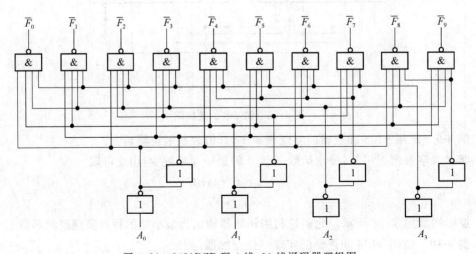

图 4-26   8421BCD 码 4 线-10 线译码器逻辑图

表 4-15 8421BCD 码 4 线-10 线译码器真值表

输 入				输 出									
A_3	A_2	A_1	A_0	$\overline{F_0}$	$\overline{F_1}$	$\overline{F_2}$	$\overline{F_3}$	$\overline{F_4}$	$\overline{F_5}$	$\overline{F_6}$	$\overline{F_7}$	$\overline{F_8}$	$\overline{F_9}$
0	0	0	0	0	1	1	1	1	1	1	1	1	1
0	0	0	1	1	0	1	1	1	1	1	1	1	1
0	0	1	0	1	1	0	1	1	1	1	1	1	1
0	0	1	1	1	1	1	0	1	1	1	1	1	1
0	1	0	0	1	1	1	1	0	1	1	1	1	1
0	1	0	1	1	1	1	1	1	0	1	1	1	1
0	1	1	0	1	1	1	1	1	1	0	1	1	1
0	1	1	1	1	1	1	1	1	1	1	0	1	1
1	0	0	0	1	1	1	1	1	1	1	1	0	1
1	0	0	1	1	1	1	1	1	1	1	1	1	0

4.5.4 显示译码器

在数字系统中,经常需要将用二进制代码表示的数字、符号和文字等直观地显示出来。数字显示通常由数码显示器和译码器完成。

1. 数码显示器

数码显示器按显示方式分为分段式、点阵式和重叠式;按发光材料分为半导体显示器、荧光数码显示器、液晶显示器和气体放电显示器。目前应用较多的是分段式半导体显示器,通常称为七段发光二极管显示器。

图 4-27 为 7 段发光二极管显示器 BS201A 和 BS201B 的符号和电路图。图(a)中"电源"引脚,对共阴极 BS201A 接地;对共阳极 BS201B 接+5 V 电源。使用中应注意不可直接将 $a \sim g$ 接+5 V 电源,否则将损坏发光二极管。

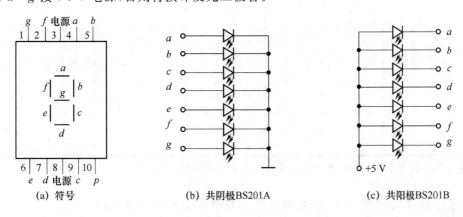

(a) 符号   (b) 共阴极BS201A   (c) 共阳极BS201B

图 4-27 7 段发光二极管显示器 BS201

2. 显示译码器

驱动共阴极显示器需要输出为高电平有效的显示译码器,而共阳极显示器则需要输出为低电平有效的显示译码器。图 4-28 给出输出为低电平有效 8421BCD 码 4 线-7 段译码器 x247 逻辑图,表 4-16 列出其功能。

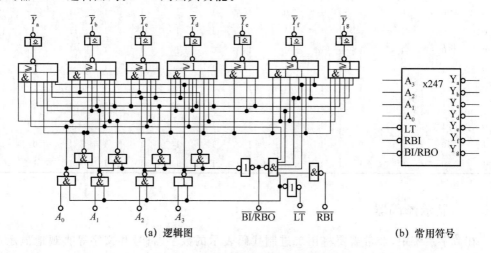

(a) 逻辑图 (b) 常用符号

图 4-28 4 线-7 段译码器 x247 逻辑图

表 4-16 x247 功能表

输　　入							输　　出							显示数字
$\overline{LT}$	$\overline{RBI}$	A_3	A_2	A_1	A_0	$\overline{BI}/\overline{RBO}$	$\overline{Y}_a$	$\overline{Y}_b$	$\overline{Y}_c$	$\overline{Y}_d$	$\overline{Y}_e$	$\overline{Y}_f$	$\overline{Y}_g$	符号
1	1	0	0	0	0	1	0	0	0	0	0	0	1	0
1	×	0	0	0	1	1	1	0	0	1	1	1	1	1
1	×	0	0	1	0	1	0	0	1	0	0	1	0	2
1	×	0	0	1	1	1	0	0	0	0	1	1	0	3
1	×	0	1	0	0	1	1	0	0	1	1	0	0	4
1	×	0	1	0	1	1	0	1	0	0	1	0	0	5
1	×	0	1	1	0	1	1	1	0	0	0	0	0	6
1	×	0	1	1	1	1	0	0	0	1	1	1	1	7
1	×	1	0	0	0	1	0	0	0	0	0	0	0	8
1	×	1	0	0	1	1	0	0	0	1	1	0	0	9
×	×	×	×	×	×	0	1	1	1	1	1	1	1	熄灭
1	0	0	0	0	0	0	1	1	1	1	1	1	1	熄灭
0	×	×	×	×	×	1	0	0	0	0	0	0	0	8

注:1. $\overline{BI}/\overline{RBO}$ 列中除下数第三行为 $\overline{BI}$=0 输入外,其余均为 $\overline{RBO}$ 输出。

2. 有关引脚的说明

$\overline{LT}$:试灯输入。当 $\overline{LT}$=0 时,显示器各段全亮。除试灯时 $\overline{LT}$ 设置为 0 外,其余应为 1。

$\overline{RBI}$:灭零输入。当 $\overline{RBI}$=0 且输入全为 0 时,显示器各段均不亮,达到输入 0 的不显示目的。

$\overline{RBO}$:称为灭零输出,只有在显示器各段均不亮时,其输出为 0,其余为 1。

图 4-29 给出 x247 驱动共阳极显示器的电路图,R 为限流电阻。图 4-30 给出输出高电平有效的译码器 x248 驱动共阴极显示器的电路图,因 x248 内部有上拉电阻,故不需外接电阻。

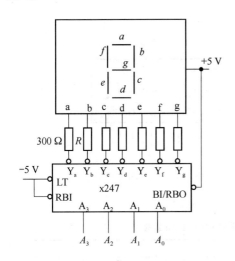

图 4-29 共阳极显示译码驱动电路

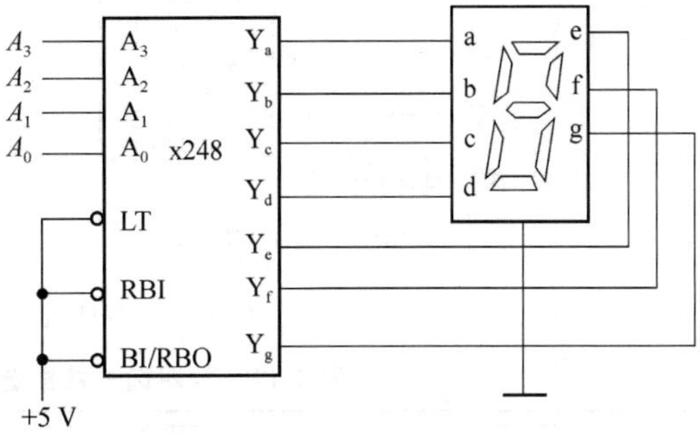

图 4-30 共阴极显示译码驱动电路

4.6 数据选择器和数据分配器

4.6.1 数据选择器

数据选择器(MUX)也称多路开关、多路选择器等。数据选择器可以在选择控制变量的作用下,完成对多路输入数据选择其中一路,作为输出数据。一个四选一数据选择器的功能示意图如图 4-31 所示。数据输入 $D_0 \sim D_3$ 在选择控制变量 $A_1 A_0$ 作用下,选择其中一个数据作为 Y 数据输出。

图 4-32 给出双四选一数据选择器 x153 其中之一的逻辑图,其功能表见表 4-17。由功能表或逻辑图可知,选择控制变量 A_1、A_0,输入数据 $D_0 \sim D_3$,以及输出 Y 均为高电平有效,选通信号 $\overline{\text{ST}}$ 为低电平有效。在选通信号 $\overline{\text{ST}}$ 为低电平时,输出 Y 与选择控制变量 A_1、A_2 和输入数据 $D_0 \sim D_3$ 的逻辑表达式为

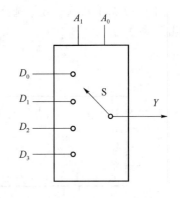

图 4-31 四选一数据选择器示意图

$$Y = \overline{A_1}\,\overline{A_0}D_0 + \overline{A_1}A_0D_1 + A_1\overline{A_0}D_2 + A_1A_0D_3$$

由表达式可以清楚地看出：当 $A_1A_0 = 00$ 时，$Y = D_0$；当 $A_1A_0 = 01$ 时，$Y = D_1$；当 $A_1A_0 = 10$ 时，$Y = D_2$；当 $A_1A_0 = 11$ 时，$Y = D_3$。

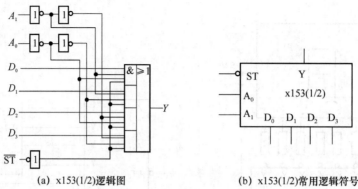

(a) x153(1/2)逻辑图　　　　　(b) x153(1/2)常用逻辑符号

图 4-32　双四选一数据选择器 x153

表 4-17　双四选一数据选择器 x153(1/2)功能表

输　　　入							输出 Y
A_1	A_0	D_0	D_1	D_2	D_3	$\overline{ST}$	
×	×	×	×	×	×	H	L
L	L	L	×	×	×	L	L
L	L	H	×	×	×	L	H
L	H	×	L	×	×	L	L
L	H	×	H	×	×	L	H
H	L	×	×	L	×	L	L
H	L	×	×	H	×	L	H
H	H	×	×	×	L	L	L
H	H	×	×	×	H	L	H

图 4-33 给出八选一数据选择器 x151 的逻辑符号，其功能表见表 4-18。有两个互补输出 Y 和 $\overline{Y}$ 。

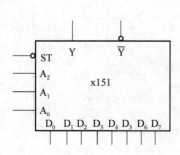

图 4-33　八选一数据选择器 x151 常用逻辑符号

表 4-18　八选一数据选择器 x151 功能表

输　　　入				输　　出	
A_2	A_1	A_0	$\overline{ST}$	Y	$\overline{Y}$
×	×	×	H	L	H
L	L	L	L	D_0	$\overline{D_0}$
L	L	H	L	D_1	$\overline{D_1}$
L	H	L	L	D_2	$\overline{D_2}$
L	H	H	L	D_3	$\overline{D_3}$
H	L	L	L	D_4	$\overline{D_4}$
H	L	H	L	D_5	$\overline{D_5}$
H	H	L	L	D_6	$\overline{D_6}$
H	H	H	L	D_7	$\overline{D_7}$

数据选择器除完成数据选择的功能外,还可以产生序列信号和实现逻辑函数等。

例 4-11 试用八选一数据选择器实现表 4-19 所示逻辑函数。

解 根据数据选择器的功能,如果将函数 Y 包含的最小项(即取值为 1 的项)所对应的数据选择器的数据输入端接 1,其他数据输入端接 0,则用八选一数据选择器实现表 4-19 逻辑函数的逻辑图如图 4-34 所示。

表 4-19　例 4-11 真值表

A	B	C	Y
0	0	0	0
0	0	1	0
0	1	0	0
0	1	1	1
1	0	0	1
1	0	1	0
1	1	0	1
1	1	1	1

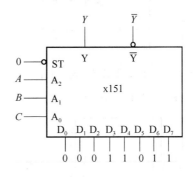

图 4-34　例 4-11 逻辑图

例 4-12 试用四选一数据选择器实现表 4-19 的逻辑函数。

解 观察表 4-19 可知:当 $AB=00$ 时,不论 C 为何值,输出 Y 为 0,故 D_0 接 0;当 $AB=01$ 时,$Y=C$,故 D_1 接 C;当 $AB=10$ 时,$Y=\overline{C}$,故 D_2 接 $\overline{C}$;当 $AB=11$ 时,不论 C 为何值,输出 Y 为 1,故 D_3 接 1。由此,可以画出用四选一数据选择器实现函数 Y 的逻辑图如图 4-35 所示。

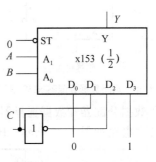

图 4-35　例 4-12 逻辑图

4.6.2 数据分配器

在数据传送中,有时需要将某一路数据分配到多路不同的数据通道上,实现这种功能的电路称为数据分配器,也称多路分配器(DEMUX)。图 4-36 给出四路数据分配器的功能示意图。输入数据 D 在选择输入 A_1A_0 控制下,可传送到输出 $Y_0 \sim Y_3$ 不同数据通道上。图 4-37 给出四路数据分配器的逻辑图。目前,市场上没有专用的数据分配器器件,实际使用中,用译码器来实现数据分配器的功能。例如,用 x138 3 线-8 线译码器实现八路数据分配器的功能。x138 用做八路数据分配器的逻辑符号如图 4-38 所示。

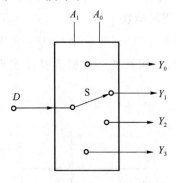

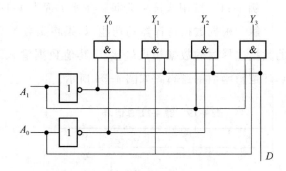

图 4-36　数据分配器功能示意图　　　　　图 4-37　四路数据分配器逻辑图

由图 4-38 可看出,x138 的 3 个译码输入 A_2、A_1、A_0 用做数据分配器的选择输入;8

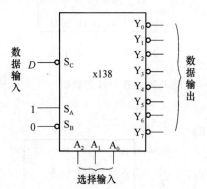

图 4-38　八路数据分配器 x138 常用逻辑符号

个输出 $\overline{Y}_0 \sim \overline{Y}_7$ 用做八路数据输出;3 个输入控制端 S_A、$\overline{S}_B$、$\overline{S}_C$ 中的一个用做数据输入端,图 4-38 中将 $\overline{S}_C$ 用做数据输入 D 端,而不用的 S_A 接逻辑 1,$\overline{S}_B$ 接逻辑 0,由此 3 线-8 线译码器完成八路数据分配器的功能。当 $A_2 A_1 A_0 = 000$ 时,把输入数据 D 分配到 $\overline{Y}_0$,$\overline{Y}_0 = D$;当 $A_2 A_1 A_0 = 001$ 时,D 分配到 $\overline{Y}_1$,$\overline{Y}_1 = D$;由此类推,当 $A_2 A_1 A_0 = 111$ 时,D 分配到 $\overline{Y}_7$,$\overline{Y}_7 = D$。

请读者自行写出 $\overline{Y}_0 \sim \overline{Y}_7$ 的表达式并分析:如果数据输入 D 连接到 S_A 端,数据输出有什么变化?

数据分配器和数据选择器配合使用,可以实现多通道数据分时传送,一种八路信号分时传送电路如图 4-39 所示。$B_0 \sim B_2$ 连接于定时计数电路。

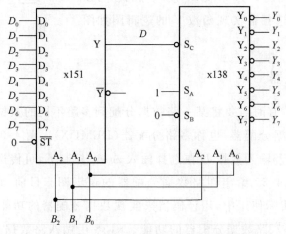

图 4-39　八路信号分时传送电路原理图

4.7 数值比较器

在数字系统中,用来比较两个二进制数大小及是否相等的电路称为数值比较器。

4.7.1 四位数值比较器

在例 4-4 已介绍了两个一位二进制数的数值比较电路,四位数值比较器的工作原理与其相同。不同的是两个四位二进制数相比较要从最高位比较,最高位数大的数值大,最高位数小的数值小;最高位数相等时,比较次高位,由次高位数大小决定大小;次高位相等,再比较下一位,直至最低位比较结束。

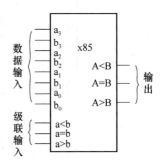

图 4-40 四位数值比较器 x85
常用逻辑符号

如图 4-40 是四位数值比较器 x85 的逻辑符号,其功能如表 4-20 所示。两个四位二进制数分别为 $a_3a_2a_1a_0$ 和 $b_3b_2b_1b_0$,由输入端 $a_0 \sim a_3$、$b_0 \sim b_3$ 输入进行比较;$a>b$、$a<b$ 和 $a=b$ 端是低位来的比较结果,由级联低位芯片送来;$A>B$、$A<B$ 和 $A=B$ 端是两个四位二进制数比较的结果,是数值比较器的输出。表 4-20 列出了两个四位二进制数比较的情况,表中 H 代表高电平,L 代表低电平,并采用高电平有效。

表 4-20 四位数值比较器 x85 的功能表

数据输入				级联输入			输 出		
$a_3 \quad b_3$	$a_2 \quad b_2$	$a_1 \quad b_1$	$a_0 \quad b_0$	$a>b$	$a<b$	$a=b$	$A>B$	$A<B$	$A=B$
$a_3 > b_3$	$\times$	$\times$	$\times$	$\times$	$\times$	$\times$	H	L	L
$a_3 < b_3$	$\times$	$\times$	$\times$	$\times$	$\times$	$\times$	L	H	L
$a_3 = b_3$	$a_2 > b_2$	$\times$	$\times$	$\times$	$\times$	$\times$	H	L	L
$a_3 = b_3$	$a_2 < b_2$	$\times$	$\times$	$\times$	$\times$	$\times$	L	H	L
$a_3 = b_3$	$a_2 = b_2$	$a_1 > b_1$	$\times$	$\times$	$\times$	$\times$	H	L	L
$a_3 = b_3$	$a_2 = b_2$	$a_1 < b_1$	$\times$	$\times$	$\times$	$\times$	L	H	L
$a_3 = b_3$	$a_2 = b_2$	$a_1 = b_1$	$a_0 > b_0$	$\times$	$\times$	$\times$	H	L	L
$a_3 = b_3$	$a_2 = b_2$	$a_1 = b_1$	$a_0 < b_0$	$\times$	$\times$	$\times$	L	H	L
$a_3 = b_3$	$a_2 = b_2$	$a_1 = b_1$	$a_0 = b_0$	H	L	L	H	L	L
$a_3 = b_3$	$a_2 = b_2$	$a_1 = b_1$	$a_0 = b_0$	L	H	L	L	H	L
$a_3 = b_3$	$a_2 = b_2$	$a_1 = b_1$	$a_0 = b_0$	L	L	H	L	L	H

4.7.2 数值比较器应用

例 4-13 试用两片 x85 构成八位数值比较器,画出逻辑图。

解 根据题意,用两片 x85 构成八位数值比较器如图 4-41 所示。x85(1)为低四位数值比较器,级联输入 $a>b$、$a=b$ 和 $a<b$ 分别接 0、1 和 0,输出端 $A>B$、$A=B$ 和 $A<B$ 分别接高四位数值比较器 x85(2)的级联输入 $a>b$、$a=b$ 和 $a<b$ 端,x85(2)的 $A>B$、$A=B$ 和 $A>B$ 为八位数值比较器的输出。

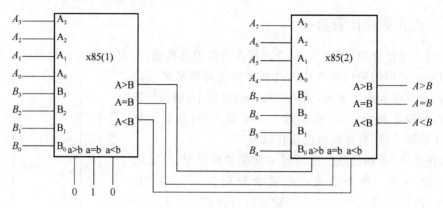

图 4-41 例 4-13 逻辑图

例 4-14 试用数值比较器实现表 4-21 所示逻辑函数。

解 由表 4-21 可看出,当 $ABCD>0110$ 时,$F_3=1$;当 $ABCD<0110$ 时,$F_1=1$;而当 $ABCD=0110$ 时,$F_2=1$。

由此可画出用一个四位数值比较器 x85 实现表 4-21 函数的逻辑图如图 4-42 所示。

表 4-21 例 4-14 真值表

A	B	C	D	F_1	F_2	F_3
0	0	0	0	1	0	0
0	0	0	1	1	0	0
0	0	1	0	1	0	0
0	0	1	1	1	0	0
0	1	0	0	1	0	0
0	1	0	1	1	0	0
0	1	1	0	0	1	0
0	1	1	1	0	0	1
1	0	0	0	0	0	1
1	0	0	1	0	0	1
1	0	1	0	0	0	1
1	0	1	1	0	0	1
1	1	0	0	0	0	1

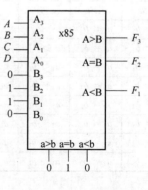

图 4-42 例 4-14 逻辑图

4.8 组合逻辑电路的竞争冒险

4.8.1 竞争冒险的产生

竞争是指逻辑门的两个输入变量从不同电平同时向相反电平跳变的现象。例如,当与非门的两个输入变量 A 和 B , A 由 0 变为 1 , B 由 1 变为 0 时,就存在竞争。

由于逻辑门的输入存在竞争,所以在电路的输出可能产生与逻辑关系相违背的尖脉冲干扰现象,称为竞争冒险。逻辑门的输入存在竞争,是组合电路产生竞争冒险、引起逻辑错误的根源。

例如,图 4-43 所示电路,当 B 和 C 都为 1 时,或门输入为 $\overline{A}$ 和 A ,正常情况下 $F=A+\overline{A}=1$,输出波形为高电平。但是,由于 $\overline{A}$ 是经过两级门电路到达或门输入,要比 A 延迟一个传输延迟时间 t_{pd} ,因此,当 A 由 1 变为 0 , $\overline{A}$ 由 0 变为 1 时,存在冒险,并在输出产生竞争冒险,如图 4-44 波形图所示。这个竞争冒险称为"0"冒险。注意下跳波形向后延迟 t_{pd} 。

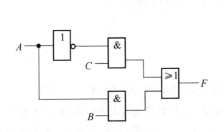

图 4-43　产生"0"冒险的逻辑图

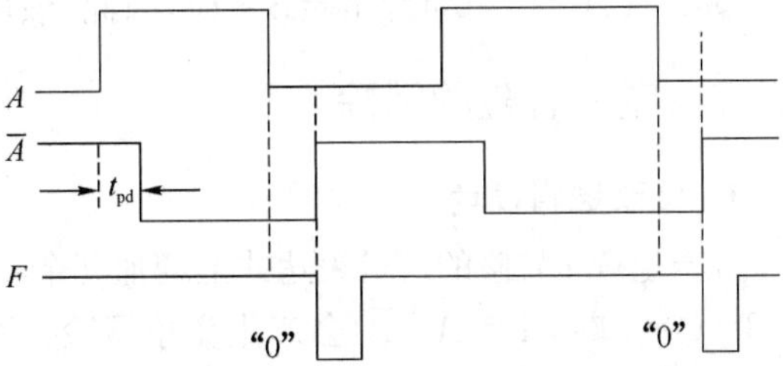

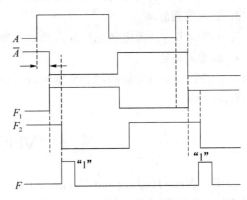

图 4-44　产生"0"冒险的波形图

图 4-45 和图 4-46 给出"1"冒险的逻辑图和波形图。 $F=(A+C)(\overline{A}+B)$,当 $B=C=0$ 时, $F=A \cdot \overline{A}=0$,但由于传输时间不等,当 F_1 和 F_2 各向相反电平变化时,产生"1"冒险。

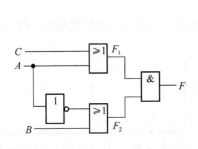

图 4-45　产生"1"冒险的逻辑图

图 4-46　产生"1"冒险的波形图

4.8.2 竞争冒险的判断

1. "0"冒险的判断

在逻辑表达式中,某个变量以原变量和反变量出现时,其他变量取 1 或取 0,若形成表达式为

$$F=A+\overline{A}$$

时,则产生"0"冒险。

2. "1"冒险判断

在一定条件下,若形成输出表达式为

$$F=A \cdot \overline{A}$$

时,则产生"1"冒险。

例 4-15 试判断 $F=AB+\overline{B}C$ 电路是否存在冒险现象。

解 当 $A=C=1$ 时,$F=B+\overline{B}$,因此,该电路存在"0"冒险现象。

例 4-16 试判断 $F=(A+B)+(\overline{B}+C)$ 电路是否存在冒险现象。

解 当 $A=C=0$ 时,$F=B \cdot \overline{B}$,因此,该电路存在"1"冒险现象。

4.8.3 竞争冒险的消除

1. 修改逻辑设计

在产生竞争冒险的逻辑表达式上增加冗余项,可以消除竞争冒险。例如,$F=AB+\overline{A}C$,在 $B=C=1$ 时,$F=A+\overline{A}$ 会产生竞争冒险。可以在表达式中增加 BC 项,不改变逻辑关系,但加入 BC 项之后,在 $B=C=1$ 时,$F=A+\overline{A}+1 \cdot 1=1$,通过冗余项屏蔽了竞争冒险。

2. 引入封锁脉冲

在产生竞争冒险的时间内引入封锁脉冲,使尖脉冲不能输出。

3. 引入选通脉冲

在电路输出达到稳定状态后加入选通脉冲,达到消除竞争冒险的目的。

4. 加滤波电容

由于竞争冒险的尖脉冲都是窄脉冲,可以在输出端接上几百 pF 的滤波电容,就可以消除冒险脉冲。

4.9 VHDL 语言

VHDL(Very-High-Speed Integrated Circuit Hardware Description Language,超高速集成电路硬件描述语言)是一种用于数字电路系统设计的语言。本节简要介绍其基本知识和在组合逻辑电路方面的程序设计。

4.9.1　VHDL 基本程序结构

下面通过一个 VHDL 程序实例来介绍 VHDL 语言的基本程序结构。

例 4-17　用 VHDL 语言实现图 4-47 所示二输入或门 $F = A + B$。

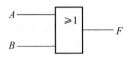

图 4-47　二输入或门

解　程序如下：

```
Library ieee;                -- ieee 库声明（"--"之后是该行的注释）
Use ieee.std_logic_1164.all;


Entity or2 is                -- 实体说明，实体名是 or2
Port(A, B: in std_logic;     -- 定义 A、B 为输入端口，并是标准逻辑位信号
     F: out std_logic);      -- 定义 F 为输出端口
End or2;


Architecture or2_1 of or2 is -- 结构体说明，结构体名是 or2_1
Begin
  F<= A or B;                -- "A+B"赋值给 F
End or2_1;
```

通过例 4-17 可以看出，VHDL 程序包括库（Library）声明、实体（Entity）说明、结构体（Architecture）说明三部分。

1. 实体说明

实体在 VHDL 语言程序中用于说明逻辑器件名称及其信号的输入、输出方式和数据类型。实体说明的书写格式为：

```
Entity  实体名  is
    Port（端口名,…:方式  数据类型；
        …
            端口名,…:方式  数据类型）；
End 实体名；
```

- 端口名：是赋给输入或输出端口的名称。如例 4-17 程序中的 A、B、F。
- 方式：说明端口的数据流动方向，有以下五种方式。

① in：输入，信号从端口进入，如例 4-17 中 A、B 为输入。

② out：输出，信号从端口输出，如例 4-17 中 F 为输出。

③ inout:输入/输出,信号从端口可输入或输出。

④ buffer:缓冲,与 out 类似,但可回读,以满足电路反馈需求。

⑤ linkage:无指定方向。

- 数据类型:端口处理数据的类型,将在下节介绍。

2. 结构体说明

结构体用来描述电路内部的结构和行为。结构体说明的书写格式为:

```
Architecture 结构体名 of 实体名 is
    定义语句;
Begin
    描述语句;
End 结构体名;
```

- 结构体名:结构体的名称,可由用户命名。例 4-17 中实体名是 or2,结构体名是 or2_1。
- 定义语句:对结构体中使用的数据对象、数据类型和函数等进行定义。
- 描述语句:具体的编程语句,用并发描述语句和顺序描述语言来描述结构体的输入、输出关系。例 4-17 中的描述语句仅一条:F<=A or B。

3. 库声明

库是程序包的集合体,程序包由数据类型、函数定义以及各种转换函数等组成,供程序设计时调用。调用程序包要预先进行声明。

库声明的格式为:

```
Library 库名;
Use 库名.程序包名.项目名;
```

如例 4-17 程序中,Library ieee 语句声明要调用 ieee 库,Use ieee. std_logic_1164. all 语句说明使用 std_logic_1164 程序包中的所有项目。

IEEE(或 ieee)库是逻辑设计最常用的库,其中的标准逻辑包 std_logic_1164 是最常用的程序包。本书中全部编程举例均使用 IEEE 库。

VHDL 库有五种,分别是 IEEE 库、STD 库、VITAL 库、自定义库和 WORK 库。详细说明见有关 VHDL 书籍。

4.9.2　VHDL 数据和运算符

1. 标识符

VHDL 的标识符是由字母 A～Z(或 a～z)、数字 0～9 和下划线"_"组成的字符序列,用来给程序中的实体、结构体、端口、变量、信号等进行命名。标识符有如下几项规则:

(1) 必须以英文字母开头。

(2) 不能以下划线"_"结尾,并不能出现连续两个或多个下划线。

(3) 不区分字母的大小写。

(4) 不能使用关键字和运算符(详见 VHDL 常用关键字、运算符表)。

2. 数据类型

VHDL 语言要求程序中的常量、信号、变量、函数以及设定的各种参量都必须具有确定的数据类型。只有数据类型相同的量才能相互传递信息。VHDL 数据类型分为：标准数据类型、IEEE 标准数据类型、用户自定义数据类型。

(1) 标准数据类型

标准数据类型在 STD 库中的 standard 程序包内,使用这些数据类型时不用声明。标准数据类型常用的有如下几种。

① bit(位):二进制位数据类型,信号取值可为"1"或"0"。

② bit_vector(位向量):二进制位向量数据类型,对应的是二进制数组。例如,要编程定义 4 位输入端口 addr(0)~addr(3),可设定 addr 为位向量,通过语句 addr：in bit_vector(0 to 3)来完成定义。

③ boolean(布尔量):有 FALSE、TRUE 两种取值。它与 bit 不同,没有数值含义,不能进行算术运算,只能进行关系运算(见后面介绍)。

④ integer(整数):定义值范围为 $-(2^{31}-1)\sim(2^{31}-1)$。例如 $+123$、-324。

⑤ real(实数或浮点数):实数的定义值范围为 $-1.0E+38\sim+1.0E+38$,有正负数,书写时要有小数点。对于整数 1,用实数表示则为 1.0,这两个数值一样,但类型不一样。

⑥ character(字符):采用 ASCII 编码字符,字符用单引号括起来,如'TIME'。

(2) IEEE 标准数据类型

IEEE 库中的程序包 std_logic_1164 包含有 std_logic(标准逻辑位)和 std_logic_vector(标准逻辑向量)两种。

① std_logic(标准逻辑位):类似 bit 数据类型,此数据类型有 9 种取值。

U:初始值	Z:高阻态	X:不定
W:弱信号不确定	0:0	L:弱信号 0
1:1	H:弱信号 1	-:不可能情况

② std_logic_vector(标准逻辑向量):类似 bit_vector 数据类型,对应的是二进制数组。

(3) 用户自定义数据类型

上述介绍的标准数据类型,如果不能满足设计需求,用户还可以自定义一些数据类型。

① 枚举类型:枚举类型是把类型中的各个元素(状态)都列举在状态列表中,多用于时序逻辑电路的描述。书写格式为:

type 类型名 is (状态列表);

例如:

type sreg is(s1,s2,s3,s4);

该语句定义了 s1,s2,s3,s4 四个状态为 sreg 的数据类型。

② 子类型:子类型是用户对数据类型进行范围限制后所形成的类型。书写格式为:

subtype 子类型名 is 已定义数据类型名 范围;

"范围"的书写格式:"range 开始 downto 结束"为数值降序排列;"range 开始 to 结束"为数值升序排列。例如:

subtype bnum is integer range 31 downto 0;

该语句对整数 integer 进行了范围限制,形成了新的整数子类型 bnum,使范围为 31 到 0。

3. 数据对象

数据对象是数据的载体。有常量、变量、信号 3 种形式。

(1) 常量(Constant)

常量是一个恒定不变的值,规定了数据类型并赋值后,在程序中不能再改变。定义常量的格式为:

constant 常量名:数据类型:= 表达式;

语句中的数据类型必须与表达式的数据类型一致。例如:

constant vcc:real:= 5.0;

该语句设定了电源 V_{CC} 的值为实数 5.0,即定义 V_{CC} 为 +5 V 电源。

(2) 变量(Variable)

对于整个程序而言,变量是一个局部量,仅能在进程 process 和子程序中说明,而不能在实体或结构体中说明。定义变量的格式为:

variable 变量名:数据类型:= 初始值;

例如:

variable qv:std_logic:= ´0´;

该语句定义了变量 qv 是 std_logic 数据类型,并给其赋初值 0。

变量赋值的格式为:

变量:= 表达式;

例如:

qv := ´1´;

该语句为变量 qv 赋值为 1。变量赋值立即生效,没有延迟。

(3) 信号(Signal)

信号是表示实际器件输入/输出方式及数据类型的一个物理量,它是一个全局量,可在整个程序中使用。但信号不能在进程语句中声明,只能在进程语句中使用。定义信号的格式为:

signal 信号名:数据类型:= 表达式;

例如:

signal ground:bit:= ´0´;

该语句定义信号 ground 为 bit 数据类型,值为 0。在信号定义时赋值,立即生效,没有延迟。

信号赋值的格式为:

信号< = 表达式;

例如：

ground< = ´1´;

该语句为信号 ground 赋值 1。作为信号赋值，器件需经 δ 延时后生效。

4. 表达式及运算符

VHDL 语言中的表达式是由数据对象（常量、变量、信号）和运算符组成的。VHDL 运算符有：逻辑运算符、关系运算符、算术运算符、并置运算符和选择运算符。

（1）逻辑运算符

VHDL 语言规定了 7 种逻辑运算符：not（取反）、and（与）、or（或）、nand（与非）、nor（或非）、xor（异或）、xnor（异或非）。运算符的优先级从高到低排列依次为：not、xnor、xor、nor、nand、or、and，并且括号内的运算优先。

例如，语句 F<=A or（B and C），表达式由信号 A、B、C 和逻辑运算符 or、and 构成，括号内运算 B and C 优先。

（2）关系运算符

VHDL 语言规定了 6 种关系运算符：=（等于）、/=（不等于）、<（小于）、<=（小于等于）、>（大于）、>=（大于等于）。在关系运算符中，小于等于符"<="和信号赋值符"<="是相同的，在阅读语句时，应按照上下文关系来判断。

（3）算术运算符

VHDL 语言规定了 8 种算术运算符：+（加）、-（减）、*（乘）、/（除）、mod（取商数）、rem（取余数）、**（乘方）、ABS（取绝对值）。

（4）并置运算符

并置运算符"&"用于位的连接。例如：'1'&'0'&"1Z"="101Z"。

VHDL 预定义的各种运算符、操作数及结果类型综合如表 4-22 所示。

表 4-22　VHDL 运算符、操作数及结果类型一览表

类别	运算符符号	操作数类型	结果类型
逻辑运算符	not、and、or、nand、nor、xor、xnor	bit、boolean	同操作数
关系运算符	=、/=、<、<=、>、>=	任何类型	boolean
算术运算符	+、-、*、/、**、MOD、REM、ABS	整数、实数等	同操作数
并置运算符	&	数或数组	数组

4.9.3　VHDL 基本语句——并发描述语句

VHDL 语言的基本描述语句分为并发描述语句和顺序描述语句两大类。并发描述语句的执行方式与程序书写顺序无关，常用的有信号赋值语句、进程（Process）语句、元件（Component）语句等。

1. 信号赋值语句

（1）赋值语句

书写格式为：

信号＜＝表达式；

在例 4-17 程序中，语句 F＜＝A or B 就是信号赋值语句。

（2）条件赋值语句

书写格式为：

信号＜＝表达式 1 when 条件 1 else

　　　表达式 2 when 条件 2 else

　　　…

　　　表达式 $n-1$ when 条件 $n-1$ else

　　　表达式 n；

此段语句中，如"条件 $X(1\sim n-1)$"为 true 时，则将"表达式 X"的值赋给信号；以上条件都不满足时，则将"表达式 n"的值赋给信号。

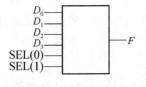

图 4-48　端口方框图

例 4-18　用条件赋值语句描述四选一数据选择器，端口方框图如图 4-48 所示。

解　定义四选一数据选择器输入数据端口为 D_0、D_1、D_2、D_3，输入选择端口为 SEL(1)、SEL(0)，F 为输出端口。当 SEL 为 00 时，D_0 输出；为 01 时，D_1 输出；为 10 时，D_2 输出；为 11 时，D_3 输出。使用条件赋值语句完成的描述程序如下：

```
Library ieee;
Use ieee.std_logic_1164.all;

Entity sel4 is                 -- 实体名是 sel4
    Port(D0,D1,D2,D3:in std_logic;
        SEL:in std_logic_vector(1 downto 0);
        F:out std_logic);
End sel4;

Architecture sel4_1 of sel4 is   -- 结构体名是 sel4_1
Begin
    F<= D0 when SEL = ″00″ else  -- 使用条件赋值语句
        D1 when SEL = ″01″ else
        D2 when SEL = ″10″ else
        D3;
End sel4_1;
```

此段语句中,如 SEL 输入为 00 时,则将 D_0 赋给 F;SEL 输入为 01 时,则将 D_1 赋给 F;SEL 输入为 10 时,则将 D_2 赋给 F;SEL 输入为 11 时,则将 D_3 赋给 F。

(3) 选择赋值语句

书写格式为:

With 选择表达式 select

   信号＜=信号值 1 when 选择表达式取值 1,

     信号值 2 when 选择表达式取值 2,

     …

     信号值 n when 选择表达式取值 n;

此段语句中"选择表达式"的值与"选择表达式取值 $X(1$ 至 $n)$"相符时,则将"信号值 X"赋给信号。

例 4-19 使用选择赋值语句完成例 4-18 的结构体程序描述。

解 使用选择赋值语句完成的描述程序如下:

Architecture sel4_1 of sel4 is   -- 结构体说明

Begin

  With SEL select   -- 使用选择赋值语句

    F＜=D0 when ″00″,

      D1 when ″01″,

      D2 when ″10″,

      D3 when others;

End sel4_1;

此段语句中,如 SEL 输入为 00 时,则将 D_0 赋给 F;SEL 输入为 01 时,则将 D_1 赋给 F;SEL 输入为 10 时,则将 D_2 赋给 F;SEL 输入为 11 时,则将 D_3 赋给 F。

2. 进程语句(Process)

书写格式为:

进程名:Process(敏感信号表)

  进程说明语句;

Begin

  顺序描述语句;

End Process 进程名;

在进程语句中,当敏感信号表中的信号发生变化时,则进程语句启动执行。完成后,回到进程起始处挂起。语句中的敏感信号表,可由部分或全部的输入端口信号组成。一个结构体中,可有多个进程语句存在,进程语句间同时并发执行,而进程语句内部的语句则按顺序执行。各个进程之间的信息传递是通过"信号"实现的。

例 4-20 使用进程语句完成例 4-18 的结构体程序描述。

解 使用进程语句完成的描述程序如下:

```
Architecture sel4_1 of sel4 is
Begin
   Process(SEL)                          -- 使用进程语句,敏感信号是 SEL
   Begin
      if SEL = ″00″ then F< = D0;        -- "if"顺序描述语句
      elsif SEL = ″01″ then F< = D1;
      elsif SEL = ″10″ then F< = D2;
      else
          F< = D3;
      end if;
   End process;
End sel4_1;
```

本段语句中,当敏感信号 SEL 发生变化,启动进程语句执行。在进程语句内部,按顺序描述方式执行 if 判断语句,如果 $SEL=00$,将 D_0 赋给 F;$SEL=01$,将 D_1 赋给 F;$SEL=10$,将 D_2 赋给 F;$SEL=11$,将 D_3 赋给 F。

3. 元件语句(Component)

VHDL 元件语句主要用在模块化的设计当中,以此调用以前建立的元件,可避免大量重复编写程序。编程时首先要建立元件,例 4-17 程序可看成建立的"或门"元件,使用此元件要进行声明和调用。

(1) 元件声明语句

书写格式与结构体类似:

```
Component 元件名
    Port (   端口名,…:方式   数据类型;
              …
              端口名,…: 方式   数据类型);
End  Component;
```

(2) 元件调用(也称元件例化)语句

用于调用定义好的元件。书写格式为:

调用标号:元件名 port map(端口关联表);

调用标号:调用元件时的标号。

一个元件在电路中可以多次调用,但它们的标号不能一样。端口关联表反映了元件建立与使用的端口对应关系。书写方式有两种:

① 位置映射

port map(信号名 1,信号名 2,…,信号名 n);

括号内的信号名用实际电路端口代替,实际电路端口与元件端口要保持顺序一致。

例如:例 4-17 已定义的"或门"元件,其输入、输出端口为 A、B、F,如调用元件的实际

电路输入端口为 A_1、B_1,输出端口为 F_1,则元件调用语句描述为:

　　u1:or2 port map(A1,B1,F1);

其中,u1 是调用标号;or2 是"或门"元件名称。

　　② 名称映射

　　port map(端口 1 = >信号名 1,端口 2 = >信号名 2,…,端口 n = >信号名 n);

　　括号内的元件端口通过"=>"符号与实际电路的相关端口对应。二者在定义时同样保持端口顺序一致。以上两种写法进行比较,前一种简单,后一种直观。

　　上例用名称映射语句描述为:

　　u1:or2 port map(A = >A1,B = >B1,F = >F1);

　　例 4-21　例 4-17 程序是已建立的"或门"元件,用其作为元件语句,完成如图 4-49 所示组合电路描述。

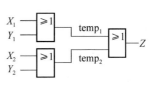

　　解　图 4-49 是 3 个"或门"元件的组合,输入端口为 X_1、Y_1、X_2、Y_2,输出端口为 Z。使用元件语句完成的程序描述如下:

图 4-49　组合电路

```
Library ieee;
Use ieee.std_logic_1164.all;
Entity cgor is                                  -- 实体名是 cgor
    Port (X1,Y1,X2,Y2:in std_logic;
        Z:out std_logic);
End cgor;
Architecture cgor1 of cgor is                   -- 结构体名是 cgor1
component or2                             -- 元件声明,例 4-17 已建立此或门元件
    Port(  A,B:in std_logic;
        F:out std_logic);
    End component;
Signal temp1,temp2:std_logic;                   -- 定义信号
Begin                                           -- 元件调用
    u1:or2 port map(A = >X1,B = >Y1,F = >temp1);-- X1+Y1 赋给 temp1,名称映射
    u2:or2 port map(X2,Y2,temp2);               -- X2+Y2 赋给 temp2,位置映射
    u3:or2 port map(temp1,temp2,F = >Z);        -- temp1+temp2 赋给 Z,混合映射
End cgor1;
```

　　本段语句中的元件 or2,是例 4-17 已建立的"或门"元件。在结构体中首先完成元件声明,并定义了两个信号 $temp_1$、$temp_2$,开始元件调用。首先将 X_1、Y_1 相或赋给 $temp_1$,再将 X_2、Y_2 相或赋给 $temp_2$,最后将 $temp_1$、$temp_2$ 相或赋给 Z,完成用 component 元件语句实现组合电路描述。

4.9.4 VHDL 基本语句——顺序描述语句

顺序描述语句是指完全按照程序中书写的顺序执行各语句,并且前面的语句执行结果会直接影响后面各语句的执行结果。顺序描述语句只能出现在进程或子程序中,用来定义进程或子程序的算法。顺序描述语句有:if 语句、case 语句、loop 语句、wait 语句、null 语句等。

1. if 语句

(1) 简单控制

书写格式为:

```
if 条件表达式 then
    顺序描述语句;
end if;
```

若"条件表达式"成立,执行"顺序描述语句";否则,执行 end if 后的语句。例如:

```
if a = ´1´ then
    q: = d;
end if;
```

此段语句描述了控制信号 a 的值为 1 时,则将 d 赋给 q;否则,q 保持原值不变。

(2) 二选一控制

书写格式为:

```
if 条件表达式 then
    顺序描述语句 1;
else
    顺序描述语句 2;
end if;
```

若"条件表达式"成立,则执行顺序描述语句 1;否则,执行顺序描述语句 2。例如:

```
if a > ´0´then
    b: = a;
else
    b: = abs(a + 1);
end if;
```

此段语句描述了当 $a>0$ 成立时,将 a 的值赋给变量 b;否则,将 $a+1$ 的绝对值赋给变量 b。

(3) 多选择控制

书写格式为

```
if 条件表达式 1 then
    顺序描述语句 1;
```

elsif 条件表达式 2 then
　　　　顺序描述语句 2;
　　　　···
elsif 条件表达式 $n-1$ then
　　　　顺序描述语句 $n-1$;
else
　　　　顺序描述语句 n;
end if;

当满足设置的某个"条件表达式 $X(1\sim n-1)$"时,就执行该语句后的"顺序描述语句 X";否则,执行"顺序描述语句 n"。

if 语句的"条件表达式"判断输出的是布尔量,即是真(true)或假(false),因此在条件表达式中只能使用关系运算($=$、$/=$、$<$、$>$、$<=$、$>=$)及逻辑运算(not、and、or、nand、nor、xor、xnor)的组合表达式。

例 4-20 进程语句中的顺序描述语句采用了多选择控制 if 语句。

2. case 语句

书写格式为:

case 表达式 is
　　　　when 条件表达式 1 = >顺序描述语句 1;
　　　　···
　　　　when 条件表达式 n = >顺序描述语句 n;
　　　　when others = >描述语句;
End case;

当"表达式"的值满足某个"条件表达式 $X(1\sim n)$"的值时,执行其对应的"顺序描述语句 X";否则,执行 others 后的"描述语句"。

例 4-22 使用 case 语句完成例 4-18 的结构体程序描述。

解 使用 case 语句完成的描述程序如下:

```
Architecture sel4_1 of sel4 is  -- 结构体说明
Begin
  Process(SEL,D0,D1,D2,D3)   -- 使用进程语句,敏感信号是 SEL,D0,D1,D2,D3
  Begin
    Case SEL is                -- case 顺序描述语句
        When "00" = >F< = D0;
        When "01" = >F< = D1;
        When "10" = >F< = D2;
        When others = >F< = D3;
    End case;
  End process;
```

End sel4_1;

此段语句中,当 SEL、D_0、D_1、D_2、D_3 其中一个敏感信号发生变化,则启动进程语句执行。在进程语句内部执行顺序描述 case 语句。如果 SEL＝00,将 D_0 赋给 F;SEL＝01,将 D_1 赋给 F;SEL＝10,将 D_2 赋给 F;SEL＝11,将 D_3 赋给 F。

3. loop 语句

(1) for 循环 loop 语句

书写格式为:

循环标号:for 循环变量 in 范围 loop

　　顺序描述语句;

end loop 循环标号;

循环次数由"循环变量"取值"范围"决定。

例 4-23　用 for 循环 loop 语句,描述如图 4-50 所示有 3 个输入信号的奇偶校验电路。

解　完成 3 个输入信号的奇偶校验电路如图 4-50 所示。输入端口为 B、$A(0)$、$A(1)$,输出端口为 F,使用两个异或门。当输入 1 的个数为奇数时,则输出为 1;当输入 1 的个数为偶数时,则输出为 0。使用 loop 语句完成的描述程序如下所示:

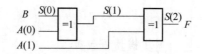

图 4-50　奇偶校验电路

```
Library ieee;
Use ieee.std_logic_1164.all;
Entity lab is                          -- 实体名是 lab
    Port (A:in std_logic_vector(0 to 1);
          B:in std_logic;
          F:out std_logic);
    End;
Architecture aw of lab is              -- 结构体名是 aw
Signal s:std_logic_vector(0 to 2);     -- 定义信号
Begin
    Process (A)                        -- 进程语句
    Begin
      S(0)< = B;
      for i in 0 to 1 loop
          S(i + 1)< = S(i) xor A(i);
      end loop;
      F< = S(2);
```

End process;

End aw;

此段语句中,奇偶校验功能在结构体中完成。结构体定义了 3 个信号 $S(0)$、$S(1)$、$S(2)$。程序首先将输入信号 B 赋给 $S(0)$。当 $i=0$ 时,将 $S(0)$、$A(0)$ 异或赋给 $S(1)$;当 $i=1$ 时,将 $S(1)$、$A(1)$ 异或赋给 $S(2)$;最后将 $S(2)$ 赋给 F。i 是循环变量,取值 $0 \sim 1$。每循环一次,变量 i 递增 1。

（2）while 循环 loop 语句

书写格式为:

循环标号：while　条件　loop

　　顺序描述语句;

end loop 循环标号;

循环时,若"条件"为假,则结束循环。

4. wait 语句

wait 语句可代替进程语句的敏感信号表,完成进程语句的执行或挂起。当进程执行到 wait 语句时,判断 wait 语句的条件,如满足,启动执行下面的语句;否则,挂起。wait 语句结构可分为以下 3 种。

（1）wait on 敏感信号,敏感信号,…;

例如:语句"wait on a,b;"当程序执行到这里时,如果 a 或 b 信号没有变化,则程序暂时挂起,等待 a 或 b 信号的变化。当 a 或 b 有一个信号发生变化,则启动执行 wait on 后面的语句。如果 process 进程语句本身有敏感信号说明,那么在进程内部不能再使用 wait on 语句。例如下面的语句中,进程内含有敏感信号 a、b,同时在进程内部又使用了 wait on 语句,这是错误的,二者只能保留其一。

Process(a,b)　　　　　　　　　　　　　-- 进程语句

Begin

　　y< = a and b;

　　wait on a,b;　　　　　　　　　　-- wait 语句

End process;

（2）wait until 布尔表达式;

当进程执行到该语句时被挂起,直到布尔表达式返回一个"ture"值,进程才再次启动,执行该语句后面的语句。

例如:"wait until(x<8);"在这个例子中,当信号量 x 的值大于或等于 8 时,进程执行到该语句将被挂起;当 x 的值小于 8 时,进程被启动,继续执行后续的语句。

（3）wait for 时间表达式;

当进程执行到该语句时,被挂起。等待设定的时间到了之后,再启动进程。

例如:"wait for 20ns;"当进程执行到该语句时,被挂起。等待 20 ns 后,进程被启动,执行后续语句。

5. null 语句

这是空操作语句,在上下语句间起过渡的作用,格式为:null。

在 case 语句中常常使用,例如:when others => null 语句。

4.10 组合逻辑电路 VHDL 设计举例

4.10.1 三输入与非门

例 4-24 完成三输入与非门程序设计。

解 设三输入与非门的输入端口为 A、B、C,输出端口为 F,实现功能 $F = \overline{ABC}$。
程序如下:

```
Library ieee;
Use ieee.std_logic_1164.all;

Entity nand3 is                    -- 实体名是 nand3
Port(A,B,C:in std_logic;           -- 定义 A、B、C 为输入端口
     F:out std_logic);             -- 定义 F 为输出端口
End nand3;

Architecture nand3_1 of nand3 is   -- 结构体名是 nand3_1
Begin
    F<= not(A and B and C);
End nand3_1;
```

上述程序的输出赋值语句是 F<=not (A and B and C),使用了逻辑运算符 not、and。
使用条件赋值语句完成同样功能的结构体程序如下:

```
Architecture nand3_1 of nand3 is
Begin
    F<= '0' WHEN A = '1' AND B = '1' AND C = '1' ELSE '1';
End nand3_1;
```

上述程序说明,只有当 A、B、C 同时为 1 时,F 输出 0;否则,F 输出 1。

4.10.2 三态门

例 4-25 完成三态门程序设计。

解 设三态门的输入端口为 data,输出端口为 output,控制端口为 en。当 en=0,
output= Z(高阻态);当 en=1,output=data。

程序如下:

```
Library ieee;
Use ieee.std_logic_1164.all;
Entity tgate is                        -- 实体名是 tgate
  port(   en:in std_logic;
          data:in std_logic;
          output:out std_logic);
End;
Architecture a of tgate is             -- 结构体名是 a
Begin
  process(en,data)
  begin
    if en = ´0´ then                   -- en = 0 时,输出为高阻态
        output< = ´Z´;
    else
        output< = data;                -- 将输入数据赋给输出
    end if;
  End process;
End a;
```

上述程序采用 if 语句实现输出三态控制。当控制端 en＝0,output 输出高阻态;当控制端 en＝1,output 输出与 data 输入保持一致。

4.10.3 半加器、全加器、四位串行进位加法器

例 4-26 完成半加器程序设计。

解 半加器逻辑图如图 4-8 所示(见 4.2.1 节),输入信号为 A、B,输出信号为 S(和)、CO(进位)。

程序如下:

```
Library ieee;
Use ieee.std_logic_1164.all;
Entity h_adder is                      -- 实体名是 h_adder
  Port(A,B:in std_logic;CO,S:out std_logic);
  End h_adder;
Architecture h_adder1 of h_adder is    -- 结构体名是 h_adder1
Begin
    S< = A xor B;                      -- 简单赋值语句
    CO< = A and B;
End h_adder1;
```

上述程序中的语句 S＜＝A xor B,将 A、B 异或赋值给 S 产生和输出;语句 CO＜＝A

and B,将 A、B 相与赋值给 CO 产生进位输出。

例 4-27 完成全加器程序设计。

解 全加器逻辑图如图 4-9 所示(见 4.2.2 节),输入信号为 A、B、CI,输出信号为 S(和)、CO(进位)。

程序如下:

```
Library ieee;
Use ieee.std_logic_1164.all;
Entity adder is                    -- 实体名是 adder
  port (   A ,B ,CI: in std_logic;
           CO,S: out std_logic );
  End adder;
Architecture adder_1 of adder is   -- 结构体名是 adder_1
Begin
    S < = A xor B xor CI;
    CO < = (A and B) or (A and CI) or (B and CI);
End adder_1;
```

上述程序中的语句 S<= A xor B xor CI,将 A、B、CI 异或赋值给 S 产生和输出;语句 CO<=(A and B) or (A and CI)or(B and CI),将 A、B、CI 两两相与、结果相或赋值给 CO 产生进位输出。

例 4-28 完成四位串行进位加法器程序设计。

解 四位串行进位加法器逻辑图如图 4-10 所示(见 4.2.3 节),输入信号为 A_0、B_0、C_0、A_1、B_1、A_2、B_2、A_3、B_3;输出信号为和 S_0、S_1、S_2、S_3,进位 C_4。

程序如下:

```
Library ieee;
Use ieee.std_logic_1164.all;
Entity adder4 is
  Port(C0,A0,B0,A1,B1,A2,B2,A3,B3:in std_logic;
       S0,S1,S2,S3,C4:out std_logic);
End adder4;
Architecture adder4_1 of adder4 is
  Component adder                          -- 元件声明
    Port(A,B,Ci:in std_logic;Co,S:out std_logic);
  end component;
Signal CC0,CC1,CC2:std_logic;             -- 定义信号
Begin
    u0: adder port map(A0,B0,C0,CC0,S0);   -- 元件调用
    u1: adder port map(A1,B1,CC0,CC1,S1);
```

```
    u2：adder port map(A2,B2,CC1,CC2,S2);
    u3：adder port map(A3,B3,CC2,C4,S3);
End adder4_1;
```

上述程序中采用例 4-27 建立的全加器元件组合完成四位串行进位加法器编程。u0、u1、u2、u3 是元件调用标号,元件与实际电路的端口关联采用位置映射方法。语句 u0 完成 A_0、B_0、C_0 全加,产生和 S_0 与进位 CC0;语句 u1 完成 A_1、B_1、CC0 全加,产生和 S_1 与进位 CC1;语句 u2 完成 A_2、B_2、CC1 全加,产生和 S_2 与进位 CC2;语句 u3 完成 A_3、B_3、CC2 全加,产生和 S_3 与进位 C_4。

4.10.4　4 线-7 段显示译码器

例 4-29　编程完成 4 线-7 段显示译码器描述。

解　显示译码器端口方框图如图 4-51 所示。

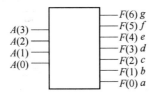

图 4-51　端口方框图

程序如下：
```
Library ieee;
Use ieee.std_logic_1164.all;
Entity bcd is                      --实体名是 bcd
  Port(  A:in std_logic_vector(3 downto 0);
         F:out std_logic_vector(6 downto 0));
  End bcd;
Architecture bcd_arch of bcd is
Begin
  WITH A SELECT                    -- 选择赋值语句
    F<= ″0111111″ when ″0000″,     -- 0
        ″0000110″ when ″0001″,     -- 1
        ″1011011″ when ″0010″,     -- 2
        ″1001111″ when ″0011″,     -- 3
        ″1100110″ when ″0100″,     -- 4
        ″1101101″ when ″0101″,     -- 5
        ″1111101″ when ″0110″,     -- 6
        ″0100111″ when ″0111″,     -- 7
        ″1111111″ when ″1000″,     -- 8
```

```
        "1101111" when "1001",          -- 9
        "1000000" when others;
```
End bcd_arch;

本程序用于控制数码管的 7 段显示亮、灭，信号 F 的最高位用于控制数码管的 g 段，依次为 f、e、d、c、b、a 段。程序使用了选择赋值语句，当输入信号 $A(3)\sim A(0)$ 分别送入 BCD 码 0000 到 1001 数值，译码后输出值可控制数码管分别显示数值 0～9。

4.10.5　八选一数据选择器

例 4-30　编程描述八选一数据选择器。

解　八选一数据选择器端口方框图如图 4-52 所示。输入信号 $A(2)A(1)A(0)$ 的不同组合，可选择输出不同的输入数据，选择关系见表 4-23。

表 4-23　输入-输出选择关系表

$A(2)$	$A(1)$	$A(0)$	F
0	0	0	D_0
0	0	1	D_1
0	1	0	D_2
0	1	1	D_3
1	0	0	D_4
1	0	1	D_5
1	1	0	D_6
1	1	1	D_7

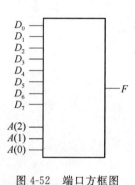

图 4-52　端口方框图

程序如下：

```
Library ieee;
Use ieee.std_logic_1164.all;
Entity sel8 is                          -- 实体名是 sel8
  Port (D0,D1,D2,D3,D4,D5,D6,D7: in std_logic;
      A:in std_logic_vector(2 downto 0);
      F:out std_logic);
End sel8;
Architecture sel8_arch of sel8 is       -- 结构体名是 sel8_arch
Begin
  F< = D0 when A = "000" else           -- 使用条件赋值语句
      D1 when A = "001" else
      D2 when A = "010" else
      D3 when A = "011" else
      D4 when A = "100" else
```

D5 when A = ″101″ else

D6 when A = ″110″ else

D7;

End sel8_arch;

本程序用不同的输入组合,选择数据输出。程序使用了条件赋值语句,当 $A(2)A(1)$ $A(0)$ 输入值为 000 时,F 输出数据 D_0;依次类推,当 $A(2)A(1)A(0)$ 输入值为 111 时,F 输出数据 D_7。

4.10.6 四位数值比较器

例 4-31 编程描述四位数值比较器。

解 四位数值比较器端口方框图如图 4-53 所示。A、B 两个四位输入值进行比较,当 $A<B$ 时,F_0 输出 1,F_1、F_2 输出 0;当 $A>B$ 时,F_1 输出 1,F_0、F_2 输出 0;当 $A=B$ 时,F_2 输出 1,F_0、F_1 输出 0,比较关系见表 4-24。

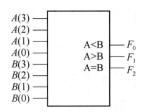

图 4-53 端口方框图

表 4-24 输入-输出比较关系表

A	B	F_0	F_1	F_2
$A<B$		1	0	0
$A>B$		0	1	0
$A=B$		0	0	1

程序如下:

Library ieee;

Use ieee.std_logic_1164.all;

Entity comp4 is   -- 实体名是 comp4

  Port(A,B:in std_logic_vector(3 downto 0);

      F0,F1,F2:out std_logic);

  End comp4;

Architecture comp4_arch of comp4 is   -- 结构体名是 comp4_arch

Begin

  Process(A,B)   -- 进程语句

  begin

    if(A<B)then   -- if 条件判断语句

      F0<=′1′;

      F1<=′0′;

      F2<=′0′;

    elsif(A>B)then

```
            F0< = ´0´;
            F1< = ´1´;
            F2< = ´0´;
        else
            F0< = ´0´;
            F1< = ´0´;
            F2< = ´1´;
        end if;
    end process;
end comp4_arch;
```

习　题

4-1　试分析如图 P4-1(a)、(b)、(c)、(d)所示组合逻辑电路,写出逻辑表达式,列出真值表。

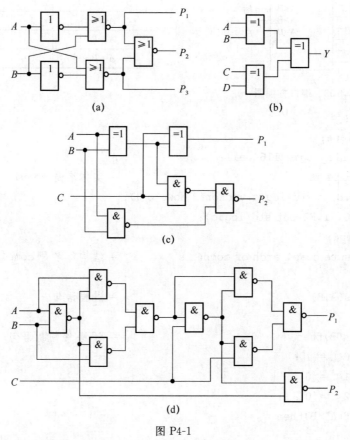

图 P4-1

4-2 试分析如图 P4-2 所示逻辑电路,写出逻辑表达式,化简后画出新的逻辑图。

4-3 试分析如图 P4-3 所示逻辑电路,写出逻辑表达式,化简并画出新的逻辑图。

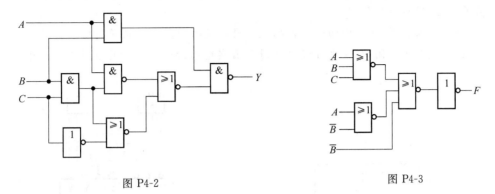

图 P4-2   图 P4-3

4-4 试分析如图 P4-4 所示逻辑电路,写出逻辑表达式,化简为与或表达式并画出新的逻辑图。

4-5 试设计组合逻辑电路,有四个输入和一个输出,当输入全为 1,或输入全为 0,或输入为奇数个 1 时,输出为 1。请列出真值表,写出最简与或表达式并画出逻辑图。

4-6 试设计组合电路,把四位二进制码转换为8421BCD 码,写出表达式,画出逻辑图。

4-7 试设计一位二进制数减法器,包括向低位的借位和向高位的借位,画出逻辑图。

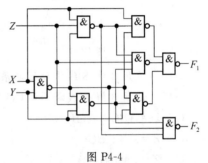

图 P4-4

4-8 试设计组合电路,输入为两个二位的二进制数,输出为两数的乘积,画出逻辑图。

4-9 试设计组合逻辑电路,当输入四位二进制数大于 2 而小于等于 7 时,输出为 1,画出逻辑图。

4-10 试用三个半加器实现下列函数:

(1) $F_1 = A \oplus B \oplus C$

(2) $F_2 = \overline{A}BC + A\overline{BC}$

(3) $F_3 = AB\overline{C} + (\overline{A} + \overline{B})C$

(4) $F_4 = ABC$

4-11 试分别用下列逻辑器件设计全加器:

(1) 与非门

(2) 异或门和与非门

(3) 四选一数据选择器

4-12 试用四位二进制加法器和异或门构成四位原码的求补电路,画出逻辑图。

4-13 试用一片四位二进制加法器实现数值比较,当输入四位二进制数大于等于 8 时,输出为 1,否则为 0。

4-14 试写出图 P4-5 由四选一数据选择器构成的输出 Z 的最简与或表达式。

4-15 试写出如图 P4-6 由 3 线-8 线译码器实现的输出 Z_1、Z_2 的最简与或表达式。

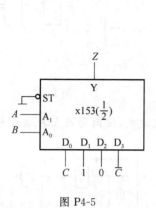

图 P4-5   图 P4-6

4-16 试用 3 线-8 线译码器扩展成 5 线-32 线译码器,画出示意图。

4-17 试用 3 线-8 线译码器(x138)和与非门实现下列逻辑函数:

(1) $Z = ABC + \overline{A}(B + C)$

(2) $Z = AB + BC$

(3) $Z = (A + B)(\overline{A} + \overline{C})$

(4) $Z = ABC + A\overline{C}D$

4-18 试用四选一数据选择器 x153 分别实现下列逻辑函数:

(1) $Z = F(A, B) = \sum_m (0, 1, 3)$

(2) $Z = F(A, B, C) = \sum_m (0, 1, 5, 6)$

(3) $Z = F(A, B, C) = \sum_m (1, 2, 4, 7)$

(4) $Z = AB + BC$

(5) $Z = A\overline{B}C + \overline{A}(\overline{B} + \overline{C})$

4-19 试用四选一数据选择器 x153 和逻辑门分别实现下列逻辑函数(尽可能节省芯片):

(1) $Z = F(A, B, C, D) = \sum_m (0, 2, 3, 5, 6, 7, 8, 9, 10, 12)$

(2) $Z = F(A, B, C, D) = \sum_m (0, 2, 4, 5, 6, 7, 8, 9, 13, 15)$

(3) $Z = \overline{A}BD + A\overline{BC}$

4-20 试用八选一数据选择器 x151 和逻辑门分别实现下列逻辑函数：

(1) $Z = F(A,B,C) = \sum_m (0,1,5,6)$

(2) $Z = F(A,B,C) = \sum_m (1,2,4,7)$

(3) $Z = F(A,B,C,D) = \sum_m (0,2,5,7,9,12,15)$

(4) $Z = F(A,B,C,D) = \sum_m (0,3,7,8,12,13,14)$

(5) $Z = ABC + A\overline{C}D$

4-21 试画出用三片四位数值比较器 x85 组成十位数值比较器的逻辑图。

4-22 试用 3 线-8 线译码器 x138 和与非门实现如下多输出逻辑函数：

$$\begin{cases} Z_1 = A\,\overline{B} + C \\ Z_2 = \overline{AB} + \overline{AC} + AB\,\overline{C} \end{cases}$$

4-23 试画出用两片四位数值比较器实现两个七位二进制数比较的逻辑图。

4-24 试画出用一片四位数值比较器和逻辑门实现五位二进制数比较的逻辑图。

4-25 试画出用四选一数据选择器实现十六选一数据选择器的示意图。

4-26 填空

(1) VHDL 程序结构由（   ）和（   ）组成。

(2) 如果按执行顺序划分，VHDL 语句可分为（   ）和（   ）。

(3) 信号是（   ）量，变量是（   ）量。

(4) if 条件 then   顺序描述语句 1；

       else   顺序描述语句 2；

       end if；

"条件"成立，执行顺序描述语句（   ）；"条件"不成立，执行顺序描述语句（   ）。

(5) 实现电路 $y = abc + ef$。

```
library ieee；
use ieee.std_logic_1164.all；
entity hs is
   port(    a,b,c,e,f：in std_logic；
            y：out std_logic)；
   end；
architecture a of hs is
begin
在此填写描述语句
end；
```

4-27　判断下列 VHDL 标识符是否正确,如果有误则指出原因:

(1) 16#0FA#(　　　)

(2) \74HC574\(　　　)

(3) ENTITY(　　　)

(4) ST_1(　　　)

4-28　问答题

(1) 实体、结构体的作用是什么?

(2) 数据类型 bit、integer、boolean 分别定义在哪个库中?

(3) bit 数据类型和 std_logic 数据类型有什么区别?

4-29　判断下列程序是否错误,指出错误所在,并修改。

(1) Architecture one of sample is

　　　Variable a,b,c:integer

　　　Begin

　　　　　c<= a + b;

　　　End;

(2) Signal a,en:std_logic;

　　　Process(a,en)

　　　Variable b:std_logic;

　　　Begin

　　　　　if en = 1 then b<= a;

　　　　　End if

　　　End process;

4-30　编程题

(1) 画出与下列实体描述对应的端口图。

　　　Entity mux4s1 is

　　　　　Port(in0,in1,in2,in3,selo,sel1:in std_logic;

　　　　　　　output:out std_lgic);

　　　End mux4s1;

(2) 画出与下列实体描述对应的端口图。

　　　entity encod is

　　　　　port(　d:in　std_logic_vector(0 to 3);

　　　　　　　　y:out std_logic_vector(0 to 1));

　　　end;

(3) 用 VHDL 语言描述 3 线-8 线译码器。

第5章 触发器

从本章开始研究数字电路的另一大类电路,即时序逻辑电路。本章先介绍时序逻辑电路中最基本的存储器件——触发器,然后在下一章再介绍时序电路的分析和设计。

触发器是存储二进制信息的最基本器件,它可以"记忆"二进制信息 1 或 0。本章主要介绍触发器的逻辑功能和工作特性。

5.1 基本 RS 触发器

基本 RS 触发器又称为置 0 置 1 触发器,也称为基本 RS 锁存器,它是构成其他各种触发器的最基本单元。

5.1.1 与非门构成的基本 RS 触发器

1. 电路组成

在第 4 章介绍组合电路时指出,组合电路中逻辑门的输出与输入之间没有反馈连接,而触发器一定有反馈连接。由两个与非门构成的基本 RS 触发器如图 5-1(a)所示,由图可见,逻辑门的输出和输入之间有反馈连接,这是由逻辑门构成触发器的基础。$\overline{R}$ 和 $\overline{S}$ 是触发器的两个输入端,$\overline{R}$ 称为置 0 端,$\overline{S}$ 称为置 1 端。Q 和 $\overline{Q}$ 是触发器的两个输出端,正常工作时,基本 RS 触发器的输出 Q 和 $\overline{Q}$ 是互补的逻辑关系。通常把 Q 端的状态定义为触发器的状态。图 5-1(b)是基本 RS 触发器的逻辑符号。

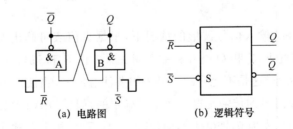

(a) 电路图　　　　　　(b) 逻辑符号

图 5-1　与非门构成的基本 RS 触发器

2. 工作原理

假设图 5-1(a)电路的初始状态为 $Q = 1$,$\overline{Q} = 0$,下面分四种情况分析其工作原理:

当 $\overline{R}=\overline{S}=1$ 时,门 A 输入均为 1,故输出为 0,反馈到门 B 的输入,其输出为 1,由此可知,电路保持原来状态不变。

当 $\overline{R}=0,\overline{S}=1$ 时,由于 $\overline{R}=0$,因此门 A 输出为 1,反馈到门 B 输入,门 B 两个输入端均为 1,故其输出为 0,由此电路输出 $Q=0$,$\overline{Q}=1$。这就是触发器存储 0 的原理,此时,即使置 0 信号 $\overline{R}=0$ 撤销,这个 0 已经保存在触发器中。

当 $\overline{R}=1,\overline{S}=0$ 时,由于 $\overline{S}=0$,因此门 B 输出为 1,反馈到门 A 输入,使其输出为 0,由此电路输出 $Q=1$,$\overline{Q}=0$,这就是触发器存储 1 的原理。

当 $\overline{R}=0,\overline{S}=0$ 时,电路输出 Q 和 $\overline{Q}$ 都为 1,这种情况是不允许的,在下面例 5-1 中予以说明。

由上述分析可知,与非门构成的基本 RS 触发器输入端 R 和 S 的信号是低电平有效的,也就是说,只有在输入为低电平时,触发器的输出状态才会发生改变。这从图 5-1(b)逻辑符号的表示上也可以看出,输入端有反相圈。

3. 功能表

上述基本 RS 触发器的功能可以用如表 5-1 所示功能表来描述。

例 5-1 已知基本 RS 触发器的输入端 $\overline{R}$ 和 $\overline{S}$ 的波形如图 5-2 所示,画出输出端 Q 和 $\overline{Q}$ 的波形。

表 5-1 基本 RS 触发器的功能表

$\overline{R}$	$\overline{S}$	Q	$\overline{Q}$	功能
1	1	不变	不变	保持
0	1	0	1	置 0
1	0	1	0	置 1
0	0	1	1	不允许

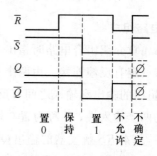

图 5-2 例 5-1 的波形图

解 在已知 $\overline{R}$ 和 $\overline{S}$ 输入信号波形的情况下,根据真值表可画出 Q 和 $\overline{Q}$ 的波形,如图 5-2 所示。在正常情况下,Q 和 $\overline{Q}$ 是互补的逻辑关系。而 $\overline{R}$ 和 $\overline{S}$ 都为 0 时,Q 和 $\overline{Q}$ 均为 1,破坏了互补的逻辑关系,这是不允许的。另外需要注意的是,当波形图中 $\overline{R}$ 和 $\overline{S}$ 同时由 0 变为 1 时,因门 A 和门 B 的传输延迟时间是不确定的,如果门 A 的延迟时间小于门 B 的延迟时间,则门 A 输出先为 0,即 $\overline{Q}=0$,而使 $Q=1$;反之,则 B 门输出先为 0,即 $Q=0$,而使 $\overline{Q}=1$。这样由于器件性能参数的不确定,而引起触发器状态变化的不确定,这在实际应用中也是不允许的。因此在应用中要避免 $\overline{R}$ 和 $\overline{S}$ 同时为 0 状况的发生。图中用虚线来表示这种不确定状态。

5.1.2 或非门构成的基本 *RS* 触发器

由两个或非门交叉耦合构成的基本 *RS* 触发器如图 5-3 所示。

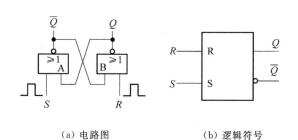

R	S	Q	$\overline{Q}$	功能
0	0	不变	不变	保持
1	0	0	1	置0
0	1	1	0	置1
1	1	0	0	不允许

（a）电路图　　　　　（b）逻辑符号　　　　　（c）功能表

图 5-3　或非门构成的基本 *RS* 触发器

由图 5-3(a)的电路图可知,由于使用的是或非门,所以输入信号 R 和 S 都是高电平有效的。当 $R=S=0$ 时,触发器处于保持状态;当 $R=1,S=0$ 时,触发器为 0 状态;当 $R=0$, $S=1$ 时,触发器为 1 状态;当 $R=S=1$ 时,$Q=\overline{Q}=0$,是不允许出现的状态。

5.2　时钟触发器

在数字系统中,常常需要对触发器的置 0 或置 1 操作进行统一的节拍控制,便于系统的同步操作。这种同步操作通常是由系统时钟脉冲来控制,因此,触发器需要有时钟脉冲控制端。在基本 *RS* 触发器的基础上,增加了时钟控制导引门电路的触发器,称之为时钟触发器。根据触发器输入信号设计的不同,触发器可具有不同的逻辑功能。触发器根据逻辑功能的不同,可分为 *RS* 触发器、*D* 触发器、*JK* 触发器和 *T* 触发器四种形式。

5.2.1 时钟 *RS* 触发器(*RS* 锁存器)

一种由与非门构成的时钟 *RS* 触发器如图 5-4(a)所示。为了引入时钟,在基本 *RS* 触发器的基础上又增加了两个导引与非门——门 C 和门 D。门 C 和门 D 的各一个输入端接时钟 CP,门 C 的另一个输入端作为触发器的输入 *R*;门 D 的另一个输入端作为触发器的输入 *S*。与前述与非门构成的基本 *RS* 触发器不同的是,需要输入端 *R* 和 *S* 为高电平,经门 C 和门 D 反相变为低电平后,才能对基本 *RS* 触发器产生置 0 或置 1 作用。当 CP=0 时,门 C 和门 D 被封锁,门 C 和门 D 的输出为 1,基本 *RS* 触发器处于保持状态。只有当 CP=1 时,触发器才能处于工作状态。当 CP=1 时,时钟 *RS* 触发器的功能表如图 5-4(b)所示,图 5-4(c)为其国标逻辑符号,输入为高电平有效。时钟 *RS* 触发器也称为 *RS* 锁存器。

在图 5-4（b）真值表中，Q^n 和 Q^{n+1} 表示时序电路中触发器的状态。Q^n 为时钟脉冲到达之前触发器的状态，称为现态；Q^{n+1} 是时钟脉冲作用之后触发器的状态，称为次态。

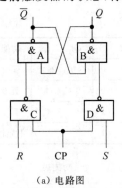

R	S	Q^{n+1}	功能
0	0	Q^n	保持
1	0	0	置0
0	1	1	置1
1	1	1	不允许

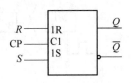

（a）电路图　　　　　　　　（b）功能表　　　　　　　（c）国标逻辑符号

图 5-4　时钟 RS 触发器

如果将图 5-4(b)的功能表变换为图 5-5(a)所示的特性表形式，并填写如图 5-5(b)的 Q^{n+1} 卡诺图，可写出此触发器的特性方程为

$$\begin{cases} Q^{n+1}=S+\overline{R}Q^n \\ S \cdot R=0（约束条件） \end{cases}$$

Q^n	R	S	Q^{n+1}
0	0	0	0
0	0	1	1
0	1	0	0
0	1	1	$\varnothing$
1	0	0	1
1	0	1	1
1	1	0	0
1	1	1	$\varnothing$

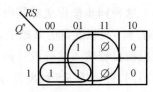

（a）特性表　　　　　　　　（b）Q^{n+1} 卡诺图

图 5-5　时钟 RS 触发器

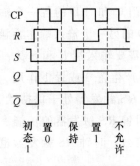

图 5-6　例 5-2 的波形图

触发器的特性表和特性方程是描述触发器的不同方式，等同于逻辑门描述中的真值表和逻辑表达式。

例 5-2　已知时钟 RS 触发器的 CP 和 R、S 波形，如图 5-6 所示，画出输出端 Q 和 $\overline{Q}$ 的波形。设触发器的初始状态 Q 为 1。

解　当 CP＝0 时，Q 和 $\overline{Q}$ 的波形不变化；当 CP＝1 时，根据 R 和 S 的输入条件，可分别画出 Q 和 $\overline{Q}$ 的波形，如图 5-6 所示。

5.2.2 时钟 D 触发器(D 锁存器)

在图 5-4(a)电路中,如果在 S 端通过一个反相器连接到 R 端,并将 S 端作为触发器唯一的输入信号端,可得到另一种功能的触发器——D 触发器。如图 5-7(a)所示,其国标逻辑符号、特性表和 Q^{n+1} 卡诺图如图 5-7(b)、(c)、(d)所示。这种电路形式的 D 触发器通常称为 D 锁存器。

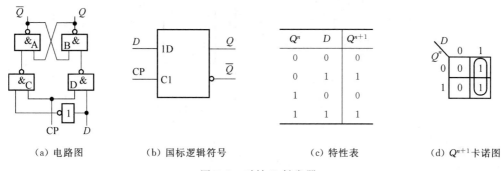

(a) 电路图　　　　(b) 国标逻辑符号　　　　(c) 特性表　　　　(d) Q^{n+1}卡诺图

图 5-7　时钟 D 触发器

当 CP＝0 时,门 C 和门 D 两个导引门被封锁,输入信号 D 不起作用。当 CP＝1 时,D 触发器处于工作状态。当 $D=0$ 时,门 D 输出为 1,门 C 输出为 0,故 $Q=0$,$\overline{Q}=1$;当 $D=1$ 时,门 D 输出为 0,门 C 输出为 1,故 $Q=1$,$\overline{Q}=0$。由此可填写出特性表和 Q^{n+1} 卡诺图,可得到 D 触发器的特性方程为

$$Q^{n+1}=D$$

例 5-3　已知时钟 D 触发器的 CP 和 D 的波形如图 5-8 所示,画出输出端 Q 和 $\overline{Q}$ 的波形。设触发器初始状态 Q 为 1。

解　当 CP＝0 时,Q 和 $\overline{Q}$ 波形不变化;当 CP＝1 时,根据 D 的输入条件,可分别画出 Q 和 $\overline{Q}$ 的波形,如图 5-8 所示。

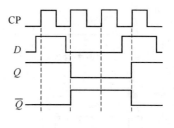

图 5-8　例 5-3 的波形图

5.2.3 时钟 JK 触发器

时钟 RS 触发器的输入信号 R 和 S 不允许同时为 1,这限制了 RS 触发器的实际应用。JK 触发器解决了这一问题,当 J 和 K 同时为 1 时,JK 触发器将转换为与现态相反的状态,即 $Q^{n+1}=\overline{Q^n}$,这种情况称为计数翻转功能。时钟 JK 触发器的电路图、国标逻辑符号、特性表和 Q^{n+1} 卡诺图如图 5-9(a)、(b)、(c)和(d)所示。

由于 JK 触发器是由时钟 RS 触发器改进而成的,若将 J 和 S 对应,K 和 R 对应,则 JK 触发器和 RS 触发器的置0、置1、保持这三种功能是相同的。在输入 SR(或 JK)=11 时,时钟 RS 触发器是不允许的,而 JK 触发器是允许的。如果 JK 触发器原来处于 0 状

态(即$Q=0$，$\overline{Q}=1$)，当$JK=11$时，由于$Q=0$的反馈输入，使门 C 输出为 1，而$\overline{Q}=1$的反馈输入，使门 D 输入全为 1，输出为 0，则触发器状态置 1；如果触发器原来处于 1 状态，同样由于$Q=1$和$\overline{Q}=0$的交叉反馈输入，则触发器状态置 0，可见在JK为 11 时，次态总是与现态相反。

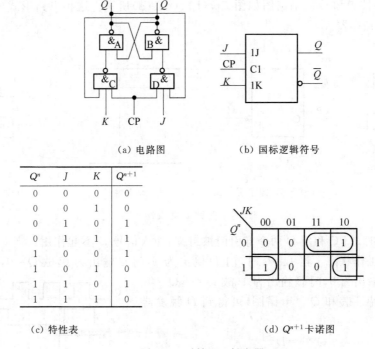

（a）电路图   （b）国标逻辑符号

Q^n	J	K	Q^{n+1}
0	0	0	0
0	0	1	0
0	1	0	1
0	1	1	1
1	0	0	1
1	0	1	0
1	1	0	1
1	1	1	0

（c）特性表

Q^n＼JK	00	01	11	10
0	0	0	1	1
1	1	0	0	1

（d）Q^{n+1}卡诺图

图 5-9　时钟JK触发器

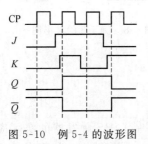

图 5-10　例 5-4 的波形图

由时钟JK触发器的特性表和Q^{n+1}卡诺图，可得到其特性方程为

$$Q^{n+1}=J\,\overline{Q^n}+\overline{K}Q^n$$

例 5-4　已知时钟JK触发器 CP 和J、K的波形如图 5-10 所示，画出Q和$\overline{Q}$的波形。设触发器初始状态Q为 0。

解　当 CP＝0 时，Q和$\overline{Q}$的波形不变；当 CP＝1 时，根据J和K的输入条件，可分别画出Q和$\overline{Q}$的波形，如图 5-10 所示。

5.2.4　时钟T触发器

T触发器是单端输入型的JK触发器，把JK触发器的J端和K端连在一起作为唯一的输入端T，就得到了T触发器。当输入端T为 1 时，不管触发器的现态是什么，时钟脉冲来到后都会改变触发器的状态，即$Q^{n+1}=\overline{Q^n}$。当输入端T为 0 时，T触发器保持现态不变，即$Q^{n+1}=Q^n$。时钟T触发器的国标逻辑符号、特性表和Q^{n+1}卡诺图如图

5-11(a)、(b)和(c)所示。

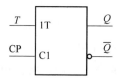

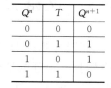

Q^n	T	Q^{n+1}
0	0	0
0	1	1
1	0	1
1	1	0

（a）国标逻辑符号　　　　　　　　（b）特性表　　　　　（c）Q^{n+1}卡诺图

图 5-11　时钟 T 触发器

由 T 触发器的特性表和 Q^{n+1} 卡诺图，可得到 T 触发器的特性方程为

$$Q^{n+1} = \overline{T}Q^n + T\overline{Q^n}$$

例 5-5　已知时钟 T 触发器 CP 和 T 的波形如图 5-12 所示，画出 Q 和 $\overline{Q}$ 的波形。设触发器的初始状态 Q 为 0。

解　当 CP=0 时，Q 和 $\overline{Q}$ 波形不变化；当 CP=1 时，根据 T 的输入条件，可分别画出 Q 和 $\overline{Q}$ 的波形，如图 5-12 所示。

5.2.5　触发器的触发方式和空翻问题

触发器按照时钟脉冲信号触发时段的不同可以分为三种触发方式：正边沿触发、负边沿触发和电平触发。正边沿触发方式，触发器仅在时钟脉冲信号的上升沿时刻，根据触发器输入信号改变触发器输出状态；负边沿触发方式，触发器仅在时钟脉冲信号的下降沿时刻，根据输入条件改变触发器输出状态。实现这两种触发方式的触发器称为边沿触发器。电平触发方式是指触发器在时钟脉冲信号处于高电平或低电平期间时，触发器都可以接收输入信号，改变触发器输出状态。前面讲到的各种时钟触发器都属于电平触发方式。

电平触发方式存在所谓空翻问题，即在一次时钟信号的有效期间，触发器发生了一次以上的翻转现象称为空翻。空翻问题违背了触发器的设计初衷：每来一次时钟，只允许触发器翻转一次。若多次翻转，电路会发生状态的差错，因而是不允许的。以时钟 RS 触发器为例，电路如图 5-4（a）所示。在 CP=1 期间，时钟对门 C 和门 D 的封锁作用消失，R和 S 的多次变化就会通过门 C 和门 D 到达基本 RS 触发器的输入端，造成触发器在一次时钟周期内的多次翻转，图5-13说明了空翻的产生。为了解决空翻问题，必须采用其他电路结构的触发器。

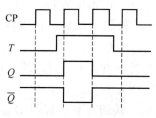

图 5-12　例 5-5 的波形图

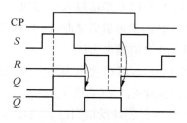

图 5-13　空翻的产生

5.3 边沿触发器

边沿触发器的状态转换仅发生在时钟脉冲的正边沿或负边沿时刻,而在其他时间状态不会发生变化。因此,边沿触发器具有很强的抗干扰性,有效解决了空翻问题。边沿触发器主要有维持阻塞、传输延迟和CMOS主从结构三种电路结构。

5.3.1 维持阻塞正边沿 D 触发器

1. 电路组成

维持阻塞 D 触发器的电路如图 5-14(a)所示,它是在基本 RS 触发器的基础之上增加了四个导引门而构成的,门C的输出是基本 RS 触发器的置0通道,门D的输出是基本 RS 触发器的置1通道。门C和门D在时钟的控制下,决定数据 D 是否能传输到基本 RS 触发器的输入端。门E将数据 D 以反变量形式送到门C的输入端,同时经门F将数据 D 以原变量形式送到门D的输入端。这样,数据 D 在 CP=0 时,提前到达门C和门D的输入端,等 CP=1 到来,则通过门C和门D送给基本 RS 触发器。图 5-14(b)是其国际逻辑符号,在时钟端带有小三角符号,表示边沿触发,因无反相圈,则表示正边沿触发。

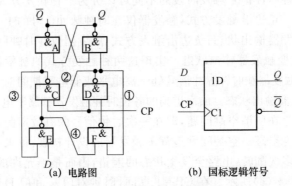

(a) 电路图　　　　　　(b) 国标逻辑符号

图 5-14　维持阻塞 D 触发器

2. 工作原理

在 CP=0 期间,门C和门D被封锁,输出都为 1,使基本 RS 触发器处于保持状态。这时,门E和门F跟随输入值 D 变化,门E的输出为 $\overline{D}$,门F的输出为 D。

当 CP 的正边沿到来时,门C和门D开放。接收门E和门F的输出信号,门C的输出为 D,门D的输出为 $\overline{D}$。

若 $D=0$,门C输出为 0,一方面使触发器状态置0,另一方面又经过③线反馈到门E的输入端,封锁门E(克服了空翻),使触发器输出状态维持 0 不变。在 CP=1 期间,门E输出的 1 通过④线反馈到门F的输入端,使 F 输出为 0,从而可靠保证门D输出为 1,阻塞触发器向 1 状态翻转。

若 $D=1$，当 CP 的正边沿到达时，门 D 输出为 0，使触发器输出为 1 状态，同时，通过①线来保证门 D 输出为 0，使触发器输出维持为 1 状态；通过②线保证门 C 输出为 1，阻塞触发器在 CP=1 期间翻转为 0 状态。

上述分析说明，维持阻塞 D 触发器在 CP 上升沿到达时，接收 D 输入信号，CP 上升沿过后，D 信号不起作用，即使 D 发生变化，触发器状态也不变，而保持上升沿到达时的 D 信号状态，因此，维持阻塞 D 触发器是正边沿触发器。

例 5-6 已知维持阻塞 D 触发器的 CP 和输入 D 的波形如图 5-15 所示，画出输出端 Q 和 $\overline{Q}$ 的波形。设触发器的初始状态 Q 为 0。

解 仅在 CP 的上升沿，Q 跟随维持阻塞 D 触发器的输入端变化。根据 D 的输入条件，可分别画出 Q 和 $\overline{Q}$ 的波形，如图 5-15 所示。

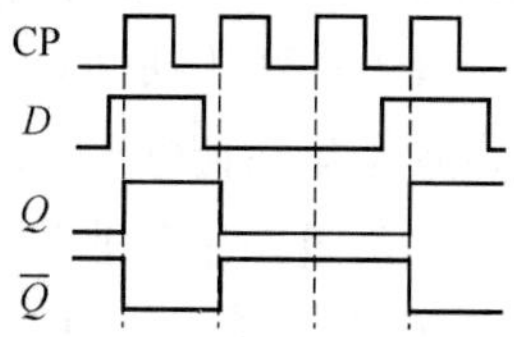

图 5-15 例 5-6 的波形图

5.3.2 传输延迟负边沿 JK 触发器

1. 电路结构

图 5-16(a) 为利用传输延迟构成的负边沿 JK 触发器的电路图。触发器由两部分所组成，一部分是由 $G_1 \sim G_3$ 和 $G_4 \sim G_6$ 组成的基本触发器，另一部分是由两个与非门 G_7 和 G_8 组成的主接收门。主接收门传输延迟时间大于基本触发器的翻转时间。图 5-16(b) 为其国标逻辑符号，在时钟端带有小三角符号，且有反相圈，则表示负边沿触发。

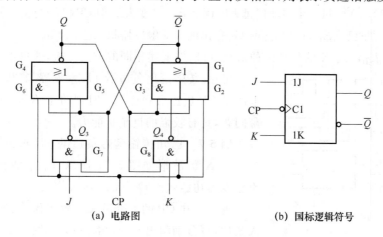

(a) 电路图　　　　　　　　(b) 国标逻辑符号

图 5-16 传输延迟负边沿 JK 触发器

2. 工作原理

假定在图 5-16(a) 电路中 $Q=0$，$J=1$，$K=0$，下面讨论在一个 CP 时钟周期内，触发器状态的变化情况：

(1) CP=0 期间，触发器状态不变。因为 CP 为低电平时，一方面，封锁主接收门 G_7、

G_8，使其输出为 1，即 J、K 端输入信号变化对触发器的状态无影响；另一方面，G_6 和 G_2 输出都为 0，则触发器维持原来状态不变（即 $Q = 0$）。

（2）CP＝1 时，触发器状态不变。当 CP 由 0 变 1 的瞬间，CP 一方面直接作用于 G_6 和 G_2，使 G_6 输出由 0 变为 1，G_2 输出仍为 0 不变，即 Q 仍为 0 不变；另一方面 CP 也作用于 G_7 和 G_8，由于 G_7 和 G_8 传输延迟时间较长，在 CP 为 1 的瞬间，G_7（或 G_8）的输出尚不能改变，所以触发器保持原来状态不变（即 $Q = 0$）。

在 CP $= 1$ 期间，起初因 $Q=0$，封锁了 G_8，阻止 K 变化对触发器的影响，使 G_1 的输出 $\overline{Q}$ 仍然为 1；而 $\overline{Q}=1$ 反馈给 G_5、G_6 和 G_7，使 G_6 输出仍然为 1，让触发器仍然保持 0 状态。当经过一个与非门的传输时间后，主接收门的 G_7 输出变为 0，使 G_5 输出也变为 0。但由于 G_6 输出仍然为 1，G_5 输出发生的变化并不会影响 G_4 的输出，则触发器继续保持原来状态不变（即 $Q = 0$），此时，G_5 输出变为 0，为 CP 负边沿到来时 Q 状态的改变准备好条件。

（3）CP 为负边沿时，触发器状态可变。当 CP 由 1 变为 0 时，G_6 的输出也由 1 变为 0，于是触发器输出状态 Q 便由 G_5 的输出决定。此时 G_5、G_6 都输出 0，所以或非门 G_4 的输出 Q 由 0 翻转为 1；而 Q 为 1 又反馈给 G_3（和 G_2、G_8），使 G_3 输出为 1，则或非门 G_1 的输出 $\overline{Q}$ 由 1 翻转为 0。当然，CP 由 1 变 0 也会作用于 G_7（或 G_8），欲使 G_7 输出由 0 变为 1 来改变 G_5 输出。但 G_7（或 G_8）需要一个与非门延迟时间后才能改变，故在 CP 为负边沿瞬间，G_5 输出尚不能改变（即仍为 0 状态），保证了触发器状态值是由 CP 负边沿到达之前的 J 信号所确定（即 $Q = 1$）。在经过一个与非门延迟时间后，G_5 虽变为 1，但 CP 已经变成 0 了，触发器状态的翻转过程早已完成。所以，这时 G_5 输出的 1 对触发器状态已无影响。

关于输入信号 JK 的其余三种情况，可以按上述相同的方法分析，这里不再重复。

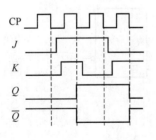

图 5-17　例 5-7 的波形图

可见，传输延迟负边沿 JK 触发器，其状态的翻转仅取决于 CP 负边沿到达前一时刻的 J、K 值，故可克服空翻问题，具有较强的抗干扰能力。

例 5-7　已知传输延迟负边沿 JK 触发器的 CP 和输入 J、K 的波形如图 5-17 所示，画出 Q 和 $\overline{Q}$ 的波形。设触发器初始状态 Q 为 0。

解　仅在 CP 的下降沿触发器工作，根据 J、K 的输入条件，可分别画出 Q 和 $\overline{Q}$ 的波形，如图 5-17 所示。

5.3.3　CMOS 主从结构正边沿 D 触发器

1. 电路结构

如图 5-18 所示是一种 CMOS 主从结构的正边沿 D 触发器，它是由主、从两个时钟 D

触发器构成的。其国标逻辑符号与维持阻塞 D 触发器一样,如图 5-14(b)所示。

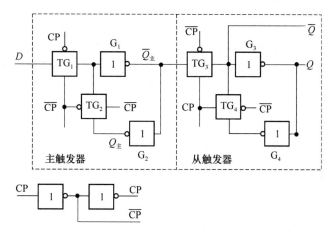

图 5-18 CMOS 主从结构正边沿 D 触发器电路图

2. 工作原理

(1) CP＝0 时,触发器状态不变。因为 CP＝0 时,$\overline{\text{CP}}$＝1,传输门 TG$_1$ 导通,TG$_2$ 关断,主触发器开放,接收输入端 D 的数据,D 信号经两次反相后到达 $Q_主$ 端,则 $Q_主 = D$。同时,传输门 TG$_3$ 也关断,从触发器被封锁使从触发器与主触发器之间隔断联系;而传输门 TG$_4$ 导通,G$_3$ 和 G$_4$ 通过 TG$_4$ 的反馈连接而形成自锁,所以,触发器输出状态保持不变。

(2) CP 为正边沿时,触发器状态改变。当 CP 由 0 变为 1,$\overline{\text{CP}}$ 由 1 变为 0 时,传输门 TG$_2$ 导通,使两个非门 G$_1$、G$_2$ 通过 TG$_2$ 建立起自锁,主触发器保持了 CP 正边沿到达前瞬间的 D 输入值(即 $Q_主 = D$);而传输门 TG$_1$ 关断,使输入信号 D 的变化不再影响主触发器的状态。同时,从触发器的传输门 TG$_3$ 导通,TG$_4$ 关断。TG$_4$ 的关断,使从触发器的 G$_3$、G$_4$ 失去自锁作用,而 TG$_3$ 的导通,使从触发器开放,将主触发器锁定的状态 $\overline{Q_主}$ 通过 TG$_3$ 和 G$_3$(反相)送到输出端,则

$$Q^{n+1} = \overline{\overline{Q_主}} = D$$

这种触发器状态的转换只在 CP 的正边沿时发生,而且触发器的状态仅取决于 CP 正边沿到达时的输入值,故触发方式属于正边沿触发。

这种触发器在使用上与维持阻塞正边沿 D 触发器完全一样,具体使用参见例 5-6。

5.4　主从触发器

主从触发器是一种较早期的触发器,主要有主从 RS 触发器和主从 JK 触发器,目前使用已不多。这里仅介绍其电路结构和功能特点。

5.4.1 主从 RS 触发器

1. 电路结构

主从 RS 触发器的电路图如图 5-19(a)所示,图(b)为其国标逻辑符号。由电路图可知,它是由两级时钟 RS 触发器串联组成的,$G_1 \sim G_4$ 组成从触发器,$G_5 \sim G_8$ 组成主触发器。

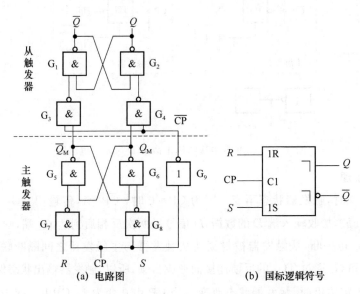

(a) 电路图　　　　　　　　(b) 国标逻辑符号

图 5-19　主从 RS 触发器

2. 工作原理

主从触发器的触发翻转分为两个节拍:

(1) 当 CP=1 时,$\overline{CP}=0$,从触发器被封锁,保持原状态不变。这时,G_7、G_8 门打开,主触发器工作,接收 R 和 S 端的输入信号。若 $R=0$、$S=1$ 时,根据时钟 RS 触发器的逻辑功能可知,主触发器翻转到 $Q_M=1$、$\overline{Q_M}=0$。

(2) 当 CP=0 时,$\overline{CP}=1$,主触发器被封锁,保持原状态不变。这时,G_3、G_4 门打开,从触发器工作,接收 Q_M 和 $\overline{Q_M}$ 端的输入信号。因为 $Q_M=1$、$\overline{Q_M}=0$,根据时钟 RS 触发器的逻辑功能可知,主触发器翻到 $Q=1$、$\overline{Q}=0$。

在 CP=1 期间,Q_M 值随 R 和 S 变化,但是在 CP 负边沿,传给 Q 的是 Q_M 的最后值。从触发器状态的变化迟于主触发器状态的变化,在图 5-18 (b)中用延时符号"⌐"表明。

由以上分析可知,主从 RS 触发器的翻转是在 CP 的下降沿发生的,CP 一旦变为 0 后,主触发器被封锁,其状态不再受 R、S 的影响,故主从触发器对输入信号的敏感时间大大缩短,只在 CP 由 1 变为 0 的时刻动作,因此没有空翻问题。

主从 RS 触发器的逻辑功能和前面介绍的时钟 RS 触发器相同,因此,它们的特性表及特性方程也相同。所不同的是时钟 RS 触发器在CP=1期间都可能触发翻转,而主从 RS 触发器只在 CP 的下降沿翻转。

例 5-8 已知主从 RS 触发器 CP 和 R、S 的波形如图 5-20 所示,画出 Q 和 $\overline{Q}$ 的波形。设触发器初始状态 Q 为 1。

解 仅在 CP 的下降沿触发器工作,根据 R、S 的输入条件,可分别画出 Q 和 $\overline{Q}$ 的波形,如图 5-20 所示。

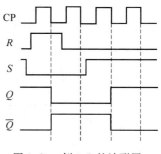

图 5-20 例 5-8 的波形图

5.4.2 主从 JK 触发器

1. 电路结构

主从 JK 触发器的电路结构如图 5-21(a)所示。它是在主从 RS 触发器的基础上增加了两根反馈线,一根从 Q 端引到 G_7 门的输入端,一根从 $\overline{Q}$ 端引到 G_8 的输入端,并把原来的 S 端改为 J 端,把原来的 R 端改为 K 端。

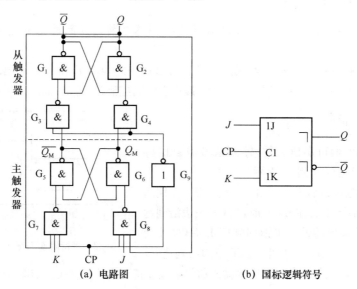

(a) 电路图　　　　　　　　(b) 国标逻辑符号

图 5-21 主从 JK 触发器

2. 工作原理

主从 JK 触发器的逻辑功能与主从 RS 触发器的逻辑功能基本相同,J 输入端与主从 RS 触发器的 S 端相类似,K 端与 R 端相类似。不同之处是主从 JK 触发器没有约束条件,在 $J=K=1$ 时,每输入一个时钟脉冲后,触发器向相反的状态翻转一次。其真值表、特性方程与前面的负边沿 JK 触发器完全一样。

由于主从 JK 触发器的输出端与输入端之间存在反馈连接,若触发器处于 0 态,当

CP＝1时，主触发器只能接收 J 端的置1信号；若触发器处于1态，当 CP＝1时，主触发器只能接收 K 端的置0信号，所以主触发器状态只能改变一次。在 CP 的负边沿，从触发器与主触发器的状态取得一致。

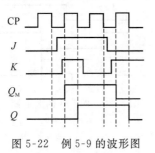

图 5-22 例 5-9 的波形图

例 5-9 已知主从 JK 触发器 CP 和输入端 J、K 的波形图如图 5-22所示，画出输出 Q_M 和 Q 波形图。设触发器初始状态为 0。

解 在 CP＝1期间，若 $Q=0$，$J=1$，会使 Q_M 变为 1；若 $Q=1$，$K=1$，会使 Q_M 变为 0，且只能变化一次，在 CP 的负边沿从触发器的状态跟随主触发器的状态变化。根据 J、K 的输入条件，可分别画出 Q 和 Q_M 的波形，如图 5-22所示。

5.5 触发器的动态特性

5.5.1 建立时间

建立时间是指触发器在 CP 脉冲有效边沿到达之前建立起稳定的输入值的最小时间，用 t_{set} 表示。

对于维持阻塞 D 触发器而言，在 CP 的正边沿达到之前门 E 和门 F 输出端的状态必须稳定地建立起来，若门的延迟时间为 t_{pd}，则其建立时间应满足 $t_{set} \geqslant 2t_{pd}$。如图 5-23 所示。

5.5.2 保持时间

为保证触发器可靠地翻转，输入信号需要保持一定的时间，保持时间用 t_h 表示。

对于维持阻塞 D 触发器而言，应保证 CP＝1 期间门 E 的输出始终不变。在 $D=0$ 时，当 CP 正边沿到达时，还要等门 C 输出的低电平返回到门 E 后，D 才允许变化，则 $t_h \geqslant t_{pd}$。在 $D=1$ 时，当 CP 正边沿到达时，门 D 的输出将门 C 封锁，所以不需要输入信号继续保持不变，则 $t_h = 0$。如图 5-23 所示。

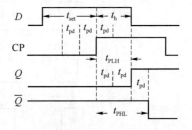

图 5-23 维持阻塞 D 解发器的时间特性

5.5.3 传输延迟时间

从 CP 脉冲有效边沿时起，到触发器输出端次态稳定的建立起来为止，所经过的时间称为触发器的传输延迟时间。输出从低电平变为高电平的传输延迟时间用 t_{PLH} 表示，输出从高电平变为低电平的传输延迟时间用 t_{PHL} 表示。

对于维持阻塞 D 触发器而言，从 CP 正边沿到达时开始计算，则 $t_{PLH}=2t_{pd}$，$t_{PHL}=3t_{pd}$。如图 5-23 所示。

5.5.4 最高时钟频率

对于维持阻塞 D 触发器而言,为保证门 A～门 D 组成的同步 RS 触发器能可靠地翻转,CP 高电平的持续时间应大于 t_{PHL}。为了在下一个 CP 正边沿到达之前确保门 E 和门 F 新的输出电平得以稳定的建立,CP 低电平的持续时间不应小于门 C 的传输延迟时间和 t_{set} 之和,因此,时钟 CP 周期 $T_{cp} \geqslant t_{PHL} + t_{set} + t_{pd} = 6t_{pd}$,最高时钟频率 $f_{cp(max)} = \dfrac{1}{6t_{pd}}$。

5.6 触发器的激励表及相互转换

5.6.1 触发器的激励表

触发器的特性表描述了触发器输入信号与输出次态之间的关系。如果已知触发器现态和次态之间的转化关系,求触发器输入信号,那么就需要建立触发器的激励表。各种功能触发器的激励表如表 5-2 所示。

表 5-2 各种触发器的特性表和激励表

名　　称	特性表			激励表			
RS 触发器	R	S	Q^{n+1}	Q^n	Q^{n+1}	R	S
	0	0	Q^n	0	0	$\varnothing$	0
	0	1	1	0	1	0	1
	1	0	0	1	0	1	0
	1	1	不允许	1	1	0	$\varnothing$
D 触发器		D	Q^{n+1}	Q^n	Q^{n+1}	D	
		0	0	0	0	0	
		1	1	0	1	1	
				1	0	0	
				1	1	1	
JK 触发器	J	K	Q^{n+1}	Q^n	Q^{n+1}	J	K
	0	0	Q^n	0	0	0	$\varnothing$
	0	1	0	0	1	1	$\varnothing$
	1	0	1	1	0	$\varnothing$	1
	1	1	$\overline{Q^n}$	1	1	$\varnothing$	0
T 触发器		T	Q^{n+1}	Q^n	Q^{n+1}	T	
		0	Q^n	0	0	0	
		1	$\overline{Q^n}$	0	1	1	
				1	0	1	
				1	1	0	

以 RS 触发器为例,以 Q^n 和 Q^{n+1} 为输入,以 RS 为输出,列出四种情况:

(1) Q^nQ^{n+1} 为 00 时,现态为 0,次态也为 0,触发器处于保持 0 状态或置 0 状态,此时输入 RS 应为 00 或 10,合并在一起写为 $\varnothing$0;

(2) Q^nQ^{n+1} 为 01 时,现态为 0,次态为 1,触发器处于置 1 状态,此时输入 RS 为 01;

(3) Q^nQ^{n+1} 为 10 时,现态为 1,次态为 0,触发器处于置 0 状态,此时输入 RS 为 10;

(4) Q^nQ^{n+1} 为 11 时,现态为 1,次态也为 1,触发器处于保持 1 状态或置 1 状态,此时输入 RS 为 00 或 01,合并在一起写为 0$\varnothing$。

再以 JK 触发器为例,以 Q^n 和 Q^{n+1} 为输入,以 JK 为输出,列出四种情况:

(1) Q^nQ^{n+1} 为 00 时,现态为 0,次态也为 0,触发器处于保持状态或置 0 状态,此时输入 JK 为 00 或 01,合并在一起写为 0$\varnothing$;

(2) Q^nQ^{n+1} 为 01 时,现态为 0,次态为 1,触发器处于置 1 状态或翻转状态,此时输入 JK 为 10 或 11,合并在一起写为 1$\varnothing$;

(3) Q^nQ^{n+1} 为 10 时,现态为 1,次态为 0,触发器处于置 0 状态或翻转状态,此时输入 JK 为 01 或 11,合并在一起写为 $\varnothing$1;

(4) Q^nQ^{n+1} 为 11 时,现态为 1,次态也为 1,触发器处于保持状态或置 1 状态,此时输入 JK 为 00 或 10,合并在一起写为 $\varnothing$0。

5.6.2 触发器的相互转换

不同功能的触发器之间可以进行相互转换。主要通过对比触发器的特性方程,可以得到输入信号变换的逻辑表达式,然后再画出电路图。

例 5-10 将 JK 触发器转换为 T 触发器。

解 JK 触发器的特性方程为

$$Q^{n+1} = J\,\overline{Q^n} + \overline{K}Q^n$$

T 触发器的特性方程为

$$Q^{n+1} = T\,\overline{Q^n} + \overline{T}Q^n$$

对比特性方程可知,当 $T=J=K$,可将 JK 触发器转换为 T 触发器,画出电路图如图 5-24 所示。

例 5-11 将 D 触发器转换为 T 触发器。

解 D 触发器的特性方程为

$$Q^{n+1} = D$$

T 触发器的特性方程为

$$Q^{n+1}=T\,\overline{Q^n}+\overline{T}Q^n$$

对比特性方程可知,当 $D=T\,\overline{Q^n}+\overline{T}Q^n$,可将 D 触发器转换为 T 触发器,画出电路图如图 5-25 所示。

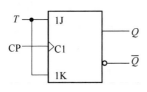

图 5-24　例 5-10 的电路图

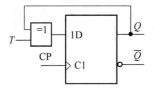

图 5-25　例 5-11 的电路图

例 5-12　将 D 触发器转换为 JK 触发器。

解　D 触发器的特性方程为

$$Q^{n+1}=D$$

JK 触发器的特性方程为

$$Q^{n+1}=J\,\overline{Q^n}+\overline{K}Q^n$$

对比特性方程可知,当 $D=J\,\overline{Q^n}+\overline{K}Q^n$,可将 D 触发器转换为 JK 触发器,画出电路图如图 5-26 所示。

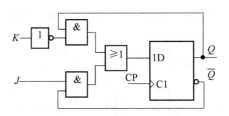

图 5-26　例 5-12 的电路图

5.7　集成触发器

5.7.1　集成 D 触发器 74HC/HCT74

74HC/HCT74 是最常使用的 D 触发器,单个芯片内封装着两个相同的 D 触发器。74HC/HCT74 内部电路为 CMOS 主从结构,与图 5-18 完全一致,在 CP 正边沿触发。

74HC/HCT74 的国标逻辑符号、引脚排列图和功能表如图 5-27(a)、(b)、(c)所示。

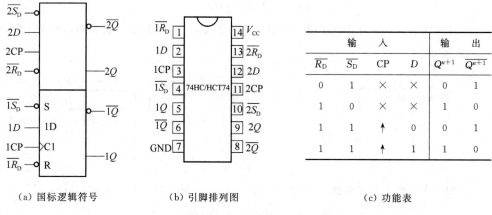

输入				输出	
$\overline{R_D}$	$\overline{S_D}$	CP	D	Q^{n+1}	$\overline{Q^{n+1}}$
0	1	×	×	0	1
1	0	×	×	1	0
1	1	↑	0	0	1
1	1	↑	1	1	0

(a) 国标逻辑符号　　　　(b) 引脚排列图　　　　(c) 功能表

图 5-27　集成 D 触发器 74HC/HCT74

从功能表可知,74HC/HCT74 除具有普通 D 触发器的功能外,还带有异步清零端 $\overline{R_D}$ 和异步置位端 $\overline{S_D}$,且均为低电平有效。当 $\overline{R_D}$ 或 $\overline{S_D}$ 有效时,触发器输出状态立刻被置0 或置1,而与时钟无关,这种情形称为异步清零或异步置位。

5.7.2　集成 JK 触发器 74LS112

74LS112 是最常用的集成 JK 触发器,单个芯片内封装着两个相同的 JK 触发器。74LS112 内部电路为传输延迟结构,与图 5-16 完全一致,在 CP 负边沿触发。74LS112 的国标逻辑符号、引脚排列图和功能表如图 5-28(a)、(b)、(c)所示。

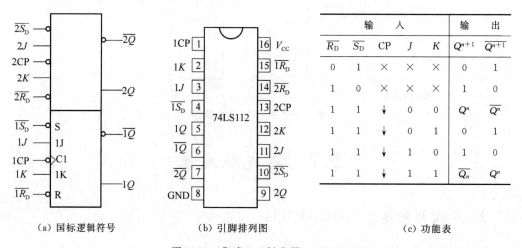

输入					输出	
$\overline{R_D}$	$\overline{S_D}$	CP	J	K	Q^{n+1}	$\overline{Q^{n+1}}$
0	1	×	×	×	0	1
1	0	×	×	×	1	0
1	1	↓	0	0	Q^n	$\overline{Q^n}$
1	1	↓	0	1	0	1
1	1	↓	1	0	1	0
1	1	↓	1	1	$\overline{Q_n}$	Q^n

(a) 国标逻辑符号　　　　(b) 引脚排列图　　　　(c) 功能表

图 5-28　集成 JK 触发器 74LS112

从功能表可知,74LS112 除具有普通 JK 触发器的功能外,还带有异步清零端 $\overline{R_{\mathrm{D}}}$ 和异步置位端 $\overline{S_{\mathrm{D}}}$,且均为低电平有效。

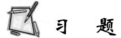 习 题

5-1　图 P5-1(a)是由与非门构成的基本 RS 触发器,试画出在图 P5-1(b)所示输入信号的作用下的输出波形。

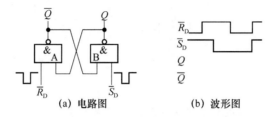

　　(a) 电路图　　　　　　　　(b) 波形图

图 P5-1

5-2　分析图 P5-2 所示电路,列出特性表,写出特性方程,说明其逻辑功能。

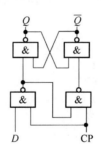

图 P5-2

5-3　已知 CP 和 D 的波形如图 P5-3 所示,试对应画出习题 5-2 电路的输出 Q_1 及 D 触发器的输出 Q_2 的波形(Q_1、Q_2 的初始状态为 0)。

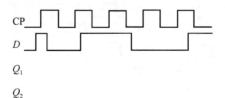

图 P5-3

5-4 已知电路如图 P5-4(a)所示。按要求回答下列问题：

① $C=0$、$C=1$ 时该电路分别属于组合电路还是时序电路？

② 分别写出 $C=0$、$C=1$ 时输出端 Q 的表达式。

③ 画出在图 P5-4(b)输入波形作用下，输出 Q 的波形。

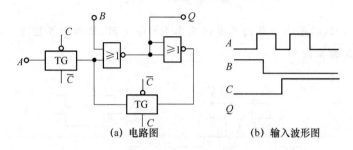

(a) 电路图　　　　(b) 输入波形图

图 P5-4

5-5 已知由或非门构成的基本 RS 触发器的异步置 0 端 R 和异步置 1 端 S 的输入波形，如图 P5-5 所示，试画出触发器 Q 端和 $\overline{Q}$ 端的波形。

5-6 试分析图 P5-6 所示电路的输出端波形，设初态为"0"。开关 S 是一个微动开关，按下开关的按键，触点将运动到 2 点，松开按键，触点自动返回 1 点。如果当触点在 2 点发生多次抖动，输出波形有何变化？

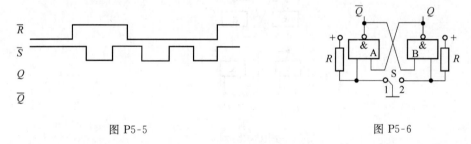

图 P5-5　　　　　　　　　　图 P5-6

5-7 试画出图 P5-7 所示电路的输出端波形，设初态为"0"。

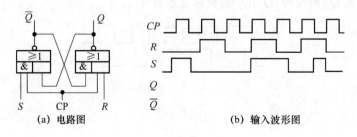

(a) 电路图　　　　(b) 输入波形图

图 P5-7

5-8 试写出图 P5-8(a)中各触发器输出的状态函数(Q^{n+1}),并画出在图 P5-8(b)所示 CP 波形作用下的输出波形(各触发器的初态均为"0")。

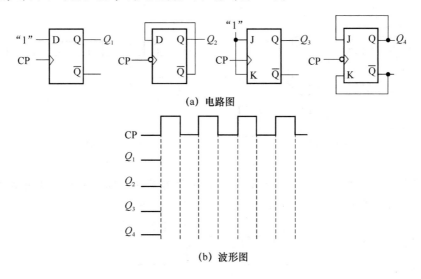

(a) 电路图

(b) 波形图

图 P5-8

5-9 画出图 P5-9 所示的电路,在给定时钟 CP 作用下的输出波形。设触发器初态为 0。

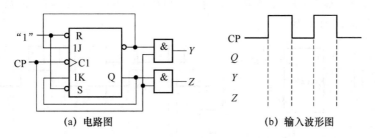

(a) 电路图   (b) 输入波形图

图 P5-9

5-10 试写出图 P5-10 所示电路的真值表。

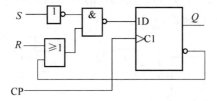

图 P5-10

5-11 试将 D 触发器转换为 T 触发器。

5-12 时序逻辑电路如图 P5-12(a)所示,触发器为维持阻塞 D 触发器,初态均为 0。
① 画出在图(b)所示 CP 作用下的输出 Q_1、Q_2 和 Z 的波形;
② 分析 Z 与 CP 的关系。

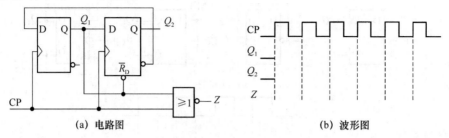

(a) 电路图   (b) 波形图

图 P5-12

5-13 试画出在图 P5-13 所示输入波形的作用下,CP 脉冲分别为上升或下降边沿
有效时,JK 触发器的输出 Q_1 和 Q_2 的波形。设触发器的初态为 0。

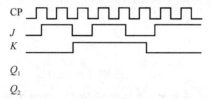

图 P5-13

5-14 已知电路及 CP、A 的波形如图 P5-14(a)和(b)所示,设触发器的初态为 0,试
画出输出端 B 和 C 的波形。

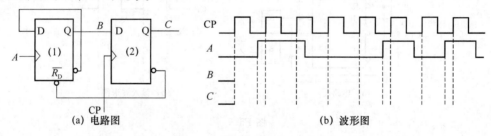

(a) 电路图   (b) 波形图

图 P5-14

5-15 试画出图 P5-15(a)所示电路在图(b)所示输入信号 CP、X 作用下的输出 Q_1、
Q_2 和 Z 的波形。设 Q_1、Q_2 的初态为 0。

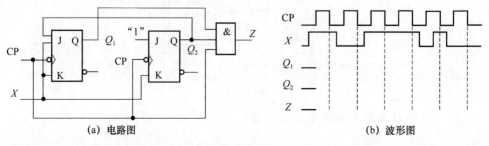

(a) 电路图   (b) 波形图

图 P5-15

5-16　试画出图 P5-16(a)所示电路,在图 P5-16(b)给定输入下的 Q 端波形。设触发器初态为 0。

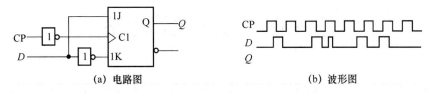

(a) 电路图　　　　　　　　　　(b) 波形图

图 P5-16

5-17　画出图 P5-17(a)所示的电路,在给定输入下的输出波形。设触发器初态为 0。

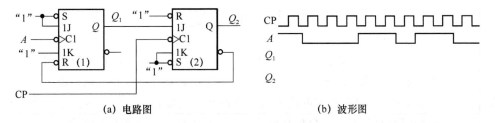

(a) 电路图　　　　　　　　　　(b) 波形图

图 P5-17

5-18　边沿触发器电路结构主要有哪几种类型,简要说明它们的电路结构特点,并给出它们典型集成电路产品型号。

5-19　什么是触发器的不定态?如何避免不定态的出现?

5-20　什么是触发器的空翻现象?如何避免空翻?

第6章　时序逻辑电路

在数字系统中,时序逻辑电路是另一大类逻辑电路。本章重点讲授时序逻辑电路的分析和设计及典型的中规模集成时序逻辑电路。

6.1 概　述

在第4章已经指出逻辑电路分为两大类:组合逻辑电路和时序逻辑电路。组合逻辑电路在任意时刻的输出仅仅取决于该时刻的输入。时序逻辑电路的输出不仅取决于当前时刻的输入,而且还取决于电路在过去的输入或者电路在当前的状态。由于电路结构和工作特点的不同,时序逻辑电路的描述、分析和设计方法也与组合逻辑电路有明显的不同。

6.1.1 时序逻辑电路的一般描述

在电路结构上,时序逻辑电路与组合逻辑电路的不同主要在于:时序电路包含有存储器件(触发器或锁存器),而组合电路不包含有存储器件。实际上,时序电路中既包含有存储器件,也包含有组合电路。因为时序电路中包含有存储器件,因此电路具有"记忆"功能,这种"记忆"功能对电路的过去的输入序列就留下了"记忆"。而这种"记忆"是以电路的状态(state)表示的。状态是时序逻辑电路的重要概念,同时状态也是分析和设计时序电路的主要的逻辑变量,故通常又以状态机(State Machine)称谓时序逻辑电路。图6-1给出了用状态机形式描述时序逻辑电路的结构框图。

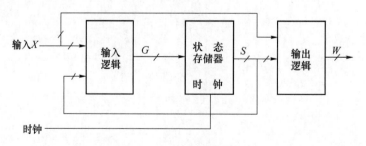

图 6-1　时序逻辑电路结构框图

时序逻辑电路是由输入逻辑电路、状态存储器和输出逻辑电路三部分构成。输入逻辑电路部分是组合电路,它的输入是系统输入变量 X 和来自于状态存储器输出的状态变量 S(现态),它的输出 G 连接到状态存储器的输入端,因此输入逻辑 G 是决定状态存储器由现态向次态转变的条件。

　　状态存储器部分是由存储状态的一组触发器组成的,它的输入接自输入逻辑电路的输出,其输出连接到输出逻辑电路。状态存储器输出 S 是根据所用的触发器的特性方程 Q^{n+1} 并由输入逻辑 G 决定,发生状态转变。通常时序电路的状态存储器需要接入同步时钟信号。状态存储器大多由 D 触发器构成,尤其在可编程逻辑器件中。如果状态存储器由 n 个触发器构成,那么时序电路中最多可以有 2^n 个状态。

　　输出逻辑电路部分也是组合电路,它的输入是状态存储器的输出,有时也包括系统的输入变量(Mealy 机),它的输出 W 就是系统的输出。输出逻辑部分有时在系统中可以没有,系统的输出直接由状态存储器的输出端接出。

　　时序逻辑电路一般采用逻辑方程组、状态转换表(也称状态表)、状态转换图(也称状态图)和时序图进行逻辑分析和设计,下面简要说明现态、次态、逻辑方程组、状态转换表、状态转换图和时序图。

　　(1) 现态:现态是指触发器或一组触发器在某一时刻其输出端的状态,也称原态,或称当前状态。通常在触发器特性方程和状态方程中触发器现态用 Q^n 表示,其他情况下一般用 Q 表示。一般情况下,若无特殊说明,通常所说的状态都是指现态。

　　(2) 次态:次态是指触发器或一组触发器在一定的输入条件下,当触发时钟脉冲有效时,将由原来的状态(也即现态)向一个新的状态转变的状态,有时也称下一状态,通常用 Q^{n+1} 表示。

　　(3) 逻辑方程组:在时序电路分析和设计中,要全面描述一个时序电路,需要三个逻辑方程。通过图 6-1 可知,描述时序电路需要的三个逻辑方程是:

　　① 激励方程 G。它是输入变量 X 和状态变量 S 的函数,即触发器输入方程。

　　② 状态方程 S。它是激励变量 G 和状态变量 S 的函数,即是将激励方程代入触发器特性方程后的方程。

　　③ 输出方程 W。它是状态变量 S 和系统输入变量 X 的函数(Mealy 机)。若是 Moore 机,它仅是状态变量 S 的函数。

　　(4) 状态转换表.在组合逻辑电路分析和设计中,采用真值表描述输入变量全部取值组合与输出变量取值一一对应的关系,类似地,在时序电路中也采用表格的形式来进行逻辑描述,这种表格称为状态转换表。所不同的是状态转换表描述的是输入和现态取值与次态和输出取值一一对应关系。

　　(5) 状态转换图:状态转换图是状态转换表的图形表达形式,它使时序电路状态之间的转换表现得更加直观和明了。

　　(6) 时序图:时序图是按照时钟脉冲作用的顺序,以时序波形的形式分析逻辑电路,它可以更清楚地描述时序电路逻辑功能,并常用于 EDA 仿真中。

　　时序逻辑电路根据其某时刻的输出是否取决于该时刻的输入,而将时序电路分为 Mealy 机和 Moore 机;根据是否有一个公共时钟脉冲对每一个触发器进行同步触发,而将时序电路分为同步时序逻辑电路和异步时序逻辑电路。

6.1.2　Mealy 机和 Moore 机

在图 6-1 所示的时序电路中,系统的输出不但与系统的状态有关,而且还与系统的输入有关,这样的时序逻辑电路称为 Mealy 电路,也称 Mealy 机。

如果时序逻辑电路某时刻的输出仅由系统当时的状态决定,而与系统当时的输入无关,那么这类时序逻辑电路称为 Moore 电路,也称 Moore 机。图 6-2 所示为 Moore 机的电路结构框图。

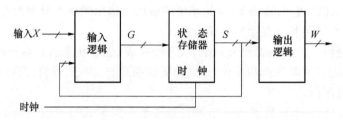

图 6-2　Moore 机电路框图

通过图 6-1 和图 6-2 之间的比较可以看出,Mealy 机和 Moore 机唯一的区别就是输出产生的方式不同。一般来说,解决实际问题,既可以采用 Moore 机,也可以采用 Mealy 机。但是对于要求高速运用的场合,一般多采用 Moore 机。

6.1.3　同步时序逻辑电路和异步时序逻辑电路

时序逻辑电路根据存储器件的状态变化是否同时发生,或者各存储器件是否由一个公共的时钟进行触发,而划分为同步时序逻辑电路和异步时序逻辑电路两大类。

如果一个时序电路中的各存储器件均由一个系统时钟同步触发并发生状态转变,那么这个电路就是同步时序逻辑电路,简称同步时序电路。如果一个时序电路中的各存储器件不是由一个系统时钟进行同步触发,这些存储器件状态的转变不是在同一时刻发生的,那么这个电路就是异步时序逻辑电路,简称异步时序电路。例如,图 6-3 所示电路就是异步时序电路。在这个电路中,状态为 Q_1 触发器的时钟端接外输入时钟脉冲,而状态为 Q_2 触发器的时钟端却连接在前一个触发器的状态输出端。可见这个电路中的两个触发器的状态转变不在同一时刻,也不是由一个时钟进行触发,因此这个电路是异步时序电路。

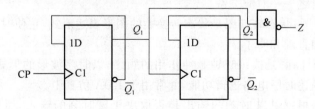

图 6-3　异步时序电路举例

因为异步时序电路调试和维护的复杂和困难性,在数字系统设计中一般较少使用异步时序电路的形式,除非在一些特定的场合。因此本章后续部分主要介绍同步时序逻辑电路的分析和设计,仅在计数器章节介绍异步计数器的应用。

6.2 同步时序逻辑电路分析

同步时序电路的分析是针对给定的时序电路,分析电路的下一状态(次态)和输出与原来状态(现态)和输入之间的关系及变化规律,对电路的逻辑功能和行为特征能够做出明确的描述和预测。

6.2.1 同步时序电路分析的步骤

通常,同步时序电路的分析有如下五个基本步骤:
① 根据电路图,确定三个逻辑方程,即激励方程、状态方程和输出方程;
② 根据状态方程,列出输入和现态与次态和输出全部取值一一对应关系的状态转换表;
③ 根据状态转换表画出状态转换图;
④ 根据需要,参考状态转换表画出电路时序图;
⑤ 用文字描述电路的逻辑功能和特征。

6.2.2 同步时序电路分析举例

下面通过两个具体的例子介绍同步时序电路的分析过程。

例 6-1 分析图 6-4 所示逻辑电路。

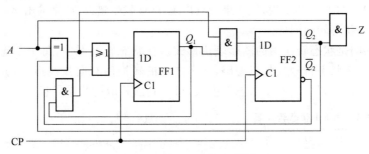

图 6-4 例 6-1 逻辑电路图

解

第一步:确定逻辑方程

激励方程:根据逻辑电路图,按照组合电路的分析方法,可写出激励方程

$$D_1 = Q_1 \overline{Q_2} + A \oplus Q_2$$
$$D_2 = Q_1 (A \oplus Q_2)$$

状态方程:此电路选用的是 D 触发器,因此首先要列出 D 触发器的特性方程

$$Q_1^{n+1} = D_1$$
$$Q_2^{n+1} = D_2$$

将上述激励方程代入触发器特性方程,可得状态方程

$$Q_1^{n+1} = Q_1^n \overline{Q_2}^n + A \oplus Q_2^n$$

$$Q_2^{n+1} = Q_1^n (A \oplus Q_2^n)$$

输出方程为

$$Z = AQ_2$$

第二步:完成状态转换表

在时序逻辑电路中,状态是最重要的概念。状态转换表中的状态通常用触发器状态变量的顺序组合或用字符表示,在此例中,状态用 $Q_1 Q_2$ 顺序组合表示。状态转换表就是要直观地给出在输入条件下(也可无输入),时钟 CP 脉冲作用后,时序电路状态由现态向次态转变的状况及输出状况。

状态转换表可按下述办法完成:首先在表的左侧列出 $A Q_1 Q_2$,右侧列出 $Q_1^{n+1} Q_2^{n+1} Z$,从上到下逐行填写 $A Q_1 Q_2$ 取值 $000 \sim 111$,然后从第一行 000 开始,逐行将 A、Q_1、Q_2 取值分别代入状态方程 Q_1^{n+1}、Q_2^{n+1} 和输出方程 Z 中,计算出每行的相应逻辑值并填入其中,由此可以得到此逻辑电路输入和现态与次态和输出之间的状态转换表,如表 6-1 所示。

由表 6-1 可看到,在逻辑电路初始状态 $Q_1 Q_2 = 00$ 时:若 $A = 0$,这时在 CP 脉冲的作用后,电路的次态 $Q_1^{n+1} Q_2^{n+1}$ 仍为 00,输出 $Z = 0$;若 $A = 1$,在 CP 脉冲作用后(以下略),次态 $Q_1^{n+1} Q_2^{n+1}$ 转变为 10,$Z = 0$。在 $Q_1 Q_2 = 10$ 时:若 $A = 0$,状态不变仍为 10,$Z = 0$;若 $A = 1$,则 $Q_1^{n+1} Q_2^{n+1} = 11$,$Z = 0$。在 $Q_1 Q_2 = 11$ 时:若 $A = 0$,$Q_1^{n+1} Q_2^{n+1}$ 仍为 11,$Z = 0$;若 $A = 1$,则 $Q_1^{n+1} Q_2^{n+1} = 00$,$Z = 1$。还有一种状态"01"比较特殊,观察表 6-1 可以看出,在次态中没有"01",当 $A = 0$,状态"01"转换为"10",并使 Z 为 0;当 $A = 1$,转换为"00",并使 Z 为 1。在电路正常工作时,状态"01"不会出现,但如果一旦出现,就会发生错误,产生输出 $Z = 1$ 的干扰。

第三步:画状态转换图

状态转换图是状态转换表的图形表达形式。在状态转换图中,每个状态都是用圆圈表示,圆圈内标有状态符号或状态编码,状态之间的转换用有向弧线指示,并在弧线旁标有输入/输出取值。根据表 6-1 状态转换表,可以画出相应的状态转换图,如图 6-5 所示。

表 6-1　例 6-1 状态转换表

A	Q_1^n	Q_2^n	Q_1^{n+1}	Q_2^{n+1}	Z
0	0	0	0	0	0
0	0	1	1	0	0
0	1	0	1	0	0
0	1	1	1	1	0
1	0	0	1	0	0
1	0	1	0	0	1
1	1	0	1	1	0
1	1	1	0	0	1

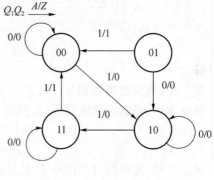

图 6-5　例 6-1 状态转换图

第四步:画时序图(略)

第五步:描述逻辑电路功能和特征

通过状态转换图可以看出,这个逻辑电路在输入 A 的控制下可以完成模 3("模"是指计数循环中状态的个数)计数器功能,并且状态编码的转换采用格雷码的形式,状态之间的转换不产生任何过渡码组,不会发生误操作。另外,这个电路也是检测接收输入 A 中"111"的测试电路,当电路接收了 3 个"1"后,电路输出就会产生一个脉冲。

例 6-2 分析图 6-6 所示时序电路。

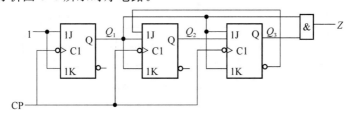

图 6-6 例 6-2 逻辑电路图

解

第一步:确定逻辑方程

激励方程:

$$J_1 = 1 \qquad K_1 = 1$$
$$J_2 = Q_1^n \overline{Q_3^n} \qquad K_2 = Q_1^n$$
$$J_3 = Q_1^n Q_2^n \qquad K_3 = Q_1^n$$

状态方程:

$$Q_1^{n+1} = \overline{Q_1^n}$$
$$Q_2^{n+1} = \overline{Q_3^n} \overline{Q_2^n} Q_1^n + Q_2^n \overline{Q_1^n}$$
$$Q_3^{n+1} = \overline{Q_3^n} Q_2^n Q_1^n + Q_3^n \overline{Q_1^n}$$

输出方程:

$$Z = Q_3^n Q_1^n$$

第二步:完成状态转换表

根据状态方程和输出方程,将状态按 $Q_3 Q_2 Q_1$ 排序,可完成状态转换表如表 6-2 所示。

表 6-2 例 6-2 状态转换表

现 态			次 态			输 出
Q_3^n	Q_2^n	Q_1^n	Q_3^{n+1}	Q_2^{n+1}	Q_1^{n+1}	Z
0	0	0	0	0	1	0
0	0	1	0	1	0	0
0	1	0	0	1	1	0
0	1	1	1	0	0	0
1	0	0	1	0	1	0
1	0	1	0	0	0	1
1	1	0	1	1	1	0
1	1	1	0	0	0	1

第三步：画状态转换图

根据状态转换表可画出状态转换图，如图 6-7 所示。

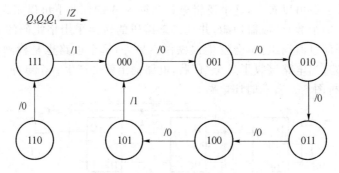

图 6-7　例 6-2 状态转换图

第四步：画时序图

根据状态转换表可画出此电路的时序图，如图 6-8 所示。

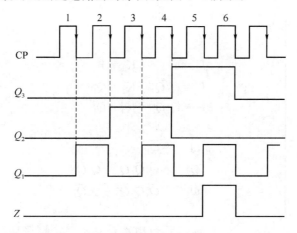

图 6-8　例 6-2 时序图

第五步：描述电路功能和特征

通过以上分析可以看出，此逻辑电路完成模 6 计数器的功能，并且状态转换编码采用自然二进制码的形式，当计满 6 个 CP 脉冲，电路输出产生一个进位脉冲。

6.3　计 数 器

在时序电路中，计数器是一种广泛使用的逻辑器件。在 6.2 节逻辑电路分析举例中已经初步了解了计数器的功能，本节将全面介绍计数器。计数器具有对输入时钟脉冲个数进行记录的功能，它以不同的状态"记忆"接收到的时钟个数。通常将其计数循环回路中的状态数称为"模"，如果有 m 个状态，则称为模 m 计数器。

二进制计数器是最常用的计数器。n 位二进制计数器有 n 个触发器，计数循环回路中有 2^n 种状态，每一种状态都被编码为 n 位二进制码。

6.3.1　异步二进制计数器

异步二进制计数器是最简单的计数器，它是由前一个触发器的状态端 Q（或 $\overline{Q}$）直接连接到后一个触发器的时钟输入端构成，电路中没有公共时钟脉冲。这种结构的计数器也称为脉动式计数器（ripple counter）。一个两位二进制异步计数器逻辑电路图如图 6-9(a) 所示。

图 6-9 电路是由 T 触发器构成的，且 T 端都连接"1"。这个电路也可以用 JK、D 触发器构成，要求是使每一个触发器都工作在 $Q^{n+1} = \overline{Q^n}$ 状态。假设两个触发器的初始状态都为"0"，那么根据电路可知，在第一个 CP 时钟下降沿，Q_0 由"0"跳变为"1"；在第二个 CP 时钟下降沿，Q_0 由"1"跳变为"0"，这个跳变使 Q_1 由"0"转换为"1"。如此往复循环，在每一个时钟的下降沿，Q_0 发生一次转换；每隔两个时钟的下降沿，Q_1 发生一次转换，可见电路完成模 4 计数的功能。由此可以得到两位二进制异步计数器的状态转换表、状态转换图和时序图如图(b)、(c)和(d)所示，并可以看出计数器的状态编码是按照加计数的规则进行状态转换和计数的。注意此电路既无输入也无输出。

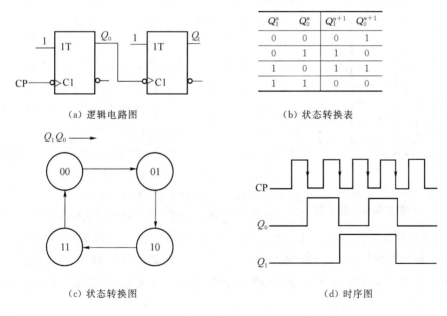

（a）逻辑电路图　　　　　（b）状态转换表

（c）状态转换图　　　　　（d）时序图

图 6-9　由 T 触发器构成的异步二进制计数器

图 6-9 电路是构成多级异步二进制计数器的基础，在这个电路的基础上，只要简单地增加级数就可以实现任意 n 位二进制异步计数器。观察图 6-9 电路，如果将后一个触发器的时钟端连接到前一个触发器的 $\overline{Q}$ 端，或者将两个触发器的时钟脉冲触发沿都改为上升沿，那么这个电路可以实现按减计数的规则进行计数。感兴趣的读者可以自行分析。

6.3.2 同步二进制计数器

二进制异步计数器的特点是结构简单,但因为后一个触发器的状态转变要靠前一个触发器的状态跳变才能完成,对于 n 位异步计数器,完成一个计数循环至少要经过 n 个触发器的串行传输延迟时间,因此,异步二进制计数器运行速度很慢,计数频率比较低。另外,异步二进制计数器作为一个逻辑器件在同步时序电路中与其他时序逻辑器件一起使用时,会产生时钟同步的问题。下面介绍的同步二进制计数器,则较好地解决了上述问题。

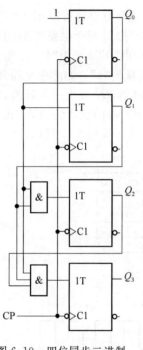

图 6-10 四位同步二进制
计数器基本电路结构

一种四位同步二进制计数器基本电路结构如图 6-10 所示。

观察图 6-10 电路,可以看到,每个触发器都由一个 CP 时钟脉冲统一触发,并且低位触发器 Q 端都通过一个"与"门连接到所有高位触发器的输入端(这个电路也称为计数器"超前进位"电路),这样既保证了各触发器的同步触发,也保证了高、低位触发器状态转变传输延迟时间的一致。

通过电路分析可知,触发器状态 Q_0 在每次 CP 下降沿都改变状态(翻转),触发器 Q_1 在 $Q_0=1$ 时翻转,触发器 Q_2 在 $Q_1Q_0=11$ 时翻转,触发器 Q_3 在 $Q_2Q_1Q_0=111$ 时翻转。由此可以得出 $Q_3Q_2Q_1Q_0$ 状态转换循环为(假定初始状态为 0000):0000→0001→0010→0011→0100→0101→0110→0111→1000→1001→1010→1011→1100→1101→1110→1111→0000(回到初始状态)。也可得出一个结论:凡具有图 6-10 电路结构的计数器中高位触发器的翻转条件是低位触发器 Q 端全为 1。

作为二进制计数器,它正常计数的模等于 2^n,n 为计数器中所用触发器的个数。如 $n=4$,计数器的模为 16;$n=3$,计数器的模为 8。对于模小于 2^n 的计数器,可以采用模 2^n 二进制计数器,利用模 2^n 计数器相应控制端,并通过外加控制电路,强制模 2^n 计数器在某个状态转换到计数循环的初始状态,来实现某个小于 2^n 的计数。

6.3.3 十进制计数器

十进制计数器是一种常用的计数器,它的计数循环回路中有 10 个状态,即模 10 计数器。下面分别介绍异步十进制计数器和同步十进制计数器的基本电路结构。

1. 异步十进制计数器

一种异步十进制计数器的电路如图 6-11 所示。

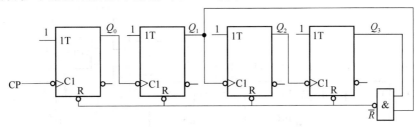

图 6-11 异步十进制计数器逻辑电路图

图 6-11 逻辑电路由四个 T 触发器构成，因为十进制计数器中的触发器个数 n 要保证 $2^n \geqslant 10$。这个电路是在按照图 6-9 电路结构组成的四级异步二进制计数器的基础上，添加一个"与非"门，其输入为触发器 Q_1 和 Q_3，其输出 $\overline{R}$ 连接到各触发器的异步复位端。通过分析可知，当计数循环到 $Q_3Q_2Q_1Q_0 = 1010$ 时，即 $Q_3Q_1 = 11$ 时，"与非"门输出 $\overline{R}$ 为低电平，强制各触发器异步置零（复位）。也就是计数循环由 $0000 \rightarrow 0001 \rightarrow \cdots \rightarrow 1001 \rightarrow 1010$ 之时，即 Q_1 由"0"跳变为"1"之后，引起各触发器复位 $Q_3Q_2Q_1Q_0 = 0000$，Q_1 又很快由"1"变为"0"，因此 Q_1 仅仅是一个很窄的高电平脉冲，而 $\overline{R}$ 则是很窄的低电平脉冲。由此，可以画出此电路的时序图如图 6-12 所示。图中 Q_1 的高电平窄脉冲是一种干扰信号，虽不影响正常计数功能，但在要求较高的场合是不允许的。

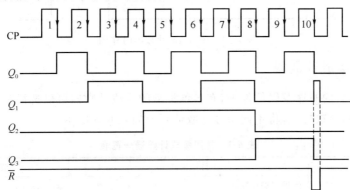

图 6-12 图 6-11 电路的时序图

2. 同步十进制计数器

一种同步十进制计数器的逻辑电路如图 6-13 所示。

图 6-13 所示计数器是由四个 JK 触发器并基本按照前述四位同步二进制计数器连接方式组成，仅触发器 Q_1 输入和 Q_3 输入电路有所改变，Q_3 和 $\overline{Q_3}$ 有反馈线连接到触发器的输入电路。通过分析可知，触发器 Q_0 在每个 CP 发生翻转；触发器 Q_1 在 $Q_0 = 1$、$\overline{Q_3} = 1$ 时翻转；触发器 Q_2 在 $Q_1 = 1$、$Q_0 = 1$ 时翻转；触发器 Q_3 在 $Q_2Q_1Q_0 = 111$ 时，或 $Q_0 = 1$、$Q_3 = 1$ 时翻转。由此，此计数器的计数循环 $Q_3Q_2Q_1Q_0$ 为：$0000 \rightarrow 0001 \rightarrow 0010 \rightarrow 0011 \rightarrow$

0100→ 0101→ 0110→ 0111→ 1000→ 1001→ 0000(回到初始状态),完成模 10 计数功能。此计数器的时序图如图 6-14 所示。

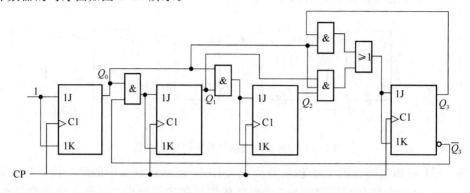

图 6-13 同步十进制计数器逻辑电路图

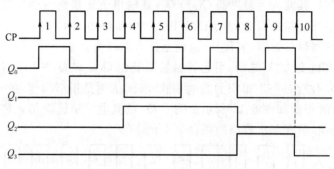

图 6-14 图 6-13 计数器时序图

6.3.4 常用集成计数器

目前,在商品的时序逻辑器件中,有各种类型的集成计数器可供选择和使用。根据计数器工作方式和计数模式,将不同型号计数器划分如表 6-3 所示。

表 6-3 常用集成计数器一览表

工作方式	计数模式	型 号
同步	十进制加计数	x160、x162
	四位二进制加计数	x161、x163
	十进制加/减可逆计数	x190
	四位二进制加/减可逆计数	x191、x193(双时钟)
异步	四位二进制计数	x293、x197、x93
	二-五十进制计数	x 290、x196、x90
	十二进制计数	x92

下面介绍几种典型的集成计数器。

1. 同步四位二进制加计数器 x161

（1）x161 的逻辑分析

图 6-15 所示为同步四位二进制加计数器 x161 的内部电路图、功能表和常用逻辑符号。

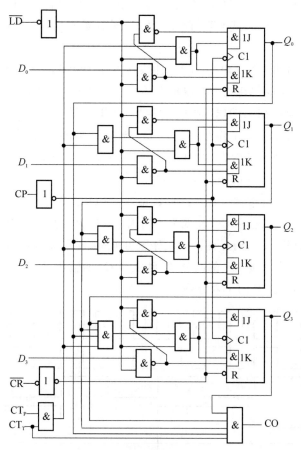

（a）电路图

CP	$\overline{CR}$	$\overline{LD}$	CT_P	CT_T	功能
$\varnothing$	L	$\varnothing$	$\varnothing$	$\varnothing$	异步清 0
$\uparrow$	H	L	$\varnothing$	$\varnothing$	同步预置
$\varnothing$	H	H	L	$\varnothing$	保持
$\varnothing$	H	H	$\varnothing$	L	保持 CO=0
$\uparrow$	H	H	H	H	计数

（b）功能表

（c）常用逻辑符号

图 6-15　计数器 x161 电路及符号

首先分析此计数器的相关控制端功能。该计数器有四个控制端：$\overline{CR}$、$\overline{LD}$、CT_P 和 CT_T。当 $\overline{CR}$ 为低电平 L 时，完成对计数器各触发器的异步清零功能，并在非清零工作状态时，$\overline{CR}$ 应保持在高电平 H。可以分析得知，这里通过两个"与非"门使 JK 触发器转换为 D 触发器，当 $\overline{LD}=L$、$\overline{CR}=H$ 时，各输入端数据 D 在 CP 时钟的上升沿存入触发器中，完成预置数据功能。当 CT_P 或 CT_T 有一个为 L 时，计数器均处于保持状态，$CT_T=L$ 时，输出 CO$=0$。

当上述四个控制端均为高电平 H 时，计数器工作于计数状态。观察图 6-15(a)电路可以看出，低位触发器 Q 与高位触发器输入端的连接形式与前面介绍的同步二进制计数器的"超前进位"结构是相同的，仅增加了使能端 CT_P。另外，可以分析出，当 $CT_P=1$、$\overline{LD}=1$ 时，各 JK 触发器实际工作在 $Q_{n+1}=\overline{Q}_n$ 状态。由此分析可知，在工作状态下，此计数器完成同步二进制加计数，计数状态由 $0000 \rightarrow 0001 \rightarrow 0010 \rightarrow 0011 \rightarrow 0100 \rightarrow 0101 \rightarrow 0110 \rightarrow 0111 \rightarrow 1000 \rightarrow 1001 \rightarrow 1010 \rightarrow 1011 \rightarrow 1100 \rightarrow 1101 \rightarrow 1110 \rightarrow 1111 \rightarrow 0000 \rightarrow \cdots$ 以模 16 为基数往复循环计数。计数器完成一次计数循环，当 $Q_3Q_2Q_1Q_0=1111$ 时，计数器进位输出 CO 为"1"，在一个 CP 之后，CO 又变为"0"，因此 CO 是向高位计数器的进位脉冲。

图 6-16 为计数器 x161 时序图。由时序图可见，触发器 Q_0 输出频率是 CP 时钟的二分频，触发器 Q_1 输出频率是 CP 的四分频，触发器 Q_2 的输出是 CP 的八分频，触发器 Q_3 的输出和进位 CO 都是 CP 的十六分频。

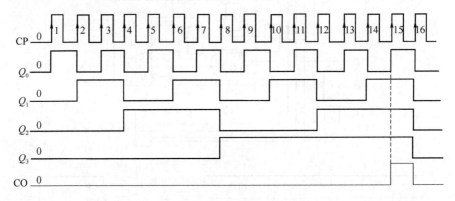

图 6-16　计数器 x161 时序图

(2) x161 的非模 16 计数功能的实现

通过外接控制电路，可用 x161 实现任意小于模 16 的计数器。有两种方法可以选择，一是用计数器的预置端和"与非"门实现，如图 6-17(a)、(b)所示；二是用计数器的清零端和"与非"门实现，如图 6-18 所示。图 6-17(a)电路是利用计数器进位输出 CO，通过一个"非"门产生负脉冲，使预置信号 $\overline{LD}$ 有效，将 D 端预置数 $N=0110$ 存入计数器，强制计数循环每次都从"0110"开始。这个电路计数循环是：$0110 \rightarrow 0111 \rightarrow 1000 \rightarrow 1001 \rightarrow 1010 \rightarrow 1011 \rightarrow$

$1100 \rightarrow 1101 \rightarrow 1110 \rightarrow 1111 \rightarrow 0110$(初始状态),计数模为 10,这是一个十进制计数器。

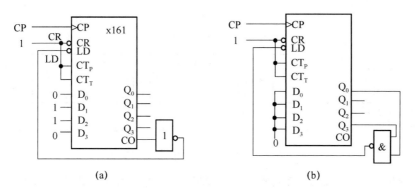

图 6-17 用预置端实现模 10 计数

图 6-17(b)电路是通过一个"与非"门对某个计数循环状态 $Q_3 Q_2 Q_1 Q_0 = 1001$ 译码,即 $Q_3 = 1$、$Q_0 = 1$ 时,使"与非"门输出产生负脉冲,计数器 $\overline{LD}$有效,将 D 端预置数"0000"存入计数器,在下一个 CP 脉冲有效沿,强制计数循环状态转到"0000"。这个电路的计数循环是:$0000 \rightarrow 0001 \rightarrow 0010 \rightarrow 0011 \rightarrow 0100 \rightarrow 0101 \rightarrow 0110 \rightarrow 0111 \rightarrow 1000 \rightarrow 1001 \rightarrow 0000$(初始状态),电路实现了十进制计数。

图 6-18 电路也是通过一个"与非"门对某个计数循环状态 $Q_3 Q_2 Q_1 Q_0 = 1010$ 译码,即 $Q_3 = 1$、$Q_1 = 1$ 时,产生负脉冲接计数器清零端 $\overline{CR}$,强制各触发器异步复位为零〔注意:图 6-17(b)是时钟同步预置各触发器为零〕。这种办法同前述的异步十进制计数器的异步清零一样,在触发器 Q_1 的输出出现一个窄脉冲干扰,虽然不影响计数功能,但在要求高的场合不能使用。分析可知,这个电路同样实现模 10 计数。实际上,状态 1010 仅起到产生负脉冲的作用,这个状态在模 10 计数循环中并不出现(仅有一个瞬间 1010 干扰)。

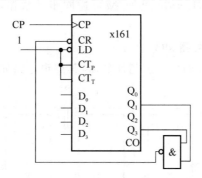

图 6-18 用清零端实现模 10 计数器

(3) x161 的多级使用

如果计数模值大于 16,则需要多片 x161 级联,通常是将低位计数器的进位输出端 CO,直接连接到高位计数器的 CT_P 和 CT_T 端。图 6-19 给出一个用三片 x161 级联而成,

实现模值 $m=3\,000$ 的计数器电路图。

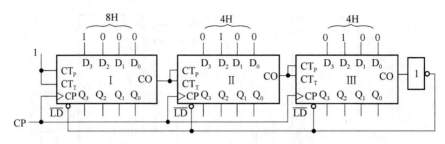

图 6-19　x161 级联实现模 3 000 计数器

要实现模 3 000 计数器,首先要计算需要的 x161 芯片数量。因为 $2^8 < 3\,000 < 2^{12}$,故需要三片 x161(每片完成 2^4 计数)。然后级联三片芯片,低位芯片 CO 连接高位 CT_P 和 CT_T,最高位芯片(Ⅲ)的 CO 为整个计数器的进位输出。接着要计算各个芯片数据端预置的数,因为由三片芯片组成的计数器的模是 $2^{12}=4\,096$,而要实现的模是 3 000,两者差值为 $4\,096-3\,000=1\,096$,这个差值要从全模计数循环中减去。将 1 096 转换为十六进制数 448H,也就是最低位芯片(Ⅰ)对应数字 8H,中间芯片(Ⅱ)对应数字 4H,最高位芯片(Ⅲ)对应数字 4H,如图 6-19 中数据端接入数字所示。当整个计数器计数满 4 095(即 $2^{12}-1$,计数器各位全为 1),则最高位芯片 CO 产生进位脉冲,经非门反相到预置端 $\overline{LD}$,将数据端预置数存入计数器,计数循环从 1 096 开始,一直计数到 4 095,然后下一个计数循环又从 1 096 开始。

（4）其他同步集成计数器

在常见的同步集成计数器中,x163 与 x161 功能完全相同,也是二进制计数器,并且芯片的引出端也完全相同,两者的不同仅在于清零端:x163 是同步清零,而 x161 是异步清零;x160 和 x162 是十进制计数器,芯片引出端也与 x161 完全相同,x160 是异步清零,x162 是同步清零;x190、x191、x193 是加/减可逆同步计数器,比上述计数器增加了一个加/减控制端。

2. 异步四位二进制计数器 x93

集成计数器 x93 是异步四位二进制计数器,其逻辑电路如图 6-20 所示。

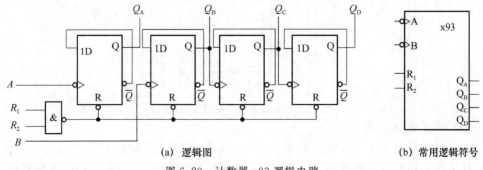

（a）逻辑图　　　　　　　　　　　　（b）常用逻辑符号

图 6-20　计数器 x93 逻辑电路

计数器 x93 是由四个 D 触发器 A、B、C、D 组成,每个触发器 $\overline{Q}$ 端与 D 端相连形成计数状态,触发器 A 单独使用作为模 2 计数器,触发器 B、C、D 相连作为模 8 计数器,并有两个置零端 R_1 和 R_2。通过 R_1 和 R_2 选择连接 Q_A、Q_B、Q_C、Q_D 端,可实现在某状态产生异步清零信号(采用图 6-11 电路方式),完成非模 16 计数功能。

有以下几种使用方式。

(1) 二进制计数器:时钟从 A 端接入,计数由 Q_A 输出。

(2) 八进制计数器:时钟从 B 端接入,计数由 Q_B、Q_C、Q_D 输出。

(3) 十六进制计数器:有两种方式,一是时钟从 A 接入,Q_A 和 B 相连,计数由 Q_A、Q_B、Q_C、Q_D 输出;二是时钟从 B 接入,Q_D 和 A 相连,计数由 Q_A、Q_B、Q_C、Q_D 输出。

6.4 寄 存 器

寄存器是另一类主要的时序逻辑器件。寄存器同计数器一样,也是由一组触发器组成,但是实现的逻辑功能却不同。寄存器的逻辑功能主要是暂时存放二进制信息,包括运算数据、运算结果和操作指令等,其广泛应用于计算机和各类数字系统中。作为商品的时序逻辑器件,除了具有暂存信息的寄存器外,还有一类兼有暂存信息和对存放信息进行移位操作的寄存器,称为移位寄存器。

6.4.1 寄存器基本结构

根据寄存器输入/输出(也称为写入/读出)信息的方式,可将寄存器分为四种基本结构:并入/并出;串入/串出;并入/串出;串入/并出。寄存器四种基本结构方式如图 6-21 所示。

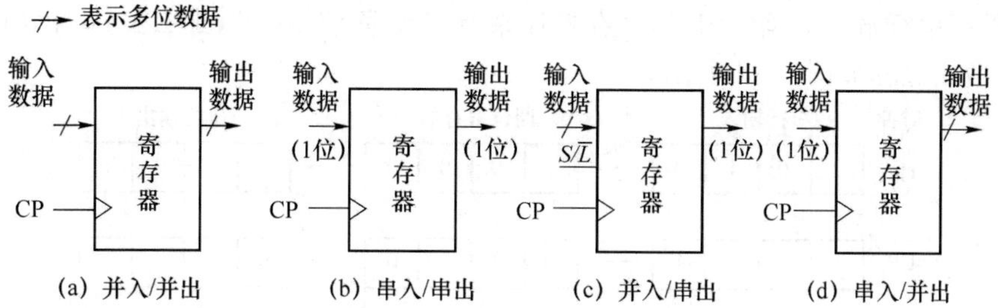

图 6-21 寄存器四种基本结构框图

1. 寄存器并入/并出结构

四位并入/并出寄存器结构如图 6-22 所示。

在图 6-22 逻辑电路中,寄存器由四个 D 触发器组成,由一个公共时钟同步触发。每个 D 触发器的输入数据和输出状态都是一一对应的,并在时钟的上升沿将输入数据并行存入(也称写入)触发器,同时可通过触发器状态端将输入数据并行输出(也称读出)。如果又有新的输入数据写入触发器,那么原有的写入数据将被取代,输出的也是新的数据。

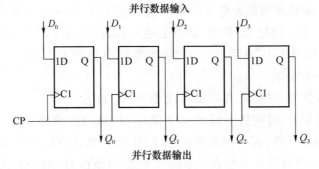

图 6-22　四位并入/并出寄存器结构

2. 寄存器串入/串出结构

四位串入/串出寄存器结构如图 6-23 所示。

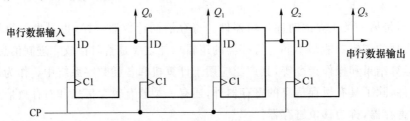

图 6-23　四位串入/串出(串入/并出)寄存器结构

在图 6-23 中可看出,串入/串出寄存器是由触发器级联而成,输入数据从最左边的触发器 D 端输入,并在每个时钟的上升沿每次串行写入一位数据,写入数据逐位右移,经过四个 CP 时钟,四位输入数据以串行方式写入四个触发器中,而寄存器原来所存四位数据,则由最右边触发器 Q 端逐位串行输出。

如果拟串行输入数据"1010",寄存器原来所存数据为"1000",那么经过四个 CP 时钟的串入/串出过程如图 6-24 所示。

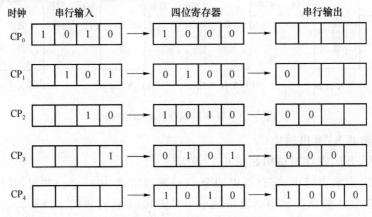

图 6-24　串入/串出过程示例

3. 寄存器串入/并出结构

四位串入/并出寄存器结构与串入/串出结构相同,如图 6-23 所示。但是串入/并出结构输出数据是在串行输入数据完成后,由各触发器的状态端读出。

4. 寄存器并入/串出结构

寄存器并入/串出结构要比前三种结构复杂,增加了一些控制电路,如图 6-25 所示。

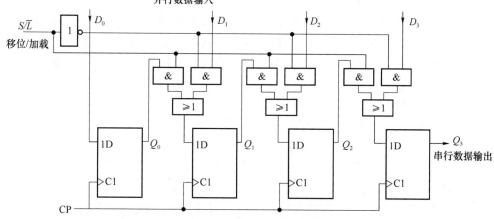

图 6-25　四位并入/串出寄存器结构

由图 6-25 可见,并行输入数据由 $D_0 \sim D_3$ 写入,串行输出数据由触发器 Q_3 端读出,写入数据和读出数据分时进行,并由移位/加载信号 $S/\overline{L}$ 控制。当 $S/\overline{L}$ 为低电平时,封锁了左侧三个"与"门,各触发器之间的级联断开,串行输出被禁止;而右侧三个"与"门选通,并行输入数据连接到各触发器输入端,在之后的时钟上升沿,将数据写入各触发器。当 $S/\overline{L}$ 为高电平时,与上述情况相反,封锁右侧三个"与"门,禁止并行数据输入,选通左侧三个"与"门,级联各触发器,在时钟的作用下,将寄存器中数据逐位从 Q_3 端串行读出。

5. 具有三态输出的寄存器

一种具有三态输出结构的寄存器如图 6-26 所示。

在图 6-26 中,每个触发器的 $\overline{Q}$ 端都通过一个三态门输出数据,三态门由 $\overline{OE}$ 输出使能信号控制。当 $\overline{OE}$ 为高电平时,三态门为高阻抗状态,输出数据被禁止;当 $\overline{OE}$ 为低电平时,三态门打开,数据输出到总线上。时钟信号和 $\overline{OE}$ 信号

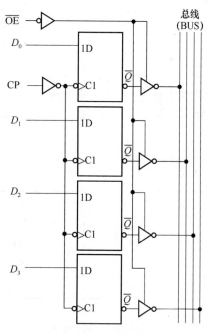

图 6-26　具有三态输出的寄存器

通过一个反相器连接到各端,是为了提高信号的驱动能力。

6.4.2 典型集成移位寄存器 x194

1. 集成移位寄存器 x194 电路结构

集成移位寄存器 x194 是一种典型的寄存器,它具有左移、右移、并入、保持四种功能,逻辑电路如图 6-27(a)所示。

在图 6-27(a)电路中,有两个控制信号 S_1 和 S_0,由这两个信号的四组取值组合 00、01、10、11 控制电路分别完成保持、右移、左移和并入四种逻辑功能,如图 6-27(b)所示。D_{SR} 为右移串行数据输入端,D_{SL} 为左移串行数据输入端。每个触发器输入端都接有一组控制电路:一个"或"门,四个"与"门,这四个"与"门分别由 S_1 和 S_0 控制选通,每组 $S_1 S_0$ 取值组合仅能使其中一个"与"门选通。

移位寄存器 x194 的常用逻辑符号如图 6-27(c)所示。

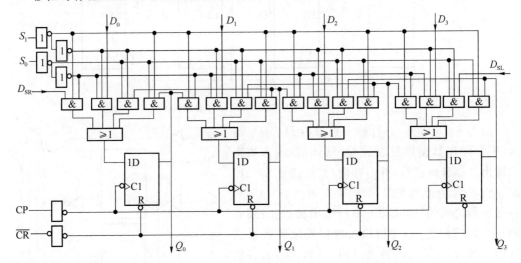

(a) 逻辑图

S_1	S_0	功能
0	0	保持
0	1	右移
1	0	左移
1	1	并入

(b) 功能表

(c) 常用逻辑符号

图 6-27 移位寄存器 x194

2. 集成移位寄存器 x194 逻辑功能分析

下面分析移位寄存器 x194 四种功能——保持、右移、左移和并入——的实现。

当 $S_1 S_0 = 00$ 时，每组四个"与"门中的最右侧"与"门被选通，其他三个"与"门被封锁，由图 6-27 可见，这时只有各触发器的 Q 端连接到本触发器的 D 输入端，寄存器实现"保持"原有的数据功能。

当 $S_1 S_0 = 01$ 时，每组最左侧的"与"门被选通，使各触发器从左向右级联（前一个触发器的 Q 端接后一个触发器的输入端），串行输入数据由 D_{SR} 进入，由触发器 Q_3 端串行输出，寄存器完成"右移"功能。

当 $S_1 S_0 = 10$ 时，每组右侧第二个"与"门被选通，使各触发器从右向左级联，串行输入数据由 D_{SL} 进入，由触发器 Q_0 端串行输出，寄存器完成"左移"功能。

当 $S_1 S_0 = 11$ 时，每组左侧第二个"与"门被选通，并行输入数据 $D_0 \sim D_3$ 被连接到触发器输入端，在时钟 CP 作用下将输入数据并行写入寄存器，寄存器完成"并入"功能。

由上述分析可知，此寄存器也可实现前述的寄存器四种输入/输出方式，即并入/并出、并入/串出、串入/并出、串入/串出方式。

6.4.3　寄存器应用

寄存器作为一种时序逻辑电路功能器件，其广泛应用于计算机和各类数字系统之中，主要用来暂时保存二进制信息，并且写入/读出速度很快。比如，在计算机 CPU（中央处理单元）中，尤其是新型 CPU 中大量使用寄存器，用以提高计算机运算速度和性能。又如，在各类数字器件和接口电路中，也大量使用寄存器作为数据缓冲和暂存数据之用。在当前迅猛发展的数字通信之中，各类通信的数据传送均采用串行通信的方式，数据的并/串和串/并的相互转换，通常就是采用寄存器和移位寄存器来完成。读者只要基本掌握本书介绍的内容，就可以理解这方面的应用。下面介绍移位寄存器 x194 作为计数器的应用：一是连接成环形计数器；二是连接成扭环计数器（也称为 Jonson 计数器）。

1. 环形计数器

环形计数器是用移位寄存器构成的。环形计数器计数循环回路中的每个状态都使用一个触发器，也就是 n 个触发器仅表示 n 个有效状态。环形计数器最主要的特点是计数状态不需要译码电路，可直接由触发器状态端接出作为译码信号用。由 x194 构成的环形计数器如图 6-28(a) 所示，最右侧触发器的 Q_3 端连接到寄存器最左侧的右移串行数据输入端 D_{SR}，这也是称为"环形"计数器的由来。

图 6-28 由移位寄存器 x194 构成的计数器必须预先进行寄存器初始状态设置：
电路预置 $D_0 D_1 D_2 D_3 = 1000$，$S_0 = 1$，并通过在 S_1 施加一个高电平脉冲，即 $S_1 S_0 = 11$，完成寄存器并行写入 $Q_0 Q_1 Q_2 Q_3 = 1000$。当 S_1 高电平脉冲结束后，即 $S_1 S_0 = 01$ 时，

寄存器工作于右移方式,寄存器中的"1"随着 CP 时钟逐位右移,并经 Q_3 到 D_{SR} 移入 Q_0,往复循环。由此可画出此电路的状态转换图和时序图如图 6-28(b)和(c)所示。观察计数循环为 1000→0100→0010→0001→1000(初始状态)。

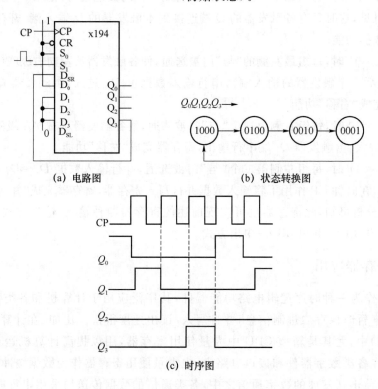

(a) 电路图　　　　　　　(b) 状态转换图

(c) 时序图

图 6-28　x194 连接成环形计数器

可以看到,环形计数器是以每个触发器逐个置"1"表示计数状态。尽管环形计数器使用触发器比较多,但是这种电路没有竞争冒险,电路可靠,而且不需要外加计数状态的译码电路,因此常用于需要可靠控制的系统之中。

2. 扭环计数器

由 x194 构成的扭环计数器如图 6-29(a)所示。与上述环形计数器不同的是连接到 D_{SR} 的是 $\overline{Q_3}$ 端,而不是 Q_3 端,对于寄存器内部电路而言是引自 $\overline{Q_3}$ 端,与环形计数器相比好像环路"扭"了一下,这也是"扭环"计数器的由来。扭环计数器中触发器的利用率提高了一倍,计数状态数为 $2n$,n 为触发器数。

这个电路在开始计数之前,也要预先设置电路初始状态为"0000",这可以通过异步清零实现。通过分析可画出电路的状态转换图和时序图如图 6-29(b)和(c)所示。

扭环计数器的主要特点是计数循环回路中状态之间的转换,每次只有一个触发器的状态发生改变,类似于格雷码码组之间的变化,因此没有过渡码组,工作比较可靠。另外,扭环计数器计数状态的译码电路也比较简单。

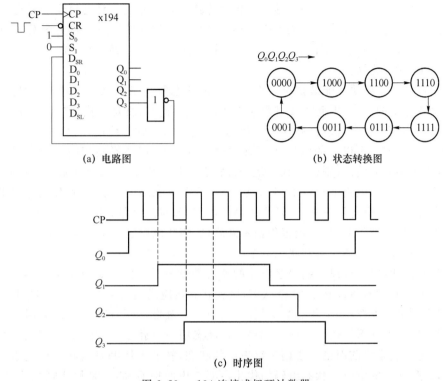

(a) 电路图　　　　　　　(b) 状态转换图

(c) 时序图

图 6-29　x194 连接成扭环计数器

6.5　同步时序逻辑电路设计

　　本章前述的大都是时序电路分析的内容,但通过具体的分析过程,读者也可以感受到一些有关时序电路设计的方法。参照已有的实际电路,根据设计要求,在实际电路的基础上对电路进行适当修改,也可以完成一些相对简单的设计任务。本节系统介绍中规模同步时序逻辑电路的传统设计方法,并采用逻辑门、触发器等小规模集成电路为基本逻辑器件,而且状态变量数为四个以内或包括输入变量在内的变量数为四个以内的比较简单的设计。本章下节介绍 VHDL 语言描述时序电路的方法。在第 10 章介绍算法状态机(ASM)图表及数字系统设计方法。

6.5.1　同步时序电路设计步骤

　　设计中规模同步时序逻辑电路的传统方法一般可采用如下步骤:

　　第一步:根据设计题目要求,确定输入、输出变量,仔细分析确定的所有状态,以及状态之间转换与输入、输出的关系,并用字符表示所有的状态,画出草图。对于以文字形式描述的设计题目要求,分析和确定所有的符合设计要求的状态是本步骤的难点和关键点。

第二步:根据第一步分析的过程,画出初始状态转换图和初始状态转换表。一般状态转换图比较直观、清晰,可以十分清楚地看出状态转换关系,但描述设计题目要求可能不全面,容易丢掉一些符合要求的状态。而状态转换表则比状态转换图描述问题更全面,因为它是采用穷举法,列出了所有可能的状态,因此在逻辑设计中,状态转换表是不能缺少的。

第三步:状态化简。

因为在第一步要尽可能地把符合设计要求的状态罗列出来,而这些状态中却可能存在着多余或重复的状态,因此需要进行状态化简。状态化简就是要找到"等价"状态,两个或两个以上的等价状态可以合并为一个状态,这就达到了状态化简的目的。等价状态的定义:如果两个或两个以上的状态在所有的输入条件下,都转换到相同的状态或等价状态,并且都有相同的输出,则这些状态是等价状态。状态化简后,要列出简化状态转换表。

需要说明的是,电路中存在着多余状态,并不影响电路的逻辑功能及设计要求的实现。状态化简与逻辑化简一样,都是为了简化电路,节省门电路和触发器。随着数字集成电路的发展,集成度不断提高,销售价格不断降低,简化电路已经不是主要问题。

第四步:确定触发器数目和状态分配。

经过状态化简后,待设计的时序电路的状态数就最后确定了。每个触发器可以表示2个状态,n个触发器可以表示2^n个状态,因此状态数应满足小于等于2^n。如果状态数为15,可以用四个触发器;如果状态数为7,可以用三个触发器。有时也可以采用每个状态用一个触发器,像环形计数器一样。如果每个状态用一个触发器,则不需要状态分配。

状态分配就是将前面第一步用字符表示的状态,转变为用触发器状态取值组合表示的状态,即是状态的编码。状态编码的优化主要考虑两项原则:一是使实现电路简单;二是使电路工作可靠,稳定工作。这里建议状态编码一般采用格雷码的形式或自然二进制码的形式,而不考虑电路简单的问题。

在简化状态转换表中,用状态编码替换字符表示的状态,从而建立时序电路设计最后所用的状态转换表,并根据此表确定触发器输入方程和输出方程。

第五步:触发器选型。

一般可选用D触发器或JK触发器。选用的触发器不同,实现电路所用的逻辑门数量也不同,通过比较,可以选用简单的电路。通常选用D触发器设计比较方便,但可能所用逻辑门多一些。

第六步:确定触发器输入方程。

根据第四步建立的状态转换表,求出各触发器的状态方程。如果用D触发器,因为$Q^{n+1}=D$,各触发器的输入方程就是状态方程。

第七步:确定输出方程。

第八步:画逻辑电路图。

第九步:验证逻辑功能。

对设计出的电路进行逻辑验证,可以采用前述的分析方法。如果符合设计要求,整个设计工作结束。

6.5.2 同步时序电路设计举例

例 6-3 设计一个同步时序电路,用于检测一条数据线的数据,如果连续测试串行输入的三位数据中有奇数个"1"时,电路产生一个输出脉冲。

解

第一步:设串行输入数据为输入变量 X,产生的输出脉冲为输出变量 Z。分析题目要求,连续测试输入的三位数据,待设计电路中的状态对输入数据情况的"记忆",应有如下几种可能:

① 电路初始状态,没有接收到测试数据之前的状态,假设此状态为 A。

② 电路接收到第一个数据是"0",设状态为 B。

③ 电路接收到第一个数据是"1",设状态为 C。

④ 电路接收到第一和第二个数据都是"0",设状态为 D。

⑤ 电路接收到第一个数据是"0",第二个数据是"1",设状态为 E。

⑥ 电路接收到第一个数据是"1",第二个数据是"0",设状态为 F。

⑦ 电路接收到第一个数据是"1",第二个数据是"1",设状态为 G。

电路接收到第三个输入数据后,不论是"0"还是"1",都应回到初始状态 A,因为题目要求连续测试输入三位数据。由此,经过分析可知,待设计电路应有 A、B、C、D、E、F、G 七种状态。

第二步:画出初始状态转换图和初始状态转换表。

根据第一步分析和题目要求,可以先画出初始状态转换图如图 6-30(a)所示。然后根据初始状态转换图,可以列出初始状态转换表如图 6-30(b)所示。

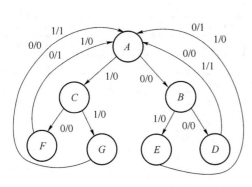

现态	输入	次态	输出
A	0	B	0
	1	C	0
B	0	D	0
	1	E	0
C	0	F	0
	1	G	0
D	0	A	0
	1	A	1
E	0	A	1
	1	A	0
F	0	A	1
	1	A	0
G	0	A	0
	1	A	1

(a)初始状态转换图　　　　　　　　　　(b)初始状态转换表

图 6-30　例 6-3 初始状态转换图和初始状态转换表

第三步：状态化简。

观察图 6-30(b)初始状态转换表，可以发现状态 D 和 G 是等价状态，状态 E 和 F 是等价状态。消去状态 G 和 F，并分别用 D 和 E 替代 G 和 F。简化后的状态转换表如表 6-4 所示。

第四步：确定触发器数目和状态分配。

由表 6-4 可见，电路中共有 5 个状态，因此需要 3 个触发器。设三个触发器状态组合为 $Q_0 Q_1 Q_2$，且触发器状态编码采用格雷码形式，状态 $A \sim E$ 的状态编码表如表 6-5 所示。

表 6-4　简化后状态转换表

现态	输入	次态	输出
A	0	B	0
	1	C	0
B	0	D	0
	1	E	0
C	0	E	0
	1	D	0
D	0	A	0
	1	A	1
E	0	A	1
	1	A	0

表 6-5　状态编码表

状态	状态编码		
	Q_0	Q_1	Q_2
A	0	0	0
B	0	0	1
C	0	1	1
D	0	1	0
E	1	1	0

根据表 6-4 和表 6-5 重新编制电路状态转换表如表 6-6 所示。凡表 6-5 状态编码表未使用的码组"100"、"101"、"111"，在表 6-6 的次态和输出栏中均填入"$\varnothing$"，做无关项处理。

表 6-6　状态转换表

Q_0^n	Q_1^n	Q_2^n	X	Q_0^{n+1}	Q_1^{n+1}	Q_2^{n+1}	Z
0	0	0	0	0	0	1	0
0	0	0	1	0	1	1	0
0	0	1	0	0	1	0	0
0	0	1	1	1	1	0	0
0	1	0	0	0	0	0	0
0	1	0	1	0	0	0	1
0	1	1	0	1	1	0	0
0	1	1	1	0	1	0	0
1	0	0	0	$\varnothing$	$\varnothing$	$\varnothing$	$\varnothing$
1	0	0	1	$\varnothing$	$\varnothing$	$\varnothing$	$\varnothing$
1	0	1	0	$\varnothing$	$\varnothing$	$\varnothing$	$\varnothing$
1	0	1	1	$\varnothing$	$\varnothing$	$\varnothing$	$\varnothing$
1	1	0	0	0	0	0	1
1	1	0	1	0	0	0	0
1	1	1	0	$\varnothing$	$\varnothing$	$\varnothing$	$\varnothing$
1	1	1	1	$\varnothing$	$\varnothing$	$\varnothing$	$\varnothing$

第五步:触发器选型。

选用 D 触发器。

第六步:确定触发器输入方程。

根据表 6-6 状态转换表,确定 $D_2 D_1 D_0$ 的方程。先求出触发器 Q_2^{n+1}、Q_1^{n+1}、Q_0^{n+1} 的状态方程,根据表 6-6 可分别填写出 Q_2^{n+1}、Q_1^{n+1}、Q_0^{n+1} 三个卡诺图如图 6-31 所示。

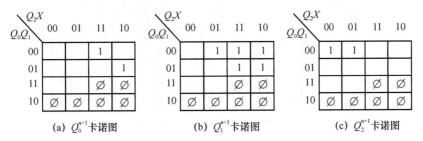

(a) Q_0^{n+1} 卡诺图　　　　(b) Q_1^{n+1} 卡诺图　　　　(c) Q_2^{n+1} 卡诺图

图 6-31　Q_2^{n+1}、Q_1^{n+1}、Q_0^{n+1} 卡诺图

由卡诺图可分别得出状态方程:

$$Q_0^{n+1} = \overline{Q}_1^n Q_2^n X + Q_1^n Q_2^n \overline{X}$$
$$= Q_2^n (\overline{Q}_1^n X + Q_1^n \overline{X})$$
$$= Q_2^n (Q_1^n \oplus X)$$
$$Q_1^{n+1} = Q_2^n + \overline{Q}_1^n X$$
$$Q_2^{n+1} = \overline{Q}_1^n \overline{Q}_2^n$$

根据 D 触发器特性方程 $Q^{n+1}=D$,可得出

$$D_0 = Q_2^n (Q_1^n \oplus X)$$
$$D_1 = Q_2^n + \overline{Q}_1^n X$$
$$D_2 = \overline{Q}_1^n \overline{Q}_2^n$$

第七步:确定输出方程。

根据表 6-6,可填写输出 Z 的卡诺图如图 6-32 所示。由卡诺图可得出

$$Z = \overline{Q}_0 Q_1 \overline{Q}_2 X + Q_0 \overline{X}$$

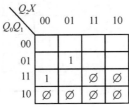

图 6-32　Z 卡诺图

第八步:画逻辑电路图。

根据触发器输入方程和输出方程,可画出逻辑电路图如图 6-33 所示。

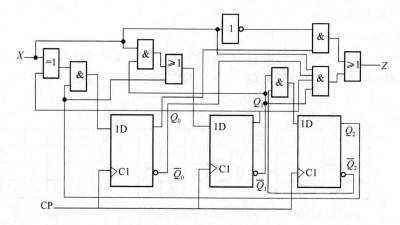

图 6-33 例 6-3 逻辑电路图

第九步:验证电路逻辑功能。

根据状态方程和输出方程,重新填写表 6-6 电路状态转换表,用"1"或"0"替换所有的无关项"∅",可得到完整的状态转换表。由状态转换表可画出状态转换图,检验电路逻辑功能,是否与设计要求一致。如果不一致,则要重新检查设计过程,直到与设计要求一致为止。

例 6-4 设计一个采用自然二进制码的五进制(模 5)计数器。

解

因为设计题目已经给出待设计电路的状态数为 5 个,因此要用 3 个触发器。若设 3 个触发器状态编码组合顺序为 $Q_2Q_1Q_0$,并因编码已给定,故可直接画出状态转换图并列出状态转换表如图 6-34(a)、(b)所示。

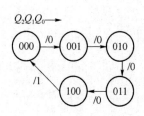

Q_2^n	Q_1^n	Q_0^n	Q_2^{n+1}	Q_1^{n+1}	Q_0^{n+1}	Z
0	0	0	0	0	1	0
0	0	1	0	1	0	0
0	1	0	0	1	1	0
0	1	1	1	0	0	0
1	0	0	0	0	0	1
1	0	1	∅	∅	∅	∅
1	1	0	∅	∅	∅	∅
1	1	1	∅	∅	∅	∅

(a) 状态转换图　　　　　　　　　　　　(b) 状态转换表

图 6-34 例 6-4 状态转换图和表

根据 6-34(b)状态转换表,可画出 3 个触发器的次态卡诺图和输出 Z 卡诺图如图 6-35所示。

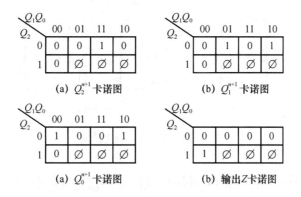

图 6-35　例 6-4 卡诺图

根据图 6-35 卡诺图,可分别得出触发器状态方程如下:

$$Q_2^{n+1} = Q_1^n Q_0^n$$

$$Q_1^{n+1} = \overline{Q_1^n} Q_0^n + Q_1^n \overline{Q_0^n}$$

$$Q_0^{n+1} = \overline{Q_2^n} \overline{Q_0^n}$$

如果选用 D 触发器,则可得到如下输入方程:

$$D_2 = Q_1^n Q_0^n$$

$$D_1 = \overline{Q_1^n} Q_0^n + Q_1^n \overline{Q_0^n}$$

$$D_0 = \overline{Q_2^n} \overline{Q_0^n}$$

如果选用 JK 触发器,为便于状态方程同触发器特性方程相对比,根据图 6-35 的 Q_2^{n+1} 卡诺图,将 $Q_2^{n+1} = Q_1^n Q_0^n$ 改写为 $Q_2^{n+1} = Q_0^n Q_1^n \overline{Q_2^n}$(也就是不与相邻的"111"无关项"$\varnothing$"化简),重写状态方程如下:

$$Q_2^{n+1} = Q_0^n Q_1^n \overline{Q_2^n}$$

$$Q_1^{n+1} = \overline{Q_1^n} Q_0^n + Q_1^n \overline{Q_0^n}$$

$$Q_0^{n+1} = \overline{Q_2^n} \overline{Q_0^n}$$

将上述状态方程与 JK 触发器特性方程 $Q^{n+1} = J \overline{Q^n} + \overline{K} Q^n$ 相对比,可得出:

$$J_2 = Q_0^n Q_1^n \quad K_2 = 1$$

$$J_1 = Q_0^n \quad\quad K_1 = Q_0^n$$

$$J_0 = \overline{Q_2^n} \quad\quad K_0 = 1$$

根据图 6-35(d)Z 卡诺图,可得出如下输出方程:

$$Z = Q_2^n$$

通过比较可知,选用 JK 触发器所用门电路较少,故选用 JK 触发器。根据输入方程和输出方程,可画出逻辑电路图如图 6-36 所示。

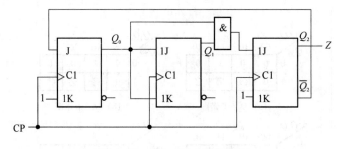

图 6-36　例 6-4 逻辑电路图

6.6　时序逻辑电路 VHDL 设计举例

时序逻辑电路状态变化需要由时钟信号来控制。在 VHDL 语言中,时钟信号(CLK)发生变化时,意味着一个事件的发生,可用 CLK′event 语句来表示。上升沿跳变之后,CLK 当前值为 1;下降沿跳变之后,CLK 当前值为 0。对时钟上升沿的描述语句为 if CLK′event and CLK=′1′,对时钟下降沿的描述语句为 if CLK′event and CLK=′0′。在时序逻辑电路描述中,时钟作为敏感信号出现在 Process 语句后的括号中。当时钟信号有效边沿出现,则启动 Process 语句的执行。下面通过几个实例介绍时序逻辑电路的描述方法。

6.6.1　D 触发器

例 6-5　完成 D 触发器编程。

解　D 触发器的端口图如图 6-37 所示。其输入为时钟信号 CLK 和输入数据 D,输出状态 Q。每当检测到一个时钟上升沿(⌐)信号,则将输入数据 D 传给输出状态端 Q。其输入、输出关系见表 6-7。程序如下:

```
Library ieee;
Use ieee.std_logic_1164.all;
Entity d is                    --实体名是 d
   Port(    CLK:in std_logic;
            D:in std_logic;
            Q:out std_logic);
   End d;
Architecture d_arch of d is     -- 结构体名是 d_arch
Begin
   Process(CLK)                 -- 进程语句,敏感信号是 CLK
   Begin
```

```
    if(CLK′event and CLK = ′1′)then          -- 使用 if 语句,检测时钟上升沿
          Q< = D;                            -- 输入赋给输出
    End if;
  End process;
End d_arch;
```

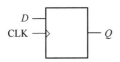

图 6-37 D 触发器端口图

表 6-7 输入、输出关系表

CLK	Q
⌐	D
X	保持不变

此段程序在结构体中使用了 if 语句,用来检测时钟信号 CLK。

If (CLK′event and CLK =′1′)语句,用来判断有时钟事件发生且值为 1 时,即检测到时钟脉冲上升沿,执行语句 Q<=D,将输入数据 D 赋给输出 Q。

6.6.2 四位 D 触发器

例 6-6 完成四位 D 触发器编程。

解 四位 D 触发器的端口图如图 6-38 所示。其输入数据为时钟信号 CLK、清零信号 CLR、四位数据 D[3..0],输出四位数据 Q[3..0]。当清零信号 CLR 为 1 时,Q 输出清 0;否则,每检测到一个时钟脉冲上升沿(⌐)信号,就将四位输入数据 D 传给输出 Q。其输入、输出关系见表 6-8。

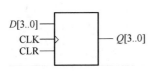

图 6-38 四位 D 触发器端口图

表 6-8 输入、输出关系表

CLK	CLR	Q[3..0]
X	1	0000
⌐	0	D[3..0]
X	0	保持不变

程序代码如下:

```
Library ieee;
Use ieee.std_logic_1164.all;
Entity d4 is                          -- 实体名是 d4
  Port(  CLR,CLK:in std_logic;
         D:in std_logic_vector(3 downto 0);
         Q:out std_logic_vector(3 downto 0));
    end d4;
Architecture d4_arch of d4 is         --结构体名是 d4_arch
Begin
  Process(CLR,CLK)                     --进程语句,敏感信号是 CLR,CLK
```

```
Begin
    if(CLR = ´1´)then                               --使用条件选择控制 if 语句,进行判断
        Q< = ″0000″;
    elsif(CLK´event and CLK = ´1´)then              -- 检测时钟上升沿
        Q< = D;
    end if;
end process;
```
```
end d4_arch;
```

此段语句在结构体中使用了条件选择控制 if 语句,用来检测清零信号 CLR 和时钟信号 CLK。If (CLR=´1´) 语句,用来判断当清零信号为 1 有效时,则执行语句 Q<=″0000″,使输出 Q 清零。elsif (CLK´event and CLK＝´1´) 语句,用来判断有时钟事件发生且值为 1 时,即检测到时钟脉冲上升沿,执行语句 Q<＝D,将输入数据 D 赋给输出 Q。

6.6.3 四位同步二进制加计数器

例 6-7 完成四位同步二进制加计数器编程。

解 四位同步二进制加计数器功能、逻辑符号如图 6-15 所示,见 6.3.4 节。程序如下:

```
Library ieee;
Use ieee.std_logic_1164.all;
Use ieee.std_logic_arith.all;
Entity count is                                  -- 实体名是 count
  Port(   CP,CR,LD,CTP,CTT:in std_logic;
          D:in unsigned(3 downto 0);
          Q:out unsigned(3 downto 0);
          CO:out std_logic);
End count;
Architecture v1_arch of count is                 -- 结构体名是 v1_arch
Signal iq:unsigned(3 downto 0);                  -- 定义信号 iq
Begin
  Process (CP)                                   -- 进程语句
  Begin
    if CR = ´0´ then iq< = ″0000″;               -- CR = ´0´时,将 0000 赋给信号 iq
                CO< = ´0´;                        -- 将 0 赋给 CO
    Elsif(CP´event and CP = ´1´)then             -- 判断时钟脉冲上升沿
        if LD = ´0´ then iq< = D;                -- 当 LD = ´0´时,则将 D 赋给 iq
          elsif(CTT and CTP) = ´1´then iq< = iq + 1;
                                                  -- CTT 和 CTP 都等于´1´时,则 iq 自加 1
```

```
        End if;
    end if;
    if(iq = 15)and(CTT = ´1´)then CO< = ´1´;   --iq = 15 并且 CTT = ´1´时,则将´1´赋给 CO
    else CO< = ´0´;                             -- 否则 0 赋给 CO
    End if;
    Q< = iq;                                    -- 将信号 iq 赋给输出 Q
  End process;
End v1_arch;
```

此段语句在结构体中首先定义四位计数信号 iq,起中转作用。

在进程语句中,检测时钟脉冲 CP 的变化,如果无变化,挂起等待;否则,启动进程语句执行。在进程内部首先判断是否有 CR 清零信号,如果有,则计数信号 iq 和进位输出 CO 全清零,转到最后一个 if 语句;否则,检测时钟脉冲上升沿。如果时钟脉冲没有出现上升沿,则转到最后一个 if 语句;否则,判断 LD 是否为 0 有效。如果 LD 为 0,将输入数据 D 预置给计数信号 iq,转到最后一个 if 语句;否则,判断 CT_T 和 CT_P 是否都等于 1。CT_T 和 CT_P 都等于 1,则计数信号 iq 自加 1;否则,转到最后一个 if 语句。

最后一个 if 语句,检测计数信号 iq 为 15(计满)且 CT_T 等于 1 时,进位输出 CO 被赋值 1;否则 CO 被赋值 0。最后将中转信号 iq 的值赋给输出 Q,结束一次循环,回到进程语句暂时挂起,等待敏感信号 CP 的变化。如果有变化,再次启动执行进程内部的语句。

6.6.4　四位同步十进制加计数器

例 6-8　完成四位同步十进制加计数器编程。

解　修改四位同步二进制加计数器为模 10 计数器,形成四位同步十进制加计数器。

程序代码如下(实体与例 6-7 相同):

```
Architecture v1_arch of count is        -- 结构体名是 v1_arch
Signal iq:unsigned(3 downto 0);         -- 定义信号 iq
Begin
  Process (CP)                          -- 进程语句
  Begin
    if CR = ´0´ then iq< = "0000";      -- CR = ´0´时,将 0000 赋给信号 iq
        CO = ´0´;                       -- 将 0 赋给 CO
    elsif(CP´event and CP = ´1´)then    -- 判断时钟脉冲上升沿
      if LD = ´0´ then iq< = D;         -- 当 LD = ´0´时,则将 D 赋给 iq
      elsif(CTT and CTP) = ´1´and (iq = 9)then iq< = (´0´,´0´,´0´,´0´);  -- 计到 9 清 0
      elsif(CTT and CTP) = ´1´then iq< = iq + 1;
                                        -- CTT 和 CTP 都等于´1´时,则 iq 自加 1
      End if;
```

End if;

if(iq = 9)and(CTT = ´1´)then CO< = ´1´;   -- iq = 9 并且 CTT = ´1´时,则将´1´赋给 CO

else CO< = ´0´;   -- 否则 0 赋给 CO

End if;

Q< = iq;   -- 将信号 iq 赋给输出 Q

End process;

End v1_arch;

此段语句在四位同步二进制加计数器基础上增加了语句 elsif (CTT and CTP)＝´1´ and (iq＝9) then iq <＝(´0´,´0´,´0´,´0´),用来判断是否计数到 9,如果计数到 9,则将信号 iq 清 0,以实现十进制加计数功能,并修改了最后一条 if 语句为 if (iq＝9) and (CTT＝´1´)then CO<＝´1´,当计数计到 9 时,将输出 CO 置为 1。

习 题

6-1 什么是组合逻辑电路? 什么是时序逻辑电路? 两者之间有何区别?

6-2 对于一个给定的时序电路,应采取哪些步骤进行分析? 分析的最终目的是什么?

6-3 分析图 P6-3 的同步时序电路,列出状态表,画出状态图。

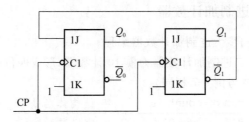

图 P6-3

6-4 分析图 P6-4 的同步时序电路,列出状态表,画出状态图。

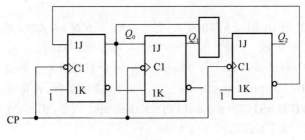

图 P6-4

6-5 分析图 P6-5 电路,列状态表,画状态图,并指出电路中存在的问题。

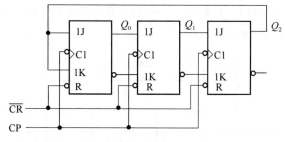

图 P6-5

6-6 试分析图 P6-6 所示时序电路,列出状态表,画出状态图。

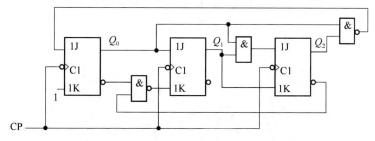

图 P6-6

6-7 试分析图 P6-7 所示时序电路,画出状态图。

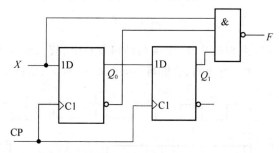

图 P6-7

6-8 图 P6-8 的全加器接收两个外部信号 A 和 B,第三个输入信号接自 D 触发器的 Q 输出端,进位输出端 CO 与触发器的 D 输入端相连,和输出端 S 作为输出。试列出该时序电路的状态表,并画出状态图。

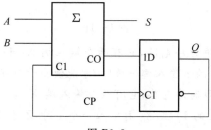

图 P6-8

6-9　一个11位左移移位寄存器和两个同步时序电路相连,如图 P6-9(a)所示,两个时序电路的状态图示于图 P6-9(b)。如果设定初始状态:寄存器的内容为 01101000100,两个时序电路均处于 00 状态,在连续施加 11 个脉冲之后,试确定 Z_2 的输出序列。

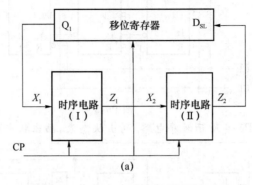

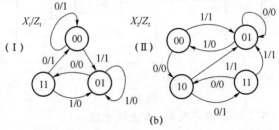

图 P6-9

6-10　用 JK 触发器分别设计 8421 编码的同步模三、模五和模七计数器。

6-11　试设计一个同步时序电路,它有两个输出端 Z_1 和 Z_2,输出波形如图 P6-11 所示。

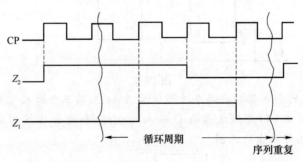

图 P6-11

6-12　试设计一个同步时序电路,它有两个输入端 X_1 和 X_2,只有在连续两个或两个以上时钟脉冲作用期间,两个输入都一致时,才能使指示灯发亮。

6-13　试设计一个同步时序电路,它有两个输入端 X_1 和 X_2,一个输出端 Z,只有当 X_1 输入三个 1(或三个以上的 1)后,X_2 再输入一个 1 时,Z 才为 1,而在同一个时刻,两个输入不能同时为 1(注:这里输入三个 1,并不要求是连续的,只要期间没有 $X_2=1$ 插进来即可,而一旦 $Z=1$,电路就回到原始状态)。

6-14 试设计一个同步同序电路,当它的输入端 $X=1$ 时,其输出序列为 00-11-10-01,并在达到 01 或 00 之后,颠倒输出序列;当 $X=0$ 时,电路返回初始状态(00)之后不再变化,输出亦为 00。

6-15 试分析图 P6-15 所示异步时序电路,画出时序图。

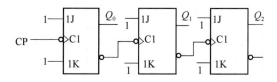

图 P6-15

6-16 试分析图 P6-16 所示异步时序电路,画出时序图。

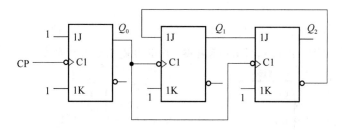

图 P6-16

6-17 分析图 P6-17 所示电路,画出状态图,指出是几进制计数器。

6-18 分析图 P6-18 所示电路,画出状态图,指出是几进制计数器。

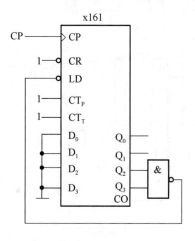

图 P6-17

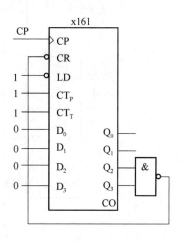

图 P6-18

6-19 分析图 P6-19 所示电路,画出状态图,指出是几进制计数器。

6-20 分析图 P6-20 所示电路,画出状态图,指出是几进制计数器。

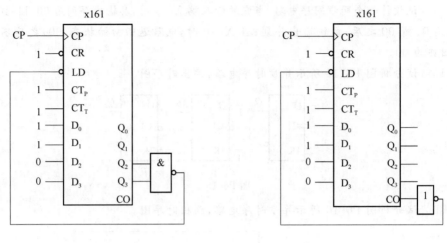

图 P6-19   图 P6-20

6-21 分析图 P6-21(a)、(b)所示电路,并指出是几进制计数器。

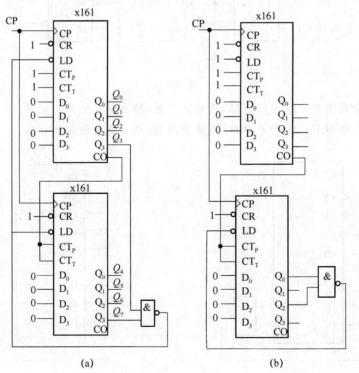

(a)   (b)

图 P6-21

6-22 试利用 x161 的同步预置功能实现九进制计数器。

6-23 试利用 x160 实现模 50 计数器。

6-24 试用 x194 实现模 3 和模 7 环形计数器。

6-25 步进电机有四条输入线,要求的输入波形示于图 P6-25。为驱动步进电机,试设计一个同步时序电路,输出图 P6-25 的波形。

6-26 分析图 P6-26 电路,如果集成计数器的芯片分别是:(1)x161;(2)x163,指出是几进制计数器。

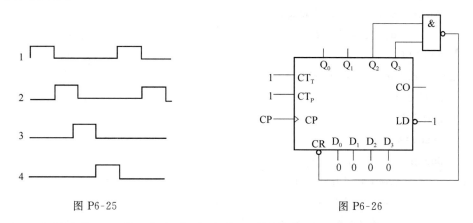

图 P6-25   图 P6-26

6-27 分析图 P6-27 所示各电路,指出是几进制计数器。

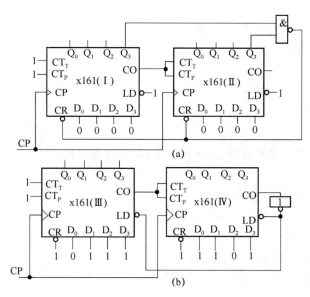

图 P6-27

6-28 试利用 x160 芯片构成同步 100 进制计数器,画出连线图。

6-29　用 VHDL 语言完成带清零端(低电平有效)的 D 触发器编程。

6-30　用 VHDL 语言完成 4 位串入串出移位寄存器编程。

6-31　对下列程序进行注释,画出端口图,写出状态方程。

```
Library ieee;
Use ieee.std_logic_1164.all;
Use ieee.std_logic_unsigned.all;
Entity tff is
  Port(  t,en:in std_logic;
          q:out std_logic);
  End tff;
Architecture v1_arch of tff is
Signal q_temp:std_logic;
Begin
  Process (t)
  Begin
    if t'event and t = '0' then
        if en = '1' then
            q_temp< = not q_temp;
        else
            q_temp< = q_temp;
        end if;
    End if;
  End Process;
  q< = q_temp;
End;
```

6-32　对下列程序进行注释,画出端口图,写出状态方程。

```
Library ieee;
Use ieee.std_logic_1164.all;
Use ieee.std_logic_unsigned.all;
Entity shift4 is
  Port(  j,k,clk:in std_logic;
          q:out std_logic);
  End shift4;
Architecture v1_arch of shift4 is
Signal q_temp:std_logic;
```

```
Begin
    p1: Process(clk)
    begin
        wait until(clk´event and clk = ´1´);
            q_temp< = (j and(not q_temp)) or ((not k) and q_temp);
    End process;
    q< = q_temp;
End;
```

6-33 根据下面给定程序,填空完成 60 进制计数器设计。

```
Library ieee;
Use ieee. std_logic_1164. all;
Entity count60 is
    Port(   clk: in std_logic;
            oc: out std_logic;
            y: out integer range 0 to 59);
    End;
Architecture a of (           ) is
Signal q : integer range 0 to 59;
Begin
    p1: Process(clk)
    Begin
        if (clk´event and clk = ´1´) then
            if q = 59 then
                q< = 0;
            else
                q< = (           );
            end if;
            if q<59 then
                oc< = ´0´;
            else
                oc< = ´1´;
            end if;
        y< = q;
    End if;
    End process;
End;
```

第7章　存储器和可编程逻辑器件

本章主要介绍随机存取存储器(RAM)和只读存储器(ROM)的结构、工作原理及应用,并简要介绍可编程逻辑器件 PLA、PAL、GAL、CPLD、FPGA 的结构与功能。

7.1　概　述

存储器(Memory)是记录和保存二进制信息的功能器件。常用的存储器如果按存储介质划分,可分为半导体存储器、磁介质存储器和光介质存储器,人们熟悉的电脑软盘等属于磁介质存储器;CD、DVD 光盘等属于光介质存储器;计算机中所用的内存和高速缓存则是半导体存储器。半导体存储器是利用半导体材料构成的具有记忆 0、1 数据信息的器件,本章介绍的存储器指的就是半导体存储器。

半导体存储器是电子计算机的主要部件,并且广泛应用于各类通信和家用电子设备中,大到超级计算机,小到手机、语音复读机、各种电子玩具以及智能卡,都使用着不同种类的半导体存储器。半导体存储器的基本特点是,高密度、大容量、高速度、低功耗、低成本、类型多、功能强、用途广。

半导体存储器按照其读写方式可分为:随机存取存储器(Random Access Memory,RAM)和只读存储器(Read Only Memory,ROM)两大类。随机存取存储器(RAM)也称为读/写存储器,内部数据既可以写入,也可以读出。RAM 在计算机中主要用来暂时存放系统运行中的数据。RAM 芯片一旦断电,芯片存储的数据就会丢失。只读存储器(ROM)在系统运行中只能将内部存储的数据读出,而不能随机写入。ROM 在计算机中常用来存储系统运行所用的引导程序和固定不变的数据,这些程序和数据是由设计者预先编程写入的。ROM 芯片在系统断电后,仍能继续保存原有写入的数据。RAM 和ROM 的电路框图分别如图 7-1、图 7-2 所示。

存储容量是存储器的主要技术指标,是指存储器可以存储的二进制信息 0、1 的数量,通常是以 $2^n \times m$ 的形式书写。如图 7-1 和图 7-2 所示,$A_0 \sim A_{n-1}$ 是存储器的地址线,$D_0 \sim D_{m-1}$ 是存储器的数据线,地址线的位数决定了存储器中存储数据(也称为字)的个数,而数据线的位数则表示存储数据的位数。如果一个存储器有 11 位地址线和 8 位数据线,那么这个存储器的存储容量可以表示为 2 048 字×8 位,简写为 2 048×8,表明可以存储2 048个数据(字),每个字为 8 位。通常将存储数据的位数称为字长,字长可以是 8 位,也可以是 16 位、32 位、64 位,有时可以是 1 位或 4 位。

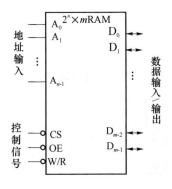

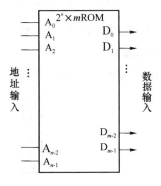

图 7-1 RAM 电路框图   图 7-2 ROM 电路框图

存储器存储最小的信息单位就是位(bit,比特),可简写为 b。但位作为信息单位太小,而且表示不方便。在实际应用中,通常定义 8 bit 为 1 个 Byte(字节),可简写为 B,并以字节作为信息单位来衡量存储器的存储容量大小。计量存储器的存储容量通常采用 KB、MB、GB 或 TB 的缩写记法,它们之间的换算关系如下:

$$1 \text{ KB} = 2^{10} \text{ B} = 1\,024 \text{ B}$$
$$1 \text{ MB} = 2^{20} \text{ B} = 1\,024 \text{ KB}$$
$$1 \text{ GB} = 2^{30} \text{ B} = 1\,024 \text{ MB}$$
$$1 \text{ TB} = 2^{40} \text{ B} = 1\,024 \text{ GB}$$

存取时间是存储器的另一项主要技术指标,一般是指存储器进行一次读或写操作的时间。存取时间越小,则存储器工作运行速度越快。

7.2 随机存取存储器

随机存取存储器(RAM)也称随机存储器或随机读/写存储器,是能够随机写入和读出数据的半导体存储器。RAM 具有存取速度较快、读写方便以及数据断电丢失的特点,主要用于暂存数据。

RAM 按工作方式不同,可分为静态和动态两类。静态随机存取存储器(Static Random Access Memory,SRAM)数据随机写入存储单元后,数据在不断电的情况下会一直保留;而动态随机存取存储器(Dynamic Random Access Memory,DRAM)数据写入存储单元后,则需要定期通过数据刷新电路,对数据进行不断刷新(即数据读出后再写入),否则即使不断电,数据也会丢失。DRAM 存储单元的结构简单,集成度高,价格便宜。SRAM 存取时间短、速度快,价格较高,常作为计算机高速缓存(cache)用;DRAM 主要作为内存使用。

7.2.1 静态随机存取存储器

下面介绍 SRAM 的基本结构。

1. 基本结构

SRAM 主要由行、列地址译码器、存储矩阵和读/写控制电路三部分组成,如图 7-3 所示。

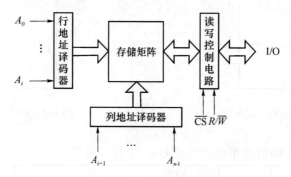

图 7-3 SRAM 的内部结构框图

图 7-4 给出一个有 4 位地址输入和 1 位数据输出的 SRAM 电路结构。行、列译码器各有 2 个输入,译码输出有 4 条行线和 4 条列线。通过行线 $X_0 \sim X_3$、列线 $Y_0 \sim Y_3$ 的不同组合,选中存储矩阵中的对应存储单元。存储矩阵中共有 16 个存储单元,每个存储单元可存一个字,每个字的长度是 1 位。这样,组成了 16 字×1 位的 SRAM。具体说明如下:

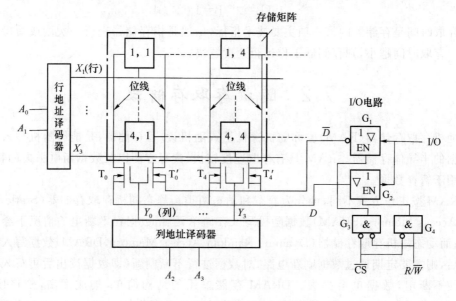

图 7-4 16×1 的 SRAM 电路结构

（1）地址译码器分成行地址译码器和列地址译码器两部分,行地址译码器对输入 A_0、A_1 的取值组合译码使 $X_0 \sim X_3$ 中某一行线有效,列地址译码器对输入 A_2、A_3 的取值组合译码使 $Y_0 \sim Y_3$ 中某一列线有效,并通过有效的行线和列线选中某一存储单元。

（2）存储矩阵由 16 个存储单元排列组成,每个存储单元能存放一位二值信息(0 或 1),通过地址译码及读/写控制,每次对其中被选中的一个单元进行读/写操作。

（3）读/写控制电路用于对存储器的工作状态进行控制,使被选中的单元与 I/O(输入/输出端)接通,完成对选中的存储单元的读/写操作。其中,$\overline{CS}$ 称为片选信号,当 $\overline{CS}=0$ 时,RAM 开始工作;当 $\overline{CS}=1$ 时,I/O 端口为高阻状态,不能对 RAM 进行读/写操作。$R/\overline{W}$ 称为读/写控制信号,当 $R/\overline{W}=1$ 时,执行读操作,存储单元中的数据由 I/O 端口读出;当 $R/\overline{W}=0$ 时,执行写操作,将 I/O 端口上的数据写入存储单元中。

2. SRAM 存储单元

SRAM 存储单元可由双极型三极管或 MOS 管构成。双极型三极管工作速度快、功耗大、价格高,主要用于速度要求高的电路;MOS 管功耗小、价格低、集成度高,用于容量要求大的电路。下面以 MOS 管为例进行介绍。

如图 7-5 所示电路,由六个 MOS 管($T_1 \sim T_6$)组成一个存储单元。其中 T_2、T_4 为 P 沟道 MOS 管,T_1、T_3、T_5、T_6 为 N 沟道 MOS 管。T_1、T_2 构成的反相器与 T_3、T_4 构成的反相器交叉耦合组成一个基本 RS 触发器,可存储一位 0 或 1 信息。Q 和 $\overline{Q}$ 是 RS 触发器的互补输出。T_5、T_6 是行选通管,受行选线 X_i(也称字线)控制,T_j、T_j' 是列选通管,受列选线 Y_j 控制。

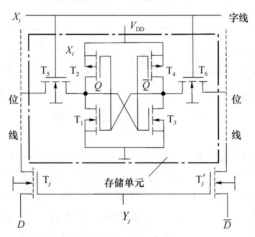

图 7-5 六管 SRAM 存储单元

读出数据时,行选线 X_i 为 1,T_5、T_6 选通管导通,Q 和 $\overline{Q}$ 存储的信息分别送至位线;列选线 Y_j 为 1,T_j、T_j' 选通管导通,位线上的信息被分别送至外部数据线 D 和 $\overline{D}$,完成数据读出任务。

写入数据时,X_i、Y_j 线也必须都为 1,同时要将写入的信息加在 D 和 $\overline{D}$ 线上,数据经 T_j、T_j' 和 T_5、T_6 加到触发器的 Q 端和 $\overline{Q}$ 端,也就是加在了 T_3 和 T_1 的栅极,将数据写入。

只要不断电,数据将一直保存在存储单元中。

3. SRAM 操作时序波形图

为了保证存储器正确、可靠地工作,存储器的地址信号、数据和控制信号之间要按一定的时序关系进行操作。

（1）读操作

如图 7-6(a)所示是 SRAM 读操作时序波形图。从波形图中可以看出,地址 A 有效后,至少需要经过 t_{AA} 时间,输出线 D_0 上的数据才能稳定、可靠,t_{AA} 称为地址存取时间。片选信号 $\overline{CS}$ 有效后,至少需要经过 t_{AC} 时间,输出数据 D_0 才能稳定。图中 t_{RC} 称为读周期,它是存储芯片两次读操作之间的最小时间间隔。

（2）写操作

SRAM 写操作时序波形如图 7-6(b)所示。从图中可知,地址信号 A 和写入数据 D_i 有效应先于写信号 $R/\overline{W}$。为防止数据被写入错误的存储单元,地址有效到写信号有效(为 0)至少应保持 t_{AS} 时间间隔,t_{AS} 称为地址建立时间。同时,写信号失效(为 1)后,A 至少要保持一段写恢复时间 t_{WR}。D_i 数据有效时间不能小于写脉冲宽度 t_{WP}。图中 t_{WC} 是写周期,它是存储芯片两次写操作之间的最小时间间隔。

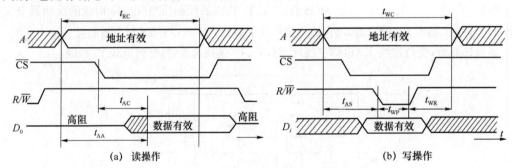

图 7-6 读、写操作时序波形图

4. 集成 SRAM

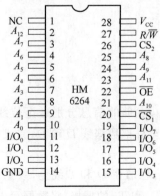

图 7-7 6264 引脚排列图

集成 SRAM HM6264 是 8 K×8 位的并行输入/输出 SRAM 芯片,采用 28 引脚双列直插式封装,引脚如图 7-7 所示。13 根地址引线($A_{12} \sim A_0$)可寻址 8 K 个字,地址位数与存储容量的关系见表 7-1。存储器的每个字含有 8 位,每位对应一个存储单元,通过 8 根双向输入/输出数据线($I/O_7 \sim I/O_0$)对每位数据进行并行存取。数据线的输入/输出功能是通过读/写控制线($R/\overline{W}$)加以控制的,$R/\overline{W}$ 为高电平,数据线作输出端口,读出数据;$R/\overline{W}$ 为低电平,数据线作输入端口,写入数据。2 个片选端($\overline{CS_1}$、CS_2)和 1 个输出使能端($\overline{OE}$)是为了扩展存储容量实现多片级联使用的。6264 功能见表 7-2。

表 7-1　地址位数与存储容量关系表

地址位数	存储容量	地址范围
10	$2^{10}=1\,024=1\,K$	0000H～03FFH
11	$2^{11}=2\,048=2\,K$	0000H～07FFH
12	$2^{12}=4\,096=4\,K$	0000H～0FFFH
13	$2^{13}=8\,192=8\,K$	0000H～1FFFH

表 7-2　6264 功能表

$\overline{CS_1}$	CS_2	$\overline{OE}$	$R/\overline{W}$	方式	I/O
1	×	×	×	无	高阻态
×	0	×	×	无	高阻态
0	1	1	1	禁止输出	高阻态
0	1	0	1	读	DO
0	1	×	0	写	DI

7.2.2　存储器容量扩展

存储器在使用过程中如果存储容量不够,可以进行位扩展和字扩展。位扩展就是根据需要对存储器的数据位数进行扩展,可用多个相同的存储芯片并行连接而扩大存储数据的字长,也就是扩展数据线的宽度。字扩展相当于增加存储器的地址线的条数,扩展一条地址线,则字数增大一倍,扩展时需要根据扩展量,用多个相同的存储芯片扩展连接,以增加地址线的条数来增加存储容量。

1. 位扩展

商品存储器芯片的字长多数为一位、四位、八位等。存储器的位扩展是字数不变,字长(位数)增加。用相同型号的存储器进行位数扩展时,应将各芯片对应的地址线、片选端、读/写控制端分别接在一起,各芯片的数据输出端并列使用。如图 7-8 所示,是用 2 片 8 K×8 位的 SRAM6264 扩展为 8 K×16 位容量的存储电路。2 片 6264 的所有地址线 $A_{12}\sim A_0$、$R/\overline{W}$、$\overline{CS_1}$ 分别对应并接在一起,而每一片的 I/O 端作为整个 SRAM 的 I/O 端排列,从 $D_{15}\sim D_0$ 共 16 位。

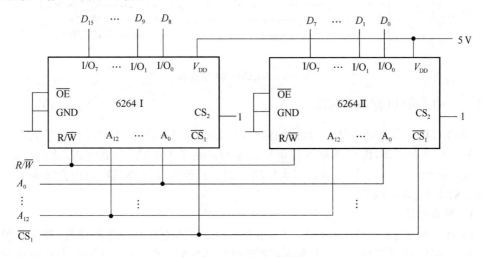

图 7-8　SRAM6264 位扩展

2. 字扩展

存储器的字扩展是字数增加，字长不变。每个存储芯片都有固定的字数，当需要扩展字数时，要用多个相同芯片完成，增加的地址线可通过 2-4 或 3-8 译码器，输出不同的译码信号，连接到片选端，去选中不同的芯片，实现了字扩展的目的。如图 7-9 所示，用字扩展方式将 3 片 8 K×8 位的 SRAM6264 扩展为 24 K×8 位的 SRAM 电路。图中，3 片 6264 的低位地址 $A_{12} \sim A_0$、数据端口 $I/O_7 \sim I/O_0$、读/写信号 $R/\overline{W}$ 线均连接在一起，每个芯片的工作状态由 2-4 译码器输入的地址 A_{14}、A_{13} 来选择，译码器输出接各 6264 芯片的片选信号 $\overline{CS_1}$。若 $A_{14}A_{13} = 00$，则 Y_0 输出低电平，使第 I 片 6264 的片选信号 $\overline{CS_1}$ 有效，而其余各片的片选信号 $\overline{CS_1}$ 均为无效，故选中第 I 片 6264，只有该芯片可以进行读/写，送到位线上，读/写的存储单元则由地址 $A_{12} \sim A_0$ 决定。显然，在某一时刻，只有一片 6264 处于工作状态，整个系统字数扩大了 3 倍，而字长仍为 8 位。

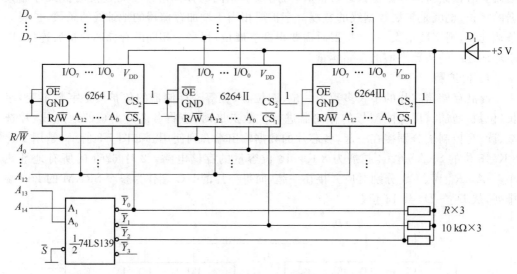

图 7-9 SRAM6264 字扩展

7.2.3 动态随机存取存储器

DRAM 同样具有随机读/写数据的能力，与 SRAM 不同的是需要对存储单元中的数据不断进行动态刷新，即对数据进行周期性重写。由于 DRAM 集成度高，功耗小，以及最主要的是因为价格低，因此获得了大量的应用。目前所有计算机中的内存条毫无例外的都是由 DRAM 构成的。

1. 基本结构

DRAM 的基本结构与 SRAM 一样，也是由许多基本存储单元电路按行、列排列组成二维存储矩阵，也采用行、列地址译码交叉选中存储单元。但 DRAM 的基本存储单元与 SRAM 不同，是由 MOS 门控管和栅极电容组成，一般单元电路多采用三管或单管形式。目前大容量的 DRAM 大多采用单管 MOS 动态存储单元的结构。

2. DRAM 存储单元

如图 7-10 所示是单管 NMOS 动态存储单元。由门控管 T 和用于存储信息的电容 C_s 组成,C_d 是位线上的分布电容。由于位线上连接的元件较多,使得 $C_s \ll C_d$。

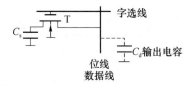

图 7-10　单管 NMOS 动态存储单元

写入数据时,使字选线为 1,则 T 导通,来自位线的写入信息存入电容 C_s。位线为 1 时,电容 C_s 充电,相当于写入 1;位线为 0 时,电容 C_s 放电,相当于写入 0。

读出数据时,使字选线为 1,则 T 导通,电容 C_s 与 C_d 间发生电荷转移,如转移前 C_s 电压为 U_s、C_d 电压为 0,转移后位线电压为 U,由于转移前后电荷量保持不变,则有

$$C_s U_s = (C_s + C_d)U$$

由于 $C_s \ll C_d$,则读出的电压 $U \ll U_s$,需用读出放大电路进行放大。若电容 C_s 上有电荷,位线上有电流流过,表示读出数据 1;若电容 C_s 上无电荷,位线上没有电流流过,表示读出数据 0。读出数据后,C_s 上的电荷减少,破坏了原有数据,故每次读出数据后要马上重新写入,以保持原有数据不变,这一过程称为"刷新"。

3. DRAM 操作时序波形图

（1）读操作

DRAM 的读操作时序波形如图 7-11（a）所示（参照图 7-12 结构进行分析,以下同）。在一个读周期中,先输入行地址,在行选通 $\overline{RAS}$ 为低电平有效时,将行地址存入地址锁存器;然后输入列地址,在列选通 $\overline{CAS}$ 为低电平有效时,再将列地址存入地址锁存器;当读/写控制 $R/\overline{W}$ 为高电平时,读出地址锁存器中所存的行、列地址所对应单元中的数据,并出现在 Q 端,直到 $\overline{RAS}$、$\overline{CAS}$ 都为高电平时,读周期结束。

（2）写操作

DRAM 的写操作时序波形如图 7-11（b）所示。在一个写周期中,输入行、列地址并存入地址锁存器与读周期完全相同;当 $R/\overline{W}$ 为低电平有效时,且在 $\overline{RAS}$ 正跳变时,将数据 D 写入行、列地址所选中的存储单元,写周期结束。

（3）刷新

DRAM 的刷新是整行进行的,刷新时外部不对存储器进行读/写操作,列选通 $\overline{CAS}$ 总为高电平无效。通过外加的定期数据刷新电路控制刷新。当选中某行进行刷新时,在行选通 $\overline{RAS}$ 脉冲负跳变作用下,行地址进入行址寄存器,读出该行各位原存数据,存入锁

存器;在 $\overline{RAS}$ 正跳变作用下,将该行的原存数据从锁存器写回对应的存储单元,完成刷新工作。

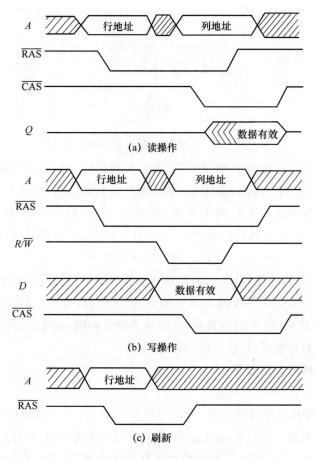

(a) 读操作

(b) 写操作

(c) 刷新

图 7-11　DRAM 操作时序波形图

4. 集成 DRAM

目前市场常见的 DRAM 内存有 SDRAM(同步 DRAM)、DDR(双沿传输 DRAM)和 RDRAM(双通道 DRAM)三种,后者性能最好但价格较高。下面介绍 SAMSUNG 芯片 KM4164,其为单管形式,存储容量为 64 K×1 位,内部结构如图 7-12 所示,引脚排列如图 7-13 所示,引脚功能见表 7-3。4164 地址线引脚只有 8 条($A_7 \sim A_0$),经分时复用可产生 $A_{15} \sim A_0$ 地址,即被分成行地址 $A_7 \sim A_0$、列地址 $A_{15} \sim A_8$。行、列地址分别由行选择信号 $\overline{RAS}$ 和列选择信号 $\overline{CAS}$ 选通。行地址选通信号 $\overline{RAS}$ 把先出现的低 8 位行地址 $A_7 \sim A_0$ 送至地址锁存器锁存;接着,由列选通信号 $\overline{CAS}$ 把后出现的高 8 位地址 $A_{15} \sim A_8$ 送至地址锁存器锁存,行、列地址译码器共同产生实际的存储单元地址,完成读/写寻址操作。当 $R/\overline{W}$ 为高电平,读有效时,把指定存储单元中的数据通过数据输出缓冲器送到 Q

端;当 $R/\overline{W}$ 为低电平,写有效时,D 端的数据通过数据输入缓冲器输入,写入到指定的存储单元中。

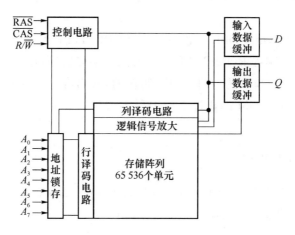

图 7-12　KM4164BP 芯片内部结构

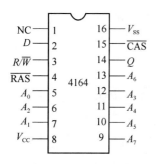

图 7-13　引脚排列图

表 7-3　KM4164BP 引脚功能表

引脚名	引脚功能	引脚名	引脚功能
$A_0 \sim A_7$	地址输入	D	数据输入
$R/\overline{W}$	读/写输入	Q	数据输出
$\overline{RAS}$	行地址选通	$\overline{CAS}$	列地址选通
V_{CC}	+5 V	V_{SS}	地

7.3　只读存储器

　　只读存储器(ROM)是指只能读出所存数据的半导体存储器。由于 ROM 结构简单,读出方便,并且有所存数据稳定、断电后也不会丢失的特点,因而常用于在系统中存储各种固定程序和数据。只读存储器在写入数据方面的技术不断发展,出现了多种编程写入方式,但在计算机和数字系统的应用中,作为只读存储器的只读方式却一直没有改变。在计算机和数字系统中,只读存储器和随机存取存储器的作用是不同的,RAM 用来暂时存放数据,系统需要 RAM 随机地读出和写入数据,而并不需要 ROM 去扮演 RAM 的角色,ROM 只要提供(读出)固定的数据和程序即可。二者还有不同就是,RAM 断电后数据丢失(因为不必要用其保留系统运行中的数据,需要保留的可复制到硬盘中),而 ROM 则断电后数据不丢失。ROM 需要在系统脱机的情况下并用特定的编程方式写入数据和程序,而在系统运行中是不允许更改已写入的程序和数据的。

ROM 可分为掩膜型 ROM、一次性可编程 ROM(PROM)、光擦除可编程 ROM (EPROM)、电擦除可编程 ROM(E^2PROM)及闪存存储器等,掩膜型 ROM 中存放的信息是由生产厂家采用掩模工艺专门为用户制作的,其内容一次性永久"固化"在芯片里了,不能修改。可编程 ROM 能通过不同编程方式对其数据内容进行一次修改或多次修改。

7.3.1　只读存储器基本结构

只读存储器 ROM 的结构与随机存取存储器 RAM 类似,主要由地址译码器、存储矩阵、控制和输出缓冲四部分组成,结构如图 7-14 所示。

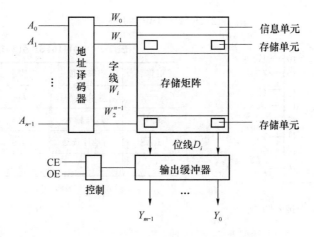

图 7-14　ROM 基本结构图

1. 地址译码器

地址译码器有 n 个地址输入 $A_0 \sim A_{n-1}$,经译码产生 2^n 条字线输出 $W_0 \sim W_2^{n-1}$(目前实际器件都采用二维译码形式),被选中字线 W_i 所对应的一组信息"字"数据 $D_0 \sim D_{m-1}$ 经控制由输出缓冲器输出。

2. 存储矩阵

存储矩阵是由许多存储单元排列组成,每个存储单元存放一位二值代码(0 或 1),每行中由若干个存储单元组成一个"字"。ROM 的存储单元可以用二极管或双极型三极管、MOS 管构成,图 7-15 给出由 NMOS 管构成的存储单元电路,在存储矩阵中接有 MOS 管的单元代表存 1,没有的代表存 0。对于图 7-15 的存储矩阵有 2 位地址输入,经译码后输出 4 个字选线,每个字的字长为 4 位,ROM 存储容量为 4×4 位。如图 7-15 所示,ROM 由 16 个 NMOS 管组成,当译码器某一输出字线为高电平,接在这条字线上的 NMOS 管导通,这些导通的 NMOS 管将位线下拉到低电平,经输出电路反相,输出为高电平;没有 MOS 管的位线仍为高电平,经反相输出为低电平。

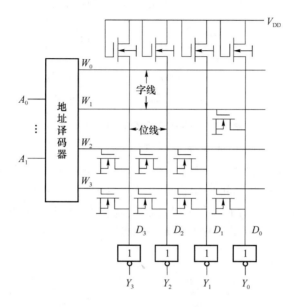

图 7-15　4×4NMOS 管 ROM

3. 控制和输出缓冲器

由外部片选信号和输出使能信号控制输出缓冲器对数据的读出,缓冲器实现对输出数据的传送,与系统数据总线连接,还可以起到隔离及提高带载能力的作用。

7.3.2　一次性可编程只读存储器

ROM 在刚开始使用时是不能改写数据的,因而给电路设计带来不便。随着科技的进步和应用需求的拉动,出现了可编程(通过编程改写数据)ROM 存储器件。最早问世的是一次性可编程只读存储器(Programmable Read Only Memory,PROM),以后又出现了更方便且可多次重复编程的只读存储器,如 EPROM、E^2PROM 等。

一次性可编程只读存储器只能进行一次数据改写。器件在出厂时,存储单元的内容为全 0(或全 1),用户可根据需要,将某些存储单元改写为 1(或 0)。这种存储器采用熔丝或 PN 结击穿的方法编程,编程后器件的物理结构发生了变化。熔丝型 PROM 的存储矩阵中,每个存储单元都包含一个存储管,每个存储管的一个电极通过一根易熔的金属丝接到位线上,如图 7-16 所示。用户对 PROM 编程是逐字逐位进行的。首先通过字线和位线选择需要编程的存储单元,然后加载规定宽度和幅度的脉冲电流,将该存储管的熔丝熔断,这样就将该存储单元的内容改写了。

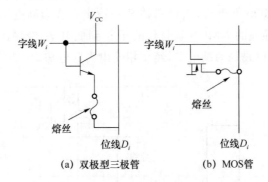

图 7-16 熔丝型 PROM 的存储单元

采用 PN 结击穿法的 PROM 存储单元原理如图 7-17(a)所示,字线与位线相交处由两个肖特基二极管反向串联而成。正常工作时二极管不导通,字线和位线断开,相当于存储了 0。若将该单元改写为 1,可使用恒流源产生约 $100\sim150$ mA 电流将反向连接的二极管击穿短路,存储单元只剩下一个正向连接的二极管,见图 7-17(b),电路导通,相当于该单元存储了数字 1;二极管未击穿的单元存储数字 0。

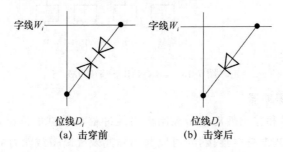

图 7-17 由 PN 结组成的 PROM 存储单元

7.3.3 电擦写可编程只读存储器

20 世纪 80 年代,光擦写可编程只读存储器(Erasable Programmable Read Only Memory,EPROM)被广泛应用。EPROM 存储芯片要通过专用的编程器,按系统需要,对芯片进行数据写入;写入完毕,要用黑胶布对芯片上面开有的透明玻璃窗口进行遮盖,以防止光线照入。擦除数据时,可去掉窗口遮盖物,用紫外线照射窗口约 20 分钟,芯片原存数据即被擦除。EPROM 可擦写上百次,但数据写入的速度较慢,在几十至几百毫秒以上。

尽管 EPROM 给电路设计带来较多便利,但由于它擦除方式繁杂,因而被电擦写可编程只读存储器取代,目前已很少使用。电擦写可编程只读存储器(Electrically Erasable Programmable Read Only Memory,E^2PROM 或 EEPROM)为写入编程提供了更方便的条件。E^2PROM 芯片不用像 EPROM 芯片那样放在紫外线下擦除数据,而是在写入数据时自动擦除芯片中内容。E^2PROM 的擦写次数可达 1 万次以上，其写入速度达到 $\mu s(10^{-6}\ s)$ 级。

E^2PROM 的存储单元由浮栅隧道氧化层 MOS 管（Floating-gate Tunnel Oxide MOS，Flotox）构成，如图 7-18(a)、(b)所示是 Flotox 管的剖面结构图和符号。Flotox 管也是一个 N 沟道增强型的 MOS 管，但它是利用浮栅 G_f 是否积累电子来表示存储 1 或 0 数字的，如图 7-18(c)所示是 E^2PROM 的存储单元，存储单元中的 V_2 是选通管，V_1 是 Flotox 管。E^2PROM 的编程和擦除是通过在 Flotox 管的漏极和源极上加电脉冲实现的。将此存储单元替代如图 7-15 所示 ROM 结构中的 NMOS 管，即构成 E^2PROM 存储器。

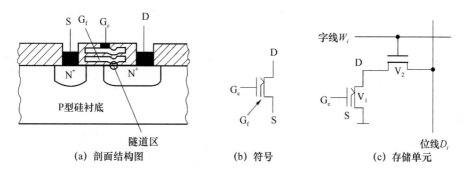

(a) 剖面结构图　　　　　(b) 符号　　　　　(c) 存储单元

图 7-18　Flotox 管存储单元

2864 是 8 K×8 位的 E^2PROM 芯片，采用＋5 V 工作电源，工作电流 30 mA，与 TTL 电平兼容。读访问时间为 45～450 ns，在写入数据前自动完成擦除。美国 ATMEL 公司的 AT28C 系列 E^2PROM 存储器主要有 AT28C64(8 K×8 位)、AT28C256(32 K×8 位)，它们的逻辑结构基本相同，如图 7-19(a)所示。AT28C64 采用 28 引脚双列直插式封装，引脚如图 7-19(b)所示，引脚功能见表 7-4。

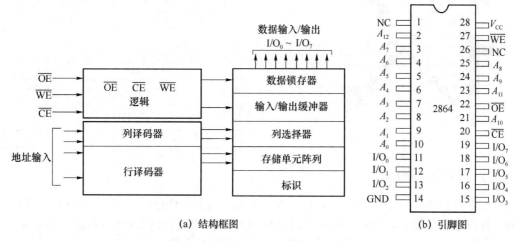

(a) 结构框图　　　　　　　　　　(b) 引脚图

图 7-19　E^2PROM 2864 框图及引脚图

表 7-4　2864 引脚功能表

引脚名	功　能	引脚名	功　能	引脚名	功　能
$A_{12} \sim A_0$	地址	$\overline{OE}$	输出使能	$\overline{CE}$	片选
$I/O_7 \sim I/O_0$	数据输入/输出	$\overline{WE}$	写入使能	NC	空

例 7-1　以"汉"字为例介绍汉字的点阵码,用 E^2PROM 芯片 2864 存储汉字,可以存储多少个汉字?

解　在手机等电子产品中,常要显示汉字。汉字只有经过点阵化后,才能显示出来。点阵化后形成的点阵码,存储在 E^2PROM 等存储器中,供调用显示。下面以"汉"字为例加以介绍。

如图 7-20 所示"汉"字用 16 行×16 列点阵进行排列,其中的实心格代表数字 1,空心格代表数字 0,则其点阵码见表 7-5。用存储器来存储 16×16 点阵汉字,需要 256 个存储单元。2864 芯片含有 8 K×8 位个存储单元,也就是说,每个 2864 芯片可以存储的汉字个数是 8×1 024×8/256=256 个。

表 7-5　"汉"字的点阵码表

行	高 8 位 $I/O_7 \sim I/O_0$	低 8 位 $I/O_7 \sim I/O_0$
1	0 1 0 0 0 0 0 0	0 0 0 0 1 0 0 0
2	0 0 1 1 0 1 1 1	1 1 1 1 1 1 0 0
3	0 0 0 1 0 0 0 0	0 0 0 0 1 0 0 0
4	1 0 0 0 0 0 1 0	0 0 0 0 1 0 0 0
5	0 1 1 0 0 0 1 0	0 0 0 0 1 0 0 0
6	0 0 1 0 0 0 1 0	0 0 0 1 0 0 0 0
7	0 0 0 0 1 0 0 1	0 0 0 1 0 0 0 0
8	0 0 0 1 0 0 0 1	0 0 1 0 0 0 0 0
9	0 0 1 0 0 0 0 0	1 0 1 0 0 0 0 0
10	1 1 1 0 0 0 0 0	0 1 0 0 0 0 0 0
11	0 0 1 0 0 0 0 0	1 0 1 0 0 0 0 0
12	0 0 1 0 0 0 0 1	0 0 1 0 0 0 0 0
13	0 0 1 0 0 0 1 0	0 0 0 1 0 0 0 0
14	0 0 1 0 0 1 0 0	0 0 0 0 1 1 1 0
15	0 0 0 0 1 0 0 0	0 0 0 0 0 1 0 0
16	0 0 0 0 0 0 0 0	0 0 0 0 0 0 0 0

图 7-20　"汉"字点阵

7.3.4　闪存存储器

闪存存储器(Flash Memory),也称闪存或 Flash,是新一代电擦写可编程存储器。闪存是一种新型的存储器,它兼有 ROM 和 RAM 两种存储器的功能和特点,目前主要还是以 ROM 形式作为外部存储器来使用的。当前常见的主要是大量用于便携式存储器——U 盘、存储卡,也有用它作为计算机硬盘使用的例子。它是 20 世纪 80 年代中期日本东芝公司发明的非易失性存储器。闪存擦写时,只需直流 5 V 的工作电压,存储数据安全可靠。据理论推算在正常情况下,所存数据可以保持 100 年以上;重复擦写次数高达 10 万次以上;读写速度高达 ns 级。因此自它问世以来很快在智能化仪表、便携式电子设备中得到广泛应用。

1. 存储单元的工作原理

闪存由叠栅 MOS 管构成,其剖面结构图符号和存储单元如图 7-21(a)、(b)、(c)所示。由这种存储单元去替代如图 7-15 所示 ROM 结构中的 NMOS 管,则构成闪存存储器。下面介绍其工作原理。

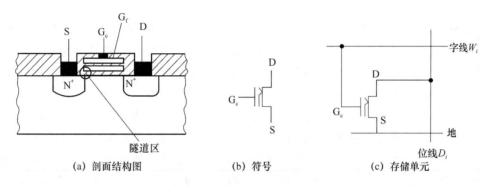

(a) 剖面结构图　　(b) 符号　　(c) 存储单元

图 7-21　叠栅 MOS 管存储单元

(1) 编程写入:在 MOS 管导通的情况下,在漏极加 12 V 脉冲电压,使叠栅上积累电子,则写入数据 1;叠栅上无电子为数据 0。

(2) 数据擦除:在 MOS 管不导通的情况下,在源极加 12 V 脉冲电压,在叠栅和源极间产生相反电场,使叠栅上的电子释放,则完成数据清除。

(3) 数据读出:使字线 $W_i = 1$,则 $G_c = 1$。若叠栅上无电子,则开启电压低,MOS 管导通,位线 $D_i = 0$;如果叠栅上有电子,则开启电压高,MOS 管截止,位线 $D_i = 1$。

2. 集成闪存存储器

目前常用的闪存芯片是美国 ATMEL 公司的 AT29C512,它的容量是 64 K×8 位。它自带升压电路,使用时只用 +5 V 电源,芯片可以自行调整所需的电压,对芯片的编程不用人工干预,使用相当方便。芯片的逻辑结构如图 7-19(a)所示。AT29C512 采用 32 引脚 PLCC(Plastic Leadless Chip Carrier,塑料有引线芯片载体)封装,引脚如图 7-22 所示。引脚功能见表 7-6。

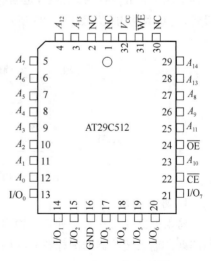

图 7-22　AT29C512 引脚图

表 7-6　AT29C512 引脚功能表

引脚名	功能	引脚名	功能	引脚名	功能
$A_{15} \sim A_0$	地址	$\overline{OE}$	输出使能	$\overline{CE}$	片选
$I/O_7 \sim I/O_0$	数据输入/输出	$\overline{WE}$	写入使能	NC	空

7.4　可编程逻辑器件

可编程逻辑器件(Programable Logic Device,PLD)是 20 世纪 70 年代诞生的新型逻辑器件。PLD 与以往的逻辑器件不同,以往的逻辑器件结构与功能是固定的,如 74 系列集成芯片,拿来使用即可;而可编程逻辑器件结构与功能是可变的,它的硬件结构由软件设计完成(相当于房子盖好后人工设计局部室内结构),即由使用者根据自己的需要来设计、生成逻辑功能电路。PLD 诞生后,不断革新进化,经历了一次性可编程(如 PLA、PAL)、光擦写可编程(如 EPLD)、电擦写可编程(如 GAL、CPLD、FPGA)等几次升级换代。PLD 按照集成度划分为低密度 PLD,它的集成度低,小于 1 000 个逻辑门,例如 PLA、PAL、GAL;高密度 PLD,它的集成度高,大于 1 000 个逻辑门,例如 CPLD、FPGA。

7.4.1　可编程逻辑器件的基本结构和表示方法

可编程逻辑器件伴随着存储器的发展而发展。早期低密度可编程逻辑器件的结构与早期 ROM 的结构有相似之处,是通过修改与-或阵列中存储单元的通、断连接实现电路设计,其基本结构框图如图 7-23 所示,由输入电路、可编程与阵列、可编程或阵列、输出电路组成。

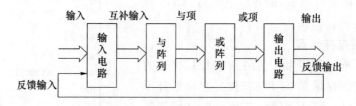

图 7-23　PLD 器件电路结构的基本框图

1. 输入电路

输入电路完成输入缓冲互补输出,将输入的数据转换为原变量和反变量,送入可编程与阵列。输入缓冲器的国标符号如图 7-24 所示。

2. 可编程与-或阵列

可编程与-或阵列由与门、或门按一定规律构成阵列,阵列交叉点有 3 种连接方式,如

图 7-25 所示。与门、或门的 PLD 表示方法如图 7-26 所示。与-或阵列结构如图 7-27 所示。

图 7-24 输入缓冲器符号

图 7-25 阵列交叉点表示方式

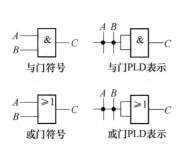

图 7-26 与门、或门 PLD 表示方法

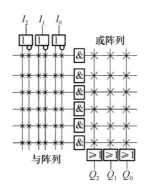

图 7-27 与-或阵列图

3. 输出电路

输出电路的结构不同,PLD 实现的功能也不同。如果输出电路采用逻辑门或数据选择器完成,则 PLD 能进行组合逻辑电路设计。如果输出电路采用寄存器实现,则 PLD 可以进行时序逻辑电路设计。输出电路将结合不同的 PLD 进行介绍。

7.4.2 可编程逻辑阵列

历史上第一个 PLD,是 20 世纪 70 年代中期出现的可编程逻辑阵列(Programmable Logic Array,PLA)。它的主要结构由与-或都可编程的逻辑阵列组成,如图 7-28 所示。PLA 的工作原理如下:PLA 的逻辑阵列由可编程连接点组成。这种连接点是一种很细的低熔点合金丝,熔丝连接时,代表存储的数据为 1;熔丝熔断后,代表存储的数据为 0。器件出厂时,熔丝为连通状态,当用户写入信息,即编程时,将需要写入 0 的存储单元的熔丝通过编程电流(是正常工作电流的几倍)熔断即可。这种存储单元的编程是一次性的。PLA 虽然造价低,但因为熔断时熔丝外溅对周围连线造成影响,使制作时需留有较大的间隔,因而集成度下降;又

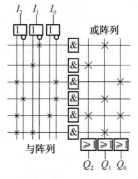

图 7-28 编程后的阵列图

由于 PLA 的与-或阵列都是可编程的,造成软件算法过于复杂,使运算速度下降,因而应用受到限制。

如图 7-28 所示是 PLA 的与-或阵列编程后的阵列图,它有三个输入变量,三个输出变量,与阵列含有 6 个乘积项(指与运算的输出项),或阵列含有 3 个积之和项。未编程时,逻辑阵列的所有交叉点处都有熔丝连通;编程后,将有用的熔丝保留,无用的熔丝被烧断,可根据保留的熔丝得到如下的逻辑函数:

$$Q_2 = I_1 + I_2 I_0$$
$$Q_1 = \overline{I}_1 + \overline{I}_2 \overline{I}_0 + I_2 I_1$$
$$Q_0 = I_2 \overline{I}_0 + I_2 I_0$$

例 7-2 试用 PLA 实现三位二进制数的平方表的功能要求。

解 三位二进制数的平方真值表见表 7-7,用 PLA 来实现其功能,输入变量有 A、B、C 共 3 个,输出变量有 $Y_5 \sim Y_0$ 共 6 个。对每个输出变量进行化简,写出输出与输入关系的逻辑表达式。例如对 Y_5 通过如图 7-29 所示卡诺图化简,得到表达式为 $Y_5 = AB$。分别对 $Y_5 \sim Y_0$ 进行化简,得到如下表达式:

$$\begin{cases} Y_5 = AB \\ Y_4 = A\overline{B} + AC \\ Y_3 = \overline{A}BC + A\overline{B}C \\ Y_2 = B\overline{C} \\ Y_1 = 0 \\ Y_0 = C \end{cases}$$

表 7-7 三位二进制数的平方真值表

十进制数	二进制数			平方真值表					
	A	B	C	Y_5	Y_4	Y_3	Y_2	Y_1	Y_0
0	0	0	0	0	0	0	0	0	0
1	0	0	1	0	0	0	0	0	1
2	0	1	0	0	0	1	0	0	0
3	0	1	1	0	0	1	0	0	1
4	1	0	0	0	1	0	0	0	0
5	1	0	1	0	1	1	1	0	1
6	1	1	0	1	0	0	1	0	0
7	1	1	1	1	1	0	0	0	1

根据以上表达式,可以画出实现三位二进制数的平方表的PLA阵列图,如图7-30所示。

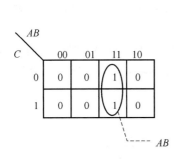

图 7-29 卡诺图

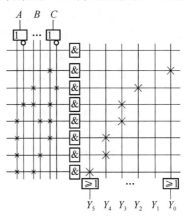

图 7-30 PLA 阵列图

7.4.3 可编程阵列逻辑

可编程阵列逻辑(Programmable Array Logic,PAL)是 20 世纪 70 年代后期由美国 MMI 公司推出的可编程逻辑器件。它与 PLA 不同的是,或阵列固定不可编程,这样使软件算法变得简单。但由于 PAL 也是一次性编程器件,仍然满足不了实践需要,因而被后来出现的 GAL 等新型器件所取代。

7.4.4 通用阵列逻辑

1985 年,Lattice 公司在 PAL 的基础上,设计出了通用阵列逻辑(Generic Array Logle,GAL)器件。首次在 PLD 上采用了 E^2 PROM工艺,使得 GAL 具有电擦写可重复编程的特点,由只能一次性编程变为可以多次性编程。GAL 在输入电路、与阵列、或阵列沿用了 PAL 的结构。但对 PAL 的输出电路进行了较大的改进,增加了输出逻辑宏单元(Output Logic Macro Cell,OLMC),并且使用时,采用了硬件描述语言 ABEL(Advanced Boolean Equation Language,先进的布尔方程语言)进行编程。Lattice 公司是第一家生

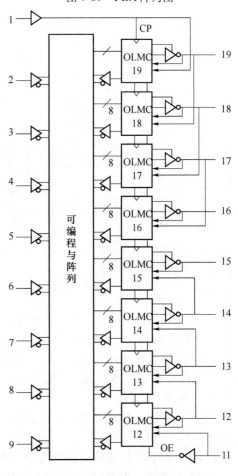

图 7-31 GAL16V8 器件结构图

产 GAL 器件的厂商,常用型号是 GAL16V8,有 20 个引脚,它的结构如图 7-31 所示。该器件中有 8 个输入缓冲器,8 个三态输出缓冲器,8 个输出反馈/输入缓冲器,一个系统时钟输入缓冲器和 1 个三态输出使能输入缓冲器,8 个输出逻辑宏单元。各管脚功能如下。

• 2～9 脚:通过 8 个输入缓冲器,完成输入;

• 12～19 脚:通过 8 个输出缓冲器,在三态门控制端的控制下,可以配置成输入、输出模式。

因此,GAL16V8 最多可有 16 个输入端,8 个输出端。GAL16V8 型号中的 16 表示输入端口数,8 表示输出端口数。另外,1 脚是系统时钟输入端,11 脚是输出三态门控制端,20 脚接＋5 V,10 脚接地。

宏单元结构如图 7-32 所示,主要由 4 部分组成。

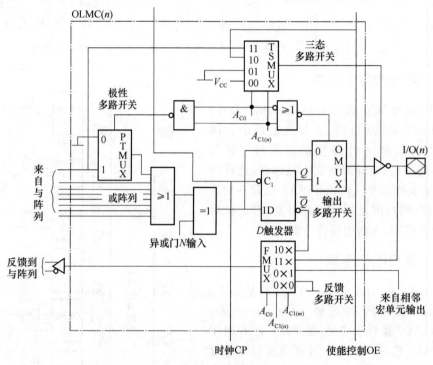

图 7-32　宏单元结构

(1) 或阵列:是一个 8 输入或门,构成了 GAL 的或门阵列。

(2) 异或门:异或门用于控制输出信号的极性,8 输入或门的输出与其后的异或门异或。通过改变异或门 N 的输入值为 0 或 1,来改变或门输出的极性;N 表示该宏单元对应的 I/O 引脚号。

(3) D 触发器:D 触发器是正边沿触发,用于锁存异或门的输出状态,使 GAL 完成时序逻辑电路的功能。

(4) 数据选择器(又称多路开关)MUX,共有 4 个,分别为:

① 极性多路开关 PTMUX,用来选择来自与阵列的第一个乘积项。

② 三态多路开关 TSMUX,进行输出三态缓冲器选通信号的选择。

③ 反馈多路开关 FMUX,选择反馈信号的来源。有 3 个来源:地信号、其他宏单元、本单元的输出。

④ 输出多路开关 OMUX,控制输出信号的选择。选择 0,异或门输出的数据不经过 D 触发器,直接输出,完成组合逻辑功能;选择 1,异或门输出的数据经过 D 触发器,完成时序逻辑功能。

以上介绍的 PLD 属于低密度(逻辑门<1 000 门)可编程逻辑器件。如果设计复杂逻辑电路就满足不了需要,于是高密度可编程逻辑器件应运而生。

7.5 复杂可编程逻辑器件

复杂可编程逻辑器件(Complex Programmable Logic Device,CPLD)系在低密度 PLD 的基础上加工改造而成,其内部的逻辑门数量超过 1 000 个,给电路设计提供了更大的空间和自由度。CPLD 的特点有:编程灵活、集成度高、设计开发周期短、适用范围宽、开发工具先进、设计制造成本低、对设计者的硬件经验要求低、标准产品无须测试、保密性强、价格大众化、断电后数据不丢失等,可实现较大规模的电路设计,因此被广泛应用于网络、仪器仪表、汽车电子、数控机床、航天测控设备等产品的原型设计和产品生产之中。

7.5.1 CPLD 内部结构

目前,有多家公司生产 CPLD 产品,但在总体结构上大致相同,其结构如图 7-33 所示。由逻辑阵列块(Logic Array Block,LAB)、可编程互连阵列(Programmable Interconnect Array,PIA)、I/O 控制块组成了多阵列矩阵结构(Multiple Array Matrix,MAX)。芯片采用了 E^2PROM 或闪存技术,使其具有"在系统可编程"(ISP)特性。CPLD 中的逻辑阵列块类似于一个小规模的 GAL,由可编程互连阵列将其连接到一起,完成复杂组合逻辑电路或时序逻辑电路的设计。

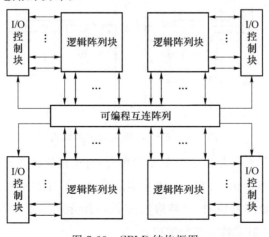

图 7-33 CPLD 结构框图

Altera 公司 EPM7000 系列 CPLD 器件主要特性见表 7-8，典型芯片 EPM7128 的内部结构如图 7-34 所示。从图、表可以看出，EPM7128 芯片含有 8 个逻辑阵列块，每个阵列块所接的 I/O 控制块的管脚数是 8～16 个。这样，这个芯片的最小 I/O 口数是 64 个，最大 I/O 口数限定为 100 个。下面对结构中的各部分分别进行介绍。

表 7-8　EPM7000 系列 CPLD 器件主要特性表

特　点	EPM7032	EPM7064	EPM7128	EPM7160	EPM7192	EPM7256
使用门数	600	1 250	2 500	3 200	3 750	5 000
宏单元	32	64	128	160	192	256
逻辑阵列块	2	4	8	10	12	16
最大 I/O 口	36	68	100	104	124	164

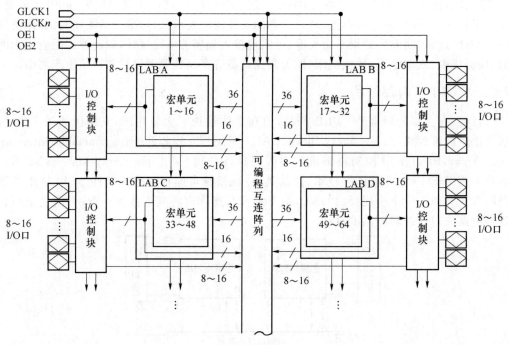

图 7-34　EPM7128 芯片内部结构

（1）逻辑阵列块（LAB）是多个宏单元的集合，每个逻辑阵列块集成了 16 个宏单元。宏单元是 CPLD 的基本结构，由它来实现基本的组合或时序逻辑电路功能。

宏单元包含在逻辑阵列块中，其结构如图 7-35 所示。主要由乘积项逻辑阵列、乘积项选择矩阵、可编程 D 触发器等部分组成。

① 乘积项逻辑阵列在宏单元的左侧,实际上就是一个"与"阵列,每一个交叉点都是一个可编程的存储单元。

② 乘积项选择矩阵在宏单元中部,是一个"或"阵列,同乘积项逻辑阵列一起完成组合逻辑电路功能。

③ 可编程 D 触发器在宏单元右侧,它的输入 D、时钟(CLK)、清零(CLR)信号都可通过编程选择。通过"快速输入选择"编程块选择矩阵输出或 I/O 输入作为 D 输入;通过"时钟/使能选择"编程块选择使用全局时钟或矩阵输出的时钟信号;通过"清零选择"编程块选择使用全局清零或矩阵输出的清零信号。全局时钟、全局清零信号各有专用连线与 CPLD 中每个宏单元相连,信号到每个宏单元的延时相同并且延时最短。如果不需要 D 触发器,可通过"寄存器旁路"编程块将此 D 触发器旁路,信号直接送给可编程互连阵列(PIA)及 I/O 控制块,通过编程完成组合逻辑电路设计;否则,完成时序逻辑电路设计。宏单元数量也是衡量 CPLD 芯片可编程容量的标准,宏单元数量多,可设计规模大一些的电路。一般宏单元数量在几十至上千个。EPM7128S 芯片含有 128 个宏单元,运行频率约 150 MHz。

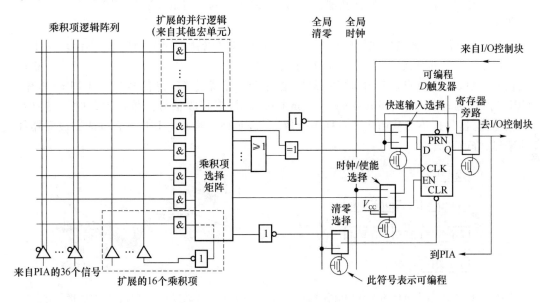

图 7-35　宏单元结构

(2) 可编程互连阵列(PIA)是一种可编程的通道,通过 PIA 可以把器件中任何信号连接到目的地。器件的专用输入、I/O 引脚和宏单元输出都连接到 PIA,而 PIA 可把这些信号送到整个器件的各个地方。

(3) I/O 控制块允许每个 I/O 引脚被配置为输入、输出或双向工作方式。输出电路可以编程设定为集电极开路输出或三态输出等。

7.5.2 CPLD 编程简介

CPLD 编程采用"在系统编程"(In System Programmable, ISP)技术,它是美国 Lattice 半导体公司推出的一种芯片编程方法,用户无须卸下芯片便可直接在电路中修改芯片数据,包括系统的升级和更新。这种技术能大大缩短电子系统设计周期,简化生产流程,降低生产成本。ISP 技术的发明,使硬件结构能够灵活配置,实现了硬件设计软件化,充分满足不同应用的需要。

用 CPLD 完成电路设计的流程如图 7-36 所示。各部分功能如下。

(1) 设计准备:即根据设计要求,确定电路的输入输出信号,画出设计方框图,明确设计思路。

(2) 设计输入:是指按照某些规范的描述方式,将电路构思通过常用的描述语句,输入给 EDA(Electronic Design Automation,电子设计自动化)工具。

(3) 功能仿真:电路设计完成以后,要用专用的仿真工具对设计进行仿真,验证电路功能是否符合设计要求。这样可以及时发现设计中的错误,加快设计进度,提高设计的可靠性。

(4) 器件编程:是选择器件及器件管脚,将编译生成的网络表通过 ISP 下载电缆送入芯片中。

(5) 器件测试:测试各项指标是否合格,如合格则完成设计;否则,回到前面修改设计。

ISP 下载电缆如图 7-37 所示,它通过微机并行接口与 CPLD 目标板进行连接。器件编程时,微机软件会自动产生时钟信号,通过 ISP 下载电缆,将信号送给 CPLD 芯片。CPLD 芯片通过 JTAG(Joint Test Action Group)接口接收信号。数据下载时不需要专用编程器,器件也不必从用户的目标板上取下来,而是直接通过 ISP 下载电缆完成对器件的编程、修改和升级。

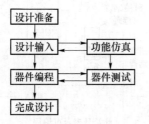

图 7-36 CPLD 完成电路设计的流程图

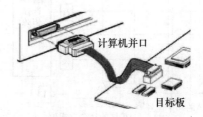

图 7-37 微机与 CPLD 目标板的连接示意图

JTAG 口是针对"贴片"器件和"多层电路板"而专门设计的串行数据传送接口,采用"在系统编程"方式读/写数据。这种接口电路与相应的编程软件配合,可将目标代码下载到芯片中。芯片 JTAG 口的管脚名称分别为 TDO、TDI、TCK、TMS,这些信号经放大后通过下载电缆送给微机并行接口。JTAG 口各管脚功能如下。

- TDI:数据信号输入;
- TDO:数据信号输出;

- TCK:同步时钟,上升沿锁存 TMS 和 TDI,下降沿更新 TDO;
- TMS:模式控制输入信号。

7.6 现场可编程门阵列

现场可编程门阵列(Field-Programmable Gate Array,FPGA)是一种超大规模可编程逻辑器件。它是在 PAL、GAL、CPLD 等可编程逻辑器件的基础上进一步发展而成的,是作为专用集成电路(ASIC)领域中的一种半定制电路而产生的,它既解决了定制电路的不足,又克服了原有可编程逻辑器件门电路数有限的缺点。FPGA 最早由 Xilinx 公司在 1985 年推出,芯片有数目较多的触发器和 I/O 引脚,具有在系统可重配置能力,并且运行速度快、可靠性高、功耗低。目前 FPGA 已被广泛应用于数字系统设计和应用之中。

7.6.1 查找表原理

前面介绍的可编程逻辑器件都是基于可编程与-或阵列结构,而 FPGA 采用可编程查找表(Look Up Table,LUT)结构,由查找表构成的逻辑单元(Logic Element,LE)像 CPLD 中的宏单元一样,是 FPGA 实现逻辑功能的基本单元。每个逻辑单元(LE)中含有一个 4 输入查找表,根据查找表,可查找存储单元中的数据。LUT 本质上就是一个有 4 位地址线的 16×1 的 SRAM。当用户通过硬件描述语言设计一个逻辑电路后,FPGA 开发软件会自动计算逻辑电路的所有结果,并把结果写入 LUT。这样,每输入一个数据进行逻辑运算都等于输入一个地址进行查表,找出地址对应的内容,然后输出。4 输入与门的查找表实现方式见表 7-9。

表 7-9 4 输入与门 LUT 实现方式表

实际逻辑电路		LUT 的实现方式	
abcd	out	地址	RAM 中存储的内容
0000	0	0000	0
0001	0	0001	0
...	0	...	0
1111	1	1111	1

从表 7-9 可以看出,只有当输入地址为 1111 时,读出 RAM 中存储的内容才为 1,其余情况下,读出 RAM 中存储的内容全为 0。

7.6.2 FPGA 结构及编程

1. FPGA 基本结构

目前国内使用 Xilinx、Altera 公司生产的 FPGA 芯片较多,它们的结构有一致的地方,但也不完全相同。下面以 Altera 公司的 FPGA 1K 系列典型芯片为例进行介绍,其基本结构框图如图 7-38 所示,主要包括由逻辑单元(Logic Element,LE)组成的逻辑阵列块、可编程行/列快速互连通道和 I/O 单元三部分。

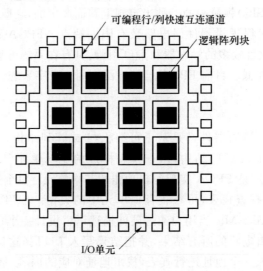

图 7-38　FPGA 基本结构框图

Altera 公司的 FPGA 1K 系列典型芯片 EP1K30 的主要特性见表 7-10,其内部结构如图 7-39 所示。主要由逻辑阵列块(Logic Array Block,LAB)、嵌入阵列块(Embedded Array Block,EAB)、行/列互连通道、I/O 单元(Input/Output Element,IOE)等构成。每个 LAB 都包括 8 个逻辑单元(LE),LAB 之间通过行/列快速互连通道相互连接。下面介绍各部分功能。

表 7-10　EP1K 系列器件主要特性表

特　点	EP1K10	EP1K30	EP1K50	EP1K100
典型门数	10 000	30 000	50 000	100 000
最大系统门数	56 000	119 000	199 000	257 000
逻辑单元(LEs)	576	1 728	2 880	4 992
EABs	3	6	10	12
总 RAM 位数	12 288	24 576	40 960	49 152
最大用户 I/O 引脚数	136	171	249	333

2. 功能介绍

（1）逻辑阵列块（LAB）：逻辑阵列块是由 8 个相邻的逻辑单元（LE）、相连的进位链和级连链构成的，它是一个独立的结构，具有共同的输入、互连与控制信号。

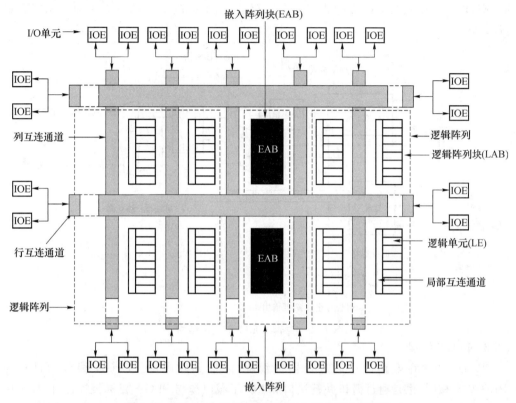

图 7-39 Altera 公司 1K 系列 FPGA 芯片的内部结构

（2）逻辑单元（LE）：逻辑单元是 FPGA 实现逻辑功能的基本逻辑单元（类似 CPLD 中的宏单元）。每个逻辑单元都是由一个 4 输入组合逻辑函数的查找表、一个可编程 D 触发器和进位链、级连链等组成，其电路结构如图 7-40 所示。外部数据通过 I/O 单元（IOE）及行/列互连通道，送到逻辑单元（LE）中查找表（LUT）的输入地址 $d_1 \sim d_4$ 上，经 LUT 内地址译码后，选中 LUT 存储单元的数据进行输出。此数据如果不经过可编程 D 触发器，而由寄存器旁路输出，则完成组合逻辑电路功能；如果经过可编程 D 触发器，则完成时序逻辑电路功能。此数据经 D 触发器右侧的数据选择器，选择输出到 LAB 局部互连通道或快速互连通道，完成与其他逻辑单元的互连或由 I/O 口输出。时钟信号由 I/O 口输入后进入芯片内部的时钟专用通道，直接连接到触发器的时钟端。

（3）嵌入阵列块：EP1K30 芯片含有 6 个嵌入阵列块。嵌入阵列块是由一系列的嵌入式 RAM 单元构成，相当于一个大规模的查找表。通过编程，可使其实现计数器、地址译码器、乘法器、数字滤波器等复杂逻辑功能。

（4）行/列互连通道：逻辑阵列块、嵌入阵列块、I/O 单元之间的连接，是通过互连通道实现的。互连通道围绕着每个逻辑阵列块，是一系列水平和垂直走向的数据传送通道。

（5）I/O 单元：器件的 I/O 引脚是由 I/O 单元驱动的。I/O 单元位于行、列互连通道的末端，包含一个双向 I/O 缓冲器和一个寄存器，用来控制 I/O 的三态缓冲输出或漏极开路输出。

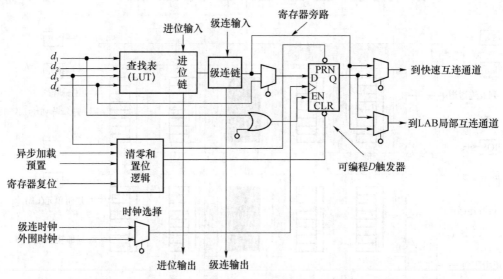

图 7-40　逻辑单元（LE）内部结构

3. FPGA 编程

FPGA 必须在电路设计后进行器件编程，才能实际应用。FPGA 编程的过程与 CPLD 基本相同，也是通过微机并行接口和 ISP 下载电缆与 FPGA 目标板连接，同样采用 JTAG 接口信号标准。

FPGA 根据保存数据器件配置的形式，分为外加配置存储器和内置闪存存储器两种。由于 FPGA 大量使用 LUT，而 LUT 采用 SRAM 生产工艺，断电后数据即丢失，没有保存数据的功能。故在实际使用中，FPGA 需要外加一片专门配置的存储芯片，此芯片在通电时可将有关需要的数据和信号加载到 FPGA 中，然后 FPGA 才能进入正常工作状态。由于这个加载时间很短，并不影响 FPGA 的实际使用。

目前有少数 FPGA 在芯片内设置闪存存储器，对这种 FPGA，就不需要外加存储芯片，有关数据可直接保存在闪存存储器中。

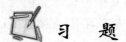 习 题

7-1　填空题

（1）半导体存储器按功能分为_____和_____两种。

（2）某 E^2PROM 有 8 位数据线，13 位地址线，则其存储容量为_____。

（3）容量为 4 K×8 位的 RAM 芯片，需要有_____条地址线和_____条数据线。

7-2 问答题

（1）什么是字扩展？什么是位扩展？用户自己购买内存条进行内存扩充，是在进行何种存储器扩展？

（2）可编程逻辑器件按集成度分成哪些种类？有什么共同特点？

（3）EPROM 和 E^2PROM 有何异同？

（4）CPLD 和 FPGA 有何异同？

7-3 判断题（正确的打√，错误的打×）

（1）PROM 不仅可以读出，也可以写入，则它的功能与 RAM 相同。 （   ）

（2）PAL 和 GAL 都是与阵列可编程、或阵列固定。 （   ）

（3）PAL 可重复编程。 （   ）

（4）复杂可编程逻辑器件 CPLD 不需编程器就可以高速而反复地编程，则它与 RAM 随机存取存储器的功能相同。 （   ）

7-4 选择题

（1）PLD 是指下列名称中的_____。

    A. 可编程逻辑阵列   B. 可编程逻辑器件

    C. 可编程逻辑阵列逻辑   D. 通用可编程逻辑阵列

（2）PLA 电路的特点是_____。

    A. 与、或阵列均可编程

    B. 与阵列可编程，或阵列不可编程

    C. 与阵列不可编程，或阵列可编程

    D. 与、或阵列均不可编程

（3）当用 GAL 设计时序逻辑电路时，必须要使用_____。

    A. 触发器   B. 晶体管   C. MOS 管   D. 电容

（4）GAL 的输出电路是_____。

    A. OLMC   B. 固定的   C. 只可一次编程   D. 可重复编程

（5）只可进行一次编程的可编程器件有_____。

    A. PAL   B. GAL   C. PROM   D. PLD

（6）可重复进行编程的可编程器件有_____。

    A. PAL   B. GAL   C. PROM   D. CPLD

7-5 某存储器有 11 位地址线，8 位数据线，其存储容量为多少字节？存储的起始地址为 0000H，最高地址为多少？

7-6 采用 6264 静态存储器完成 8 K×32 位存储容量的扩展，画出电路图。

7-7　采用 6264 静态存储器完成 16 K×8 位存储容量的扩展,画出电路图。

7-8　从存取方式上比较 RAM、ROM。

7-9　说明存储器的分类。目前电子产品中常使用哪几种只读存储器?

7-10　简述目前使用的 U 盘工作原理。

7-11　PLD 如何进行分类? 简述 PLD 的发展。

7-12　说明 GAL 器件和 PAL 器件的差别。

7-13　简述宏单元、逻辑单元的组成与功能。

7-14　EPM7128S 由哪几个部分组成? 简述其工作原理。

7-15　EP1K 系列器件由哪几个部分组成? 简述其工作原理。

7-16　简述 CPLD/FPGA 的开发与设计过程。

第8章 脉冲波形产生和定时电路

本章介绍两种脉冲波形产生电路——多谐振荡器和单稳态触发器电路——的工作原理,并介绍 555 定时电路及其他集成定时电路的工作原理和应用。

8.1 脉冲波形产生电路

8.1.1 概述

数字系统需要各种形式的时钟脉冲信号,时钟脉冲信号通常为矩形波,理想的矩形波如图 8-1 所示。

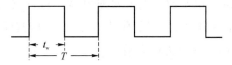

图 8-1 理想的矩形波

- 脉冲宽度 t_w ——矩形波正脉宽的时间长度;
- 脉冲周期 T ——两个相邻矩形波间的时间间隔;
- 脉冲频率 f ——单位时间内矩形波重复的次数,$f = 1/T$;
- 占 空 比 d ——脉冲宽度与脉冲周期的比值,$d = t_w/T$。

多谐振荡器是一种利用正反馈产生矩形波的电路,称之为“多谐”是因为矩形波中含有多次谐波。多谐振荡器有两种状态,但这两种状态都是暂时稳定的状态(简称暂稳态),故又称为无稳态电路。多谐振荡器常用于提供数字系统的同步时钟脉冲。

单稳态触发器是输出能够改变其输入触发脉冲宽度的振荡器。它有两种状态,一种状态是稳定状态(简称稳态);一种状态是暂稳态。在外界触发脉冲的作用下,单稳态触发器可由稳态转换到暂稳态,暂稳态的持续时间由 RC 定时电路决定。暂稳态结束,电路又恢复为稳态,若无触发脉冲,电路将继续保持稳态不变。在应用中,常利用单稳态触发器输出可控的暂稳态持续时间间隔的特点,用于定时(产生固定的时间间隔)控制和对某一个时间点开始的时间延迟等。

8.1.2 多谐振荡器

1. TTL 反相器构成的多谐振荡器

采用两个 TTL 反相器构成的多谐振荡器如图 8-2 所示。这个电路具有两个互补的

输出端 ϕ_1 和 ϕ_2。在图 8-2 中，连接于反相器 1 输入和输出之间的电阻 R，用来设置反相器工作在线性转折区域，一般取值为 $150 \sim 270~\Omega$，常固定取值为 $220~\Omega$。电容 C 为振荡器提供必需的正反馈，在这里，它是决定多谐振荡器振荡频率的主要元件，改变其取值，即可改变振荡频率。

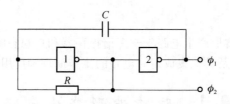

图 8-2　TTL 反相器构成的多谐振荡器

工作原理：

（1）假定门 2 输出在某时刻由高电平变为低电平，这个低电平通过电容 C 耦合至门 1 的输入，引起门 1 输出变为高电平，这个高电平又保证门 2 输出维持为低电平。

（2）这时，门 1 输出的高电平通过电阻 R 对电容 C 进行充电。

（3）当门 1 输入电压达到 TTL 门的阈值电压 V_{TH} 时，其输出变为低电平，迫使门 2 输出为高电平，由此保持门 1 输出为低电平。

（4）现在，电容 C 通过电阻 R 向门 1 输出的低电平放电。

（5）当电容 C 放电至 TTL 门的阈值电压 V_{TH} 时，门 1 输出变为高电平，引起门 2 输出为低电平。至此，一个振荡周期完成。如此重复进行，振荡器输出产生连续的矩形波振荡信号。

该电路的振荡频率的经验计算公式为

$$f \approx \frac{1}{3RC} \tag{8-1}$$

式中，f 的单位为 Hz；R 的单位为 Ω；C 的单位为 F。

该电路 ϕ_2 的输出波形比 ϕ_1 的要好，ϕ_2 的波形更接近于矩形波。在实际应用中，应在此电路的输出加缓冲门，以增加振荡器的驱动能力。

2. TTL 与非门和或非门构成的多谐振荡器

由与非门构成的多谐振荡器如图 8-3(a)所示。这个电路由两部分组成，一部分是由与非门连接成反相器组成的基本多谐振荡器，另一部分是由与非门构成的基本 RS 触发器。加入基本 RS 触发器是为了整形，该电路可以产生波形完全对称的方波脉冲，并且波形边沿陡直。在前面由 TTL 反相器构成的多谐振荡器后面也可以加上基本 RS 触发器进行整形。

由或非门构成的多谐振荡器如图 8-3(b)所示。这两种多谐振荡器的振荡频率仍然由式(8-1)确定。

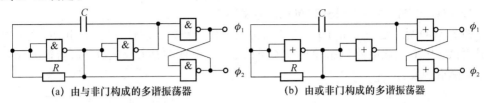

(a) 由与非门构成的多谐振荡器　　　　　(b) 由或非门构成的多谐振荡器

图 8-3　对称方波时钟脉冲源

3. CMOS 逻辑门构成的多谐振荡器

由于 CMOS 逻辑门具有很高的输入阻抗,故同 TTL 逻辑门相比,具有可以在较宽范围内选择电阻 R 的优点。由 CMOS 反相器、与非门和或非门构成的多谐振荡器的电路图与图 8-2、图 8-3 电路完全相同,这里不再重复。

同前述 TTL 逻辑门构成的多谐振荡器相比,这类多谐振荡器为改变输出频率,不但可调节电容 C,而且可调节电阻 R,故频率调节范围较大。这里,偏置电阻(即定时电阻)R 取值范围为 $4\ \mathrm{k\Omega}\sim1\ \mathrm{M\Omega}$,电容 C 取值要大于 $100\ \mathrm{pF}$。当 R 值小于 $2\ \mathrm{k\Omega}$ 时,输出波形将发生畸变,小于 $1\ \mathrm{k\Omega}$ 则产生正弦波。此类振荡器的最高振荡频率可达 $10\ \mathrm{MHz}$。

振荡频率可由下式进行估算:

$$f\approx\frac{0.721}{RC} \tag{8-2}$$

为稳定 CMOS 逻辑门构成的多谐振荡器的振荡频率,减小振荡器对电源电压的敏感程度,常采用如图 8-4 所示电路。该电路增加了一个电阻 R_S,其取值大致为电阻 R 的 $2\sim10$ 倍,可通过实验调整确定。这时的输出振荡频率为

$$f\approx\frac{0.455}{RC} \tag{8-3}$$

图 8-5 所示是一种输出频率占空比可调的多谐振荡器。R_S 的取值要大于 R_A+R_B(电位器的最大阻值)。若 $R_A+R_B\gg$两个二极管串联的正向阻值,则这个电路的输出频率为

$$f\approx\frac{1.443}{(R_A+R_B)C} \tag{8-4}$$

占空比为

$$d=\frac{R_A}{R_A+R_B}\times100\% \tag{8-5}$$

如果 $R_A>R_B$,占空比大于 50%;若 $R_A<R_B$,占空比小于 50%。

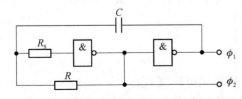

图 8-4　改进的 CMOS 逻辑门多谐振荡器

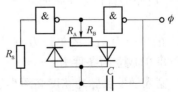

图 8-5　占空比可调的多谐振荡器

8.1.3 单稳态触发器

1. TTL 与非门构成的微分型单稳态触发器

图 8-6(a)所示是一个由 TTL 与非门构成的微分型单稳态触发器,它由 RC 微分电路完成暂稳态定时。该电路稳态输出是 $Q=1,\overline{Q}=0$,暂稳态是 $Q=0,\overline{Q}=1$,由输入触发脉冲的下降沿触发。

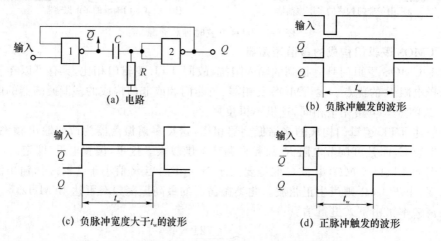

(a) 电路   (b) 负脉冲触发的波形

(c) 负脉冲宽度大于 t_w 的波形   (d) 正脉冲触发的波形

图 8-6 TTL 与非门构成的微分型单稳态触发器

工作原理:

(1) 电路处于稳态时,$Q=1,\overline{Q}=0$。

(2) 当输入触发脉冲下降沿到来时,门 1 输出上跳为高电平,迫使门 2 输出 Q 下降为低电平,这个低电平反馈到门 1 输入,保证门 1 输出持续为高电平。这时,电路处于暂稳态,$Q=0,\overline{Q}=1$。

(3) 门 1 输出的高电平通过电阻 R 对电容 C 充电,电容 C 上电压呈指数规律增加,门 2 输入按指数规律下降。

(4) 当门 2 输入电压降至阈值电压 V_{TH} 时,门 2 输出由低变高,并迫使门 1 输出由高变低,电容 C 放电。电路的暂稳态结束,但整个电路的过渡过程并没有完成。

(5) 经过一段时间(大约为 3~5 倍 RC),整个电路恢复为初始状态,这段时间称为单稳态触发器的恢复期。

这个电路的暂稳态持续时间(或定时脉宽)t_w 由定时元件 R、C 决定,经验估算公式为

$$t_w = 0.8RC \tag{8-6}$$

式中,t_w 的单位为 s;R 的单位为 Ω;C 的单位为 F。

式(8-6)成立的条件为:

① 输入触发负脉冲宽度必须小于所需要的输出定时脉宽 t_w。

② 定时电阻 R 取值必须小于 TTL 与非门的关门电阻 R_{OFF},一般小于 1 kΩ。

如果输入触发脉冲宽度大于 t_w，门 1 输出 $\overline{Q}$ 则固定为输入触发脉冲的反相，这时 $\overline{Q}$ 端将无时间延迟发生，但 Q 端仍有时间 t_w 的延迟，如图 8-6(c) 所示。当输入为正脉冲时，有关波形如图 8-6(d) 所示。

这个电路，由于条件②的限制，定时电阻 R 可调范围很小，常取固定值。若需调节定时脉宽，只能改变电容 C 的取值。

2. TTL 或非门构成的微分型单稳态触发器

由两个或非门构成的微分型单稳态触发器如图 8-7(a) 所示。它的定时电阻连接于高电平。该电路的稳态输出是 $Q=0,\overline{Q}=1$；暂稳态是 $Q=1,\overline{Q}=0$，输入触发脉冲为上升边沿触发。

这个电路的定时脉宽 t_w 的经验计算公式同式(8-6)，不同的输入触发脉冲所产生的有关波形见图 8-7(b)、(c) 和 (d)。

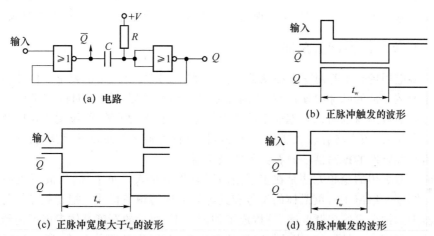

(a) 电路

(b) 正脉冲触发的波形

(c) 正脉冲宽度大于 t_w 的波形

(d) 负脉冲触发的波形

图 8-7 TTL 或非门构成的微分型单稳态触发器

3. CMOS 逻辑门构成的微分型单稳态触发器

通过前述 TTL 逻辑门构成的微分型单稳态触发器的讨论可知，由于定时电阻 R 取值必须小于 TTL 逻辑门的关门电阻，限制了定时电阻的取值范围，给调节定时脉宽带来不便。采用 CMOS 逻辑门构成的微分型单稳态触发器，则解除了对定时电阻的这一限制。由 CMOS 与非门、或非门构成的微分型单稳态触发器的电路与 TTL 与非门、或非门构成的电路相同，可参见图 8-6(a)、8-7(a)，电路中的逻辑门只要换用 CMOS 逻辑门即可。

采用 CMOS 逻辑门构成的微分型单稳态触发器，其定时电阻取值为 $4\sim100$ kΩ。

这种电路的输出暂稳态时间的经验计算公式为

$$t_w=0.693RC \tag{8-7}$$

4. 积分型单稳态触发器

由 TTL 与非门构成的积分型单稳态触发器如图 8-8 所示。它是由 RC 积分电路完成暂稳态的定时。输入触发脉冲同时加到两个门的输入端,该电路为上升沿触发。电路输出稳态是 $Q=1$,暂稳态是 $Q=0$。

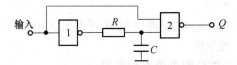

图 8-8　与非门构成的积分型单稳态触发器

由 TTL 与非门构成的积分型单稳态触发器,其输出暂稳态时间的经验计算公式与式(8-6)大致相同。由 CMOS 与非门构成的积分型单稳态触发器,它的输出脉宽经验公式与式(8-7)大致相同。需要指出,经过经验计算公式算出的数值并不是很精确,一般要通过实验进行调整。

这种积分型单稳态触发器,必须保证它的输入触发脉冲宽度大于输出定时脉宽。

8.1.4　石英晶体多谐振荡器

在许多应用场合下都对多谐振荡器振荡频率的稳定性有严格的要求。例如在将多谐振荡器作为数字钟的脉冲源使用时,它的频率稳定性直接影响着计时的准确性。前面介绍的几种多谐振荡器电路在频率稳定性方面较差,当电源电压波动、温度变化以及器件的参数发生变化时,频率将有较大变化。这种电路结构的振荡器难以满足精确计时的要求,下面介绍高稳定性的振荡器——石英晶体振荡器。

目前普遍采用的稳频方法是在多谐振荡器电路中接入石英晶体,组成石英晶体多谐振荡器。图 8-9 给出了石英晶体的符号和其等效电抗的频率特性。把石英晶体与前面多谐振荡器中的耦合电容串联起来,就构成了如图 8-10 所示的石英晶体多谐振荡器。由石英晶体的电抗频率特性可知,当外加电压的频率为 f_0 时它的阻抗最小,所以把它接入多谐振荡器的正反馈环路中以后,频率为 f_0 的电压信号最容易通过它,并在电路中形成正反馈,而其他频率信号经过石英晶体时被衰减。因此,振荡器的工作频率也必然是 f_0。

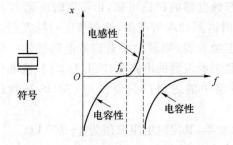

图 8-9　石英晶体的符号和电抗频率特性

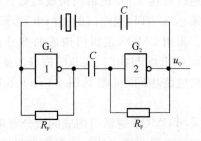

图 8-10　石英晶体多谐振荡器

由此可见,石英晶体多谐振荡器的振荡频率取决于石英晶体的固有谐振频率 f_0,而与外接电阻、电容无关。石英晶体的谐振频率由石英晶体的结晶方向和外形尺寸所决定,具有极高的频率稳定度。它的频率稳定度$(\Delta f_0 / f_0)$可达$10^{-10} \sim 10^{-11}$,足以满足大多数数字系统对频率稳定度的要求。各种谐振频率的石英晶体已被制成标准化和系列化的产品出售。

在图 8-10 所示电路中,若取 TTL 电路 7404 用做 G_1 和 G_2 两个反相器,$R_F = 1\ \text{k}\Omega$,$C = 0.05\ \mu\text{F}$,则其工作频率可达几十兆赫。

8.2 555 定时电路

555 定时电路是一种具有多种功能的模拟-数字混合集成电路,配接少量阻容元件,即可构成单稳态触发器、多谐振荡器和施密特触发器。由于使用方便,所以 555 定时电路在测量和控制、家用电器、电子玩具等许多领域中都得到了广泛应用。

555 定时电路产品型号繁多,但所有双极型产品型号最后的 3 位数码都是 555,所有 CMOS 产品型号最后的 4 位数码都是 7555。而且,它们的功能和外部引脚的排列完全相同。单芯片双定时电路产品型号是 556(双极型)和 7556(CMOS 型)。

8.2.1 555 定时电路的结构和功能

555 定时电路的结构框图如图 8-11 所示。555 定时电路内部有一个由 3 个 5 kΩ 电阻组成的分压器,分别为两个比较器 A_1 和 A_2 提供参考电压 $\frac{2}{3}V_{CC}$ 和 $\frac{1}{3}V_{CC}$。比较器原理:如果比较器"+"输入端电压高于"-"输入端电压,则比较器输出高电平;反之,则比较器输出低电平。比较器的两个外输入端一个是高电平阈值端 TH,一个是低电平触发端 $\overline{\text{TR}}$。两个与非门组成基本 RS 触发器,其输出标记为 Q;Q 端是电路输出端。T 为放电管,通过 DIS 端与外部连接。CON 为控制电压输入端,可另外接参考电压或其他控制电压,一般使用时通过 0.01 μF 电容接地。$\overline{R_d}$ 为清零端,工作时接高电平。

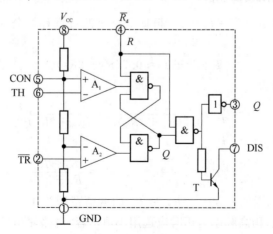

图 8-11 555 定时电路图

8.2.2 555定时电路组成多谐振荡器

555定时电路构成的多谐振荡器如图 8-12 所示,芯片的两个外输入端连接电容 C,V_{CC} 通过 R_A 和 R_B 给电容 C 充电,电容 C 经 R_B 通过 DIS 放电。这个电路就是利用电容 C 的充放电过程,电容上电压的变化,实现多谐振荡器的。电容 C 上的初始电压为零(因为无电荷),当接通电源时开始对电容充电,这时根据比较器工作原理可知:A_1 输出为高电平,A_2 输出为低电平,故触发器输出为 1,输出端 Q 为高电平。当充电到电容 C 上的电压刚超过 $\frac{2}{3}V_{CC}$ 时,比较器 A_1 输出由高电平转变为低电平,而 A_2 输出已是高电平,由此触发器输出为零,电路输出 Q 跳变为低电平。这时电容开始放电(因为放电管 DIS 处于饱和导通状态),放电回路是经 R_B 至放电管。当放电到电容 C 上的电压刚低于 $\frac{1}{3}V_{CC}$ 时,比较器 A_2 翻转输出电压为低电平,则输出 Q 跳为高电平。如此不断循环,电容 C 上电压和输出 Q 电压波形如图 8-13 所示。

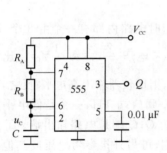

图 8-12 多谐振荡器电路图

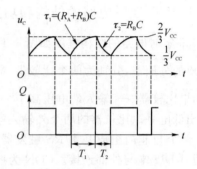

图 8-13 多谐振荡器波形图

此电路的振荡周期为 $T = T_1 + T_2$,根据电路过渡过程计算公式,可得出振荡周期的计算公式为

$$T = T_1 + T_2 \approx 0.7(R_A + 2R_B)C \tag{8-8}$$

由此振荡频率则为

$$f = \frac{1}{T} \approx \frac{1}{0.7(R_A + 2R_B)C} = \frac{1.44}{(R_A + 2R_B)C} \tag{8-9}$$

也可得出波形的占空比为

$$d = \frac{T_1}{T} \times 100\% = \frac{T_1}{T_1 + T_2} \times 100\% = \frac{R_A + R_B}{R_A + 2R_B} \times 100\% \tag{8-10}$$

当 $R_B \gg R_A$ 时,占空比近似为 50%。R_A 和 R_B 的取值范围为 1 kΩ～10 MΩ;电容 C 可由几百皮法到几十微法,稍高频率运用时应选用小值电容,电路使用最高频率为 200 kHz。

例 8-1 试用 555 定时电路设计一个多谐振荡器,输出信号频率 20 kHz,请计算外接电阻和电容取值。

解 采用图 8-12 电路组成多谐振荡器,根据式(8-9)计算 R_A、R_B 和 C 的取值。因为工作频率稍高,电容取值不宜过大,可取 $C = 0.001\ \mu F$。这样 $R_A + 2R_B = 72\ k\Omega$,若占空比无要求,可取 $R_A = R_B = 24\ k\Omega$。实际使用中还需要对电阻进行微调。

8.2.3 555 定时电路组成单稳态触发器

555 定时电路构成的单稳态触发器如图 8-14 所示,输入触发信号接低电平触发端 $\overline{TR}$(2 脚),并在输入信号的触发下,Q 端产生暂稳态输出定时脉冲,脉冲宽度 t_w 由 R、C 决定。此电路在稳态时,因为输入触发脉冲为高电平,故 A_2 输出高电平,而 A_1 也为高电平(因放电,电容电压为零),所以触发器输出为 0,电路输出 Q 为低电平。当输入触发脉冲跳变为低电平时,A_2 输出也随之立即为低电平,引起触发器输出为 1,电路输出跳变为高电平,由此电路的暂稳态开始。暂稳态时间由电容 C 的充电过程决定,当 C 上的电压刚超过 $2/3V_{CC}$ 时,引起 A_1 输出由高电平转变为低电平,使触发器输出为 0,电路输出又恢复到稳态的低电平。如此,电路在输入触发脉冲周期的下降沿作用下,循环操作,其波形如图 8-15 所示。

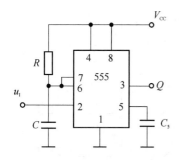

图 8-14 单稳态触发器电路图   图 8-15 单稳态触发器的波形图

输出定时脉冲宽度可以通过电路过渡过程公式计算,可得

$$t_w = RC\ln 3 \approx 1.1RC \qquad (8-11)$$

需要注意的是,R 取值不能太小,若 R 太小,当放电管导通时,灌入放电管的电流太大,会损坏放电管。R 取值为 $1\ k\Omega \sim 10\ M\Omega$,$C$ 取值应大于 $1\ 000\ pF$。

此电路有两点需要注意:

(1) 输入触发脉冲周期应大于定时脉宽 t_w 和恢复期之和。恢复期是指电容放电时间,因导通时放电管集电极与发射极间电阻很小,故恢复期很短。

(2) 输入信号的低电平宽度应小于单稳触发器的暂稳态时间,否则当暂稳态时间结束时,输出与输入反相,单稳态触发器成为一个反相器。

例 8-2 试用 555 定时电路构成输出定时脉宽为 2 s 的单稳态触发器,给出电阻和电容的取值。

解 可采用图 8-14 所示电路构成单稳态触发器,并根据式(8-11)计算电阻和电容取值,有如下等式:

$$1.1RC = 2$$

若取 $C = 10\ \mu\text{F}$,有

$$1.1 \times R \times 10 \times 10^{-6} = 2$$

R 取 $182\ \text{k}\Omega$。

8.3 其他典型集成定时电路

8.3.1 TTL 集成单稳态触发器 74121

集成单稳态触发器的产品型号有许多,如 74121、74LS122、74LS123、74HC123、CC4098、CC4538、CC14528、CC14538 等,74121 的电路框图如图 8-16 所示,表 8-1 是其功能表。

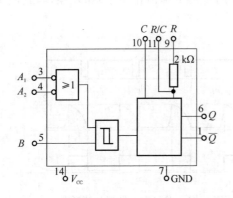

图 8-16 集成单稳态触发器 74121 的电路框图

表 8-1 集成单稳态触发器 74121 的功能表

A_1	A_2	B	Q	$\overline{Q}$
0	×	1	0	1
×	0	1	0	1
×	×	0	0	1
1	1	×	0	1
1	↓	1	⊓	⊔
↓	1	1	⊓	⊔
↓	↓	1	⊓	⊔
0	×	↑	⊓	⊔
×	0	↑	⊓	⊔

此集成电路仅需外接一只电容和一只电阻,即可组成单稳态触发器。电容连接于 C 端(第 10 脚)和 R/C 端(第 11 脚)之间,电阻可连接于 R 端(第 9 脚)和 V_{CC} 端之间,或者连接在 R/C 端和 V_{CC} 端之间(这时不使用内部 $2\ \text{k}\Omega$ 电阻)。

在表 8-1 功能表中,"×"表示取 0 或者取 1;"↑"表示触发脉冲为上升沿触发;"↓"表示触发脉冲为下降沿触发。表中前四行说明输出处于稳态,后五行表明,无论哪种输入组合,均可使单稳态触发器由稳态转换为暂稳态。电路的稳态为 $Q = 0$,$\overline{Q} = 1$。

在触发脉冲的有效触发边沿作用下,电路由稳态转换为暂稳态,输出暂稳态时间可由下式估算:

$$t_{\text{w}} \approx 0.7RC \tag{8-12}$$

外接电阻 R 取值为 $1.4 \sim 40\ \text{k}\Omega$,外接定时电容 C 取值应小于 $1\ 000\ \mu\text{F}$,最佳取值范围为 $10\ \text{pF} \sim 10\ \mu\text{F}$。该电路的最短延时($t_{\text{w}}$)为 $35\ \mu\text{s}$。该电路可以产生小于 $28\ \text{s}$ 的精确时间延迟。

图 8-17 给出 74121 的两种实际应用电路。图 8-17(a)电路适合于外触发脉冲为上升沿触发;而图 8-17(b)适合于下降沿触发。

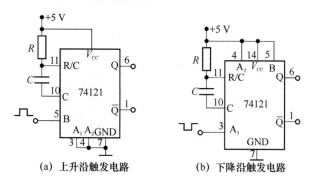

(a) 上升沿触发电路   (b) 下降沿触发电路

图 8-17　集成单稳态触发器 74121 的实用电路

8.3.2　CMOS 集成振荡器 CD4047

CD4047 是一种具有多种功能的振荡器,其管脚图如图 8-18 所示,表 8-2 对其管脚进行了说明。改变 CD4047 管脚的连接形式,可以构成单稳态触发器或多谐振荡器。

表 8-2　CD4047 管脚说明

管脚数	标识	功能说明
1	C	外接电容端
2	R	外接电阻端
3	R/C	外接电阻、电容公共连接端
4	$\overline{AS}$	工作方式控制端,通常接 V_{DD}
5	AS	工作方式控制端,多谐振荡器方式时接 V_{DD},但稳态触发方式时接 V_{SS}
6	$\overline{TR}$	单稳态触发方式时下降沿触发端
7	V_{SS}	电源(低)
8	TR	单稳态触发方式时上升沿触发端
9	R_D	复位端,高电平有效
10	Q	状态输出端
11	$\overline{Q}$	状态反相输出端
12	RET	可重触发控制端,高电平有效
13	OSC	振荡输出端
14	V_{DD}	电源(高)

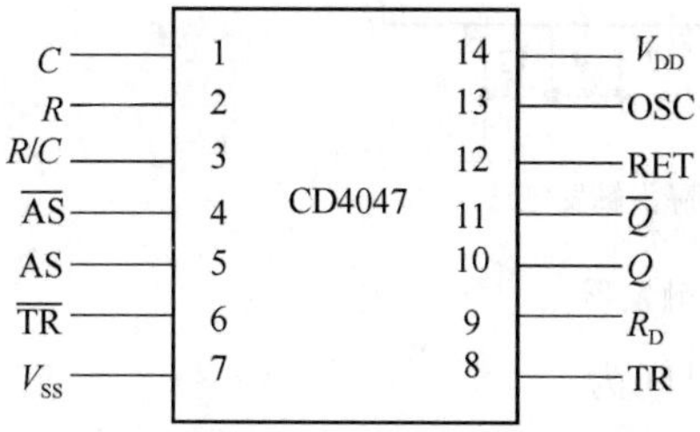

图 8-18　CD4047 管脚图

1. CD4047 构成多谐振荡器

CD4047 构成多谐振荡器的电路如图 8-19 所示。CD4047 有 3 个振荡输出端 Q、$\overline{Q}$ 和

OSC 端。Q 和 $\overline{Q}$ 的输出频率表达式为

$$f_Q \approx \frac{1}{4.4RC}$$

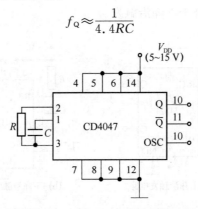

图 8-19 CD4047 构成多谐振荡器

OSC 端的输出频率为 $2f_Q$,即

$$f_{OSC} \approx \frac{1}{2.2RC}$$

在此电路中,电阻 R 取值为 $10\,k\Omega \sim 1\,M\Omega$,电容 C 取值应大于 $100\,pF$。最高振荡频率 f_{OSC} 为 $500\,kHz$。

2. CD4047 构成单稳态触发器

图 8-20 为 CD4047 构成单稳态触发器的电路。

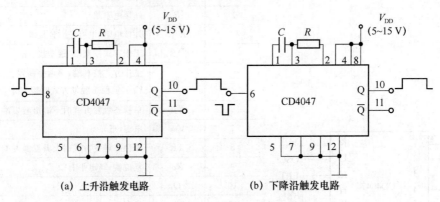

(a) 上升沿触发电路　　　　　　　　(b) 下降沿触发电路

图 8-20 CD4047 构成单稳态触发器

该电路具有两个互补输出端 Q 和 $\overline{Q}$,输出暂稳态时间为

$$t_w \approx 2.48RC$$

在图 8-20(a) 和 (b) 电路中,输入触发脉冲宽度有如下限制:电源电压为 $4\,V$ 时,应小于 $50\,ns$;电源电压为 $10\,V$ 时,应小于 $200\,ns$;电源电压为 $15\,V$ 时,应小于 $140\,ns$。为保证可靠的操作,定时电阻 R 取值为 $10\,k\Omega \sim 1\,M\Omega$,电容 C 取值应大于 $1\,000\,pF$。可获得的最小输出脉宽为 $25\,\mu s$。

习 题

8-1 简述单稳态触发器的工作特点和主要用途。

8-2 简述多谐振荡器的工作特点和主要用途。

8-3 在图 8-3 所示的对称式多谐振荡器电路中,试判断为提高振荡频率所采取的下列措施哪些是对的,哪些是错的。如果是对的,在( )内打√;如果是错的,在( )内打×。

(1) 加大电容 C 的电容量( );

(2) 减小电阻 R 的阻值( );

(3) 提高电源电压( )。

8-4 在图 8-5 所示的对称式多谐振荡器电路中,试判断为提高占空比所采取的下列措施哪些是对的,哪些是错的。如果是对的,在( )内打√;如果是错的,在( )内打×。

(1) 加大电容 C 的电容量( );

(2) 提高电阻 R_A 的阻值( );

(3) 提高电阻 R_B 的阻值( );

(4) 提高电阻 R_S 的阻值( )。

8-5 试判断在图 8-6 所示的单稳态触发器电路中,为加大输出脉冲宽度所采取的下列措施哪些是对的,哪些是错的。如果是对的,在( )内打√;如果是错的,在( )内打×。

(1) 加大 R( );

(2) 减小 R( );

(3) 加大 C( );

(4) 提高电源电压( );

(5) 增加输入触发脉冲的宽度( )。

8-6 图 P8-6 是由 5 个同样的与非门接成的环形振荡器。请分析其工作原理。现测得输出信号的重复频率为 100 MHz,试求每个门的平均传输延迟时间。假定所有与非门的传输延迟时间相同,而且 $t_{PHL} = t_{PLH} = t_{pd}$。

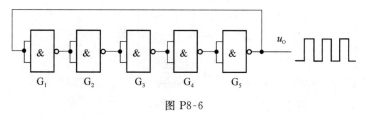

图 P8-6

8-7　试用 555 定时电路内部的基本 RS 触发器说明 555 定时电路的功能。

8-8　试画出用 555 定时电路组成的单稳态触发器和多谐振荡器电路。

8-9　分析图 P8-9 所示的电路，TTL 触发器的直接置 0 端和直接置 1 端均是高电平有效，反相器的阈值电平（门限电平）为 V_{TH}。试简述其工作原理，并画出 Q 端和 $\overline{Q}$ 端的波形。

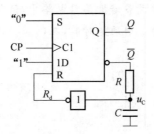

图 P8-9

8-10　图 P8-10 是用 TTL 门电路组成的积分型单稳态触发器，u_I 是其输入波形，画出 u_{O1}、u_{O2} 和 u_O 的波形图。

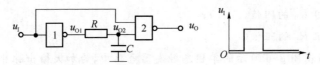

图 P8-10

8-11　集成单稳态触发器 74121 组成的延时电路如图 P8-11 所示，要求：

（1）计算输出脉宽的调节范围；

（2）电位器线路中所串电阻 R 有何作用？

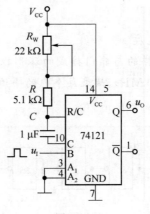

图 P8-11

8-12　集成单稳态触发器 74121 组成电路如图 P8-12 所示,要求:

(1) 计算 u_{O1}、u_{O2} 的输出脉冲宽度;

(2) 若 u_1 如图中所示,试画出输出 u_{O1}、u_{O2} 的波形图。

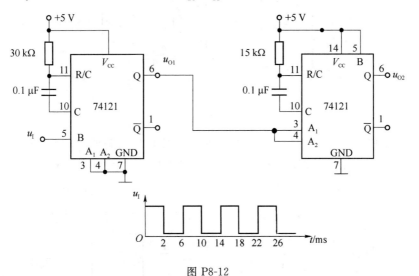

图 P8-12

8-13　利用集成单稳态触发器 74121 设计一个电路,要求得到输出脉冲宽度等于 3 ms 的脉冲,外接电容 C 应为多少(假定内部电阻为 2 kΩ)?

8-14　利用 555 定时电路构成的单稳态触发器电路,对输入脉冲的宽度有无限制? 当输入脉冲的低电平持续时间过长时,电路应如何修改?

8-15　试用 555 定时电路设计一个多谐振荡器,要求输出脉冲的振荡频率为 20 kHz,占空比等于 75%。

8-16　说明图 P8-16 所示电路的名称。计算电路的暂稳态时间为 t_w。根据计算的 t_w 值,确定哪一个输入触发信号是合理的,并分别画出在这两个输入信号作用下的输出波形。

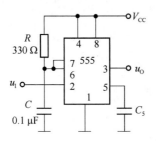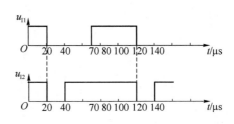

图 P8-16

8-17 分析图 P8-17 所示电路的工作原理。计算 u_{O2} 的振荡频率和振荡的持续时间。

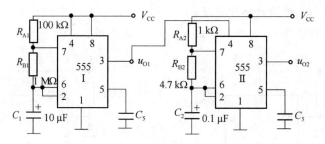

图 P8-17

8-18 图 P8-18 为由两个 555 定时电路接成的延时报警器,当开关 S 断开后,经过一定的延迟时间 t_d 后扬声器开始发出声音。如果在迟延时间内闭合开关,扬声器停止发声。在图中给定的参数下,计算延迟时间 t_d 和扬声器发出声音的频率。

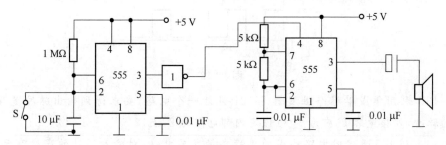

图 P8-18

第9章 数模和模数转换电路

数模和模数转换电路是数字系统中数字信号与外界模拟信号进行交换的接口电路。本章介绍了常用的数模和模数转换电路的组成、工作原理和相应集成芯片及其应用。

9.1 概 述

随着数字技术,特别是计算机技术的飞速发展与普及,在现代控制、通信及检测领域中,为提高系统的性能指标,对信号的处理广泛采用了电子计算机技术。由于系统的实际处理对象往往都是一些模拟量(如温度、压力、位移、图像等),要使计算机或数字仪表能识别和处理这些信号,必须先将这些模拟信号转换成数字信号;而经计算机分析、处理后输出的数字量往往也需要将其转换成模拟信号才能为执行机构所接收。这样,就需要一种能在模拟信号与数字信号之间起桥梁作用的电路——模数转换电路和数模转换电路。

带有模数和数模转换电路的测控系统可用图 9-1 所示的框图表示。图中模拟信号由传感器转换为电信号,经放大器放大,送入模数转换器转换为数字量,由数字系统进行处理,再由数模转换器还原为模拟量,去驱动执行部件。图中,将模拟量转换为数字量的电路称为 A/D 转换器,简写为 ADC(Analog to Digital Converter);将数字量转换为模拟量的电路称为 D/A 转换器,简写为 DAC(Digital to Analog Converter)。

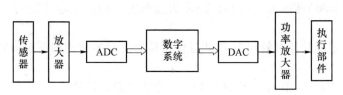

图 9-1 测控系统框图

为确保系统处理结果的精确度,A/D 转换器和 D/A 转换器必须具有足够的转换精度;要实现对快速变化信号的实时控制与检测,A/D 与 D/A 转换器还要求具有极高的转换速度。转换精度与转换速度是衡量 A/D 与 D/A 转换器的重要技术指标。

随着集成技术的飞速发展,现已研制和生产出许多种类型的集成 A/D 与 D/A 转换芯片,本章主要研究典型的 A/D 与 D/A 转换器的电路结构、工作原理及其应用。

9.1.1 转换关系和量化编码

1. 转换关系

理想的 ADC 和 DAC 输入/输出转换关系如图 9-2 所示。无论是 ADC,还是 DAC,其输出同输入之间都是呈正比例关系。DAC 将输入数字量转换为相应的离散模拟值;ADC 将连续的输入模拟量转换为相应的数字量。

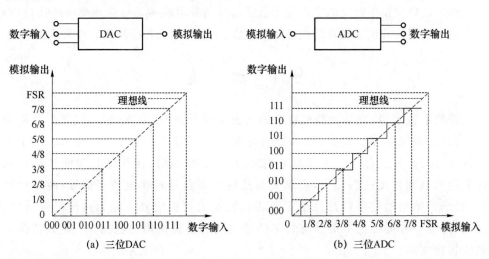

图 9-2　二进制码的三位转换关系

任何 ADC 和 DAC 的转换结果都是同其数字编码形式密切相关的。图 9-2 中转换器采用的是自然二进制码,这在转换器中称为单极性码。在转换器应用中,通常将数字量表示为满刻度(也称满量程)模拟值的一个分数值,称为归一化表示法。例如,在图 9-2(a)中,数字 111 经 DAC 转换为 $\frac{7}{8}$ FSR(FSR 为满刻度值的英文字头缩写),数字 001 转换为 $\frac{1}{8}$ FSR。数字的最低有效位为 1,并且仅该位为 1 时所对应的模拟值常用 LSB(Least Significant Bit)表示,其值为 $\frac{1}{2^n}$ FSR ,其中,n 为转换器的位数。

2. 量化

ADC 要把模拟量转换为数字量,必须经过量化过程。所谓量化,就是以一定的量化单位,把数值上连续的模拟量通过量化装置转变为数值上离散的阶跃量的过程。例如,用天平称量重物就是量化过程。这里,天平为量化装置,物重为模拟量,最小砝码的重量为量化单位,平衡时砝码的读数为阶跃量(数字量)。

很显然,只有当输入的模拟量数值正好等于量化单位的整数倍时,量化后的数字量才是准确值。否则,量化结果只能是输入模拟量的近似值。这种由于量化而引起的误差称之为 ADC 的量化误差。例如,在图 9-2(b)中,输入在 $\frac{1}{8} \pm \frac{LSB}{2}$ 之间的模拟值都转换为数字 001,在 $\frac{7}{8} \pm \frac{LSB}{2}$ 之间的模拟值都转换为数字 111。理想的 ADC,其量化误差为 $\pm \frac{LSB}{2}$。量化误差是由于量化单位的有限性造成的,所以它是原理性误差,只能减小,而无法根本消除。为减小量化误差,只能取更小的量化单位(即增加 ADC 的位数,相应会提高硬件成本)。

3. 数字编码

所谓数字编码,就是把量化后的数值用二进制代码表示。对于一个无极性的信号,二进制代码所有数位均为数值位,则该数为无符号数,如图 9-2 所示。

转换器还经常使用双极性码。双极性码可用于表示模拟信号的幅值和极性,适用于具有正负极性的模拟信号的转换。常用的双极性码有原码、反码、补码和偏移码,如表 9-1 所示。偏移码是由二进制码经过偏移而得到的一种双极性码。偏移码可直接由补码导出,补码的符号位取反后即为偏移码。在转换器的应用中,偏移码是最易实现的一种双极性码。图 9-3 为采用偏移码的三位转换器的理想输入/输出转换图。这种转换也称为两象限转换。

表 9-1 常用的双极性码表(三位)

十进制分数	原 码	反 码	补 码	偏移码
3/4	011	011	011	111
2/4	010	010	010	110
1/4	001	001	001	101
0	000	000	000	100
−1/4	101	110	111	011
−2/4	110	101	110	010
−3/4	111	100	101	001
−4/4			100	000

在图 9-3 中,因为三位偏移码的最高位表示了模拟信号的正负,因此,满刻度模拟值被划分成 +FSR/2 和 −FSR/2 两部分。这里,数字量所表示的模拟值被减小了 1/2。例如在图 9-3 中,数字输入 000 转换为模拟值 −FSR/2;数字输入 011 转换为模拟值

－FSR/8;数字输入 100 转换为模拟值 0;数字输入 111 转换为模拟值 3/8FSR,这是转换器可以转换的最大正模拟值。

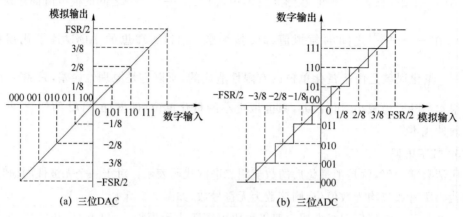

(a) 三位DAC   (b) 三位ADC

图 9-3 双极性码的三位转换关系

9.1.2 主要技术指标

1. 分辨率和转换精度

分辨率是转换器分辨模拟信号的灵敏度,它同转换器的位数和满刻度值相关。n 位转换器的分辨率一般表示为

$$分辨率 = \frac{1}{2^n - 1} \tag{9-1}$$

例如,集成 5G7520 是 10 位的 D/A 转换器,其分辨率为

$$\frac{1}{2^{10} - 1} = \frac{1}{1\ 023} \approx 0.000\ 978$$

有时也用常用位数来表示转换器的分辨率。

转换精度是指转换器实际能达到的转换精确程度,一般用转换器的最大转换误差与满刻度模拟值之比的百分数来表示。分辨率是理想状态的技术指标,而精度则是实际性能指标。

2. 转换误差

选择转换器完成实际应用的需要,具有决定意义的因素之一是精度指标,而转换器的转换精度是由各项转换误差综合决定的。

(1) DAC 的转换误差

① 失调误差

失调误差又称零点误差,它的定义是:当数字输入全为 0 时,其模拟输出值与理想输出值的偏差值。对于单极性 DAC,模拟输出的理想值为零点;对于双极性 DAC,理想值为负域满刻度。偏差值大小一般用 LSB 的分数或用偏差值相对满刻度的百分数表示。

② 增益误差

DAC 的输入与输出传递特性曲线的斜率称为 D/A 转换增益或标度系数，实际转换的增益与理想增益之间的偏差称为增益误差。增益误差在消除失调误差后用满码（全 1）输入时，其输出值与理想输出值（最大值）之间的偏差表示，一般也用 LSB 的分数或用偏差值相对满刻度的百分数来表示。

③ 非线性误差

DAC 的非线性误差定义为实际转换特性曲线与理想转换特性曲线之间的最大偏差，并以该偏差相对于满刻度的百分数度量。非线性误差不可调整。

失调误差和增益误差可通过调整使它们在某一温度的初始值为零，但受温度系数的影响，仍存在相应的温漂失调误差和增益误差。DAC 的最大转换误差为失调误差、增益误差和非线性误差之和。

（2）ADC 的转换误差

ADC 也存在失调误差、增益误差和非线性误差，除此之外，还有前面提到的量化误差。ADC 的最大转换误差为量化误差、失调误差、增益误差和非线性误差之和。

转换误差可用输出电压满刻度值的百分数表示，也可用 LSB 的倍数表示。例如，转换误差为 $\frac{1}{2}$ LSB。

3. 转换速率

DAC 和 ADC 的转换速率常用转换时间来描述，大多数情况下，转换速率是转换时间的倒数。DAC 的转换时间是由其建立时间决定的，建立时间通常由手册给出。ADC 的转换时间规定为转换器完成一次转换所需要的时间，也即从转换开始到转换结束的时间，其转换速率主要取决于转换电路的类型。

9.2 数模转换器

D/A 转换器是利用电阻网络和模拟开关，将多位二进制数 D 转换为与之成比例的模拟量，因此，输入应是一个 n 位的二进制数，它可以按数码的通式按位展开为

$$D = D_{n-1} \times 2^{n-1} + D_{n-2} \times 2^{n-2} + \cdots + D_1 \times 2^1 + D_0 \times 2^0$$

而输出应当是与输入的数字量成比例的模拟量 A：

$$A = KD = K(D_{n-1} \times 2^{n-1} + D_{n-2} \times 2^{n-2} + \cdots + D_1 \times 2^1 + D_0 \times 2^0) \quad (9\text{-}2)$$

式中，K 为转换比例系数，其转换过程是把输入的二进制数中为 1 的每一位代码按其位权的大小，转换成相应的模拟量，然后将各位转换以后的模拟量，经求和运算放大器相加，其和便是与被转换数字量成正比的模拟量，从而实现了数模转换。一般的 D/A 转换器输出模拟量 A 是正比于输入数字量 D 的模拟电压量，比例系数 K 为常数，单位为伏特。

9.2.1 权电阻网络 DAC

权电阻网络 DAC 的电路原理如图 9-4 所示,由权电阻网络、n 个模拟开关和 1 个求和放大器组成,它将 n 位二进制码转换为模拟电压。

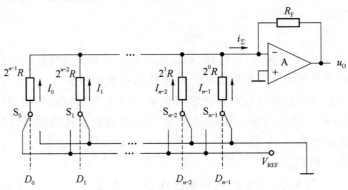

图 9-4 权电阻网络 D/A 转换器

图 9-4 中 $S_{n-1} \sim S_0$ 是 n 个电子开关,它们的状态分别受输入 $D_{n-1} \sim D_0$ 的控制,当该位的值为 1 时,开关将电阻接至标准电压源 V_{REF};当该位为 0 时,开关接地。故 $D_i = 1$ 时有支路电流 I_i 流向求和放大器,$D_i = 0$ 时支路电流为零。支路电流 I_i 由电阻网络转换而来。

求和放大器是由一个接成负反馈的理想运算放大器组成,工作于线性放大状态,由虚短、虚断可以得到

$$u_O = -R_F i_\Sigma = -R_F(I_{n-1} + I_{n-2} + \cdots + I_1 + I_0) \tag{9-3}$$

各个支路的电流 $I_{n-1} \sim I_0$ 分别为

$$\begin{cases} I_{n-1} = \dfrac{V_{REF}}{R} D_{n-1} \\[2mm] I_{n-2} = \dfrac{V_{REF}}{2R} D_{n-2} \\[2mm] \vdots \\[2mm] I_1 = \dfrac{V_{REF}}{2^{n-2} R} D_1 \\[2mm] I_0 = \dfrac{V_{REF}}{2^{n-1} R} D_0 \end{cases}$$

将它们代入式(9-3),并取 $R_F = R/2$,得到

$$u_O = -\frac{V_{REF}}{2^n}(D_{n-1} 2^{n-1} + D_{n-2} 2^{n-2} + \cdots + D_1 2^1 + D_0 2^0) \tag{9-4}$$

式(9-4)表明,输出的模拟电压正比于输入的数字量 D,从而实现了数字量到模拟量的转换。当参考电压 V_{REF} 为正值时,输出电压 u_O 为负值,而当参考电压 V_{REF} 为负值时,

输出电压为正值。

　　上述权电阻解码网络电路的优点是结构简单,所用电阻元件数较少;缺点是电阻的阻值相差较大,且电阻的数值较多,不是规格数值,当输入信号位数较多时,这个问题更加突出。为了保证转换精度,要求阻值很精确,这是很困难的,并且对集成电路的制作也不利。下面介绍的倒 T 形电阻网络 DAC 可以克服上述缺点。

9.2.2　倒 T 形电阻网络 DAC

　　倒 T 形电阻网络 D/A 转换器是目前使用最广泛的一种 DAC,R-$2R$ 倒 T 形电阻网络 DAC 电路结构如图 9-5 所示。

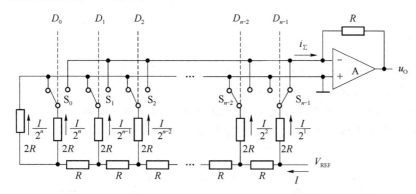

图 9-5　R-$2R$ 倒 T 形电阻网络 D/A 转换电路

　　由虚短、虚断可知,求和放大器反相输入端的电位始终接近于零,所以无论开关合到哪一边,都相当于接到了"地"电位上,流过每个支路的电流也始终不变。在图示开关状态下,从最左侧将电阻折算到最右侧,先是 $2R$ 与 $2R$ 并联,电阻值为 R,再和 R 串联,又是 $2R$,一直折算到最右侧,电阻仍为 R,则可写出电流 i_{Σ} 的表达式为

$$\begin{cases} I = \dfrac{V_{\mathrm{REF}}}{R} \\[2mm] i_{\Sigma} = \dfrac{I}{2}D_{n-1} + \dfrac{I}{4}D_{n-2} + \cdots + \dfrac{I}{2^{n-1}}D_1 + \dfrac{I}{2^n}D_0 \end{cases}$$

　　在求和放大器的反馈电阻阻值等于 R 的条件下,输出模拟电压为

$$u_{\mathrm{O}} = -Ri_{\Sigma} = -R\left(\frac{I}{2}D_{n-1} + \frac{I}{4}D_{n-2} + \cdots + \frac{I}{2^{n-1}}D_1 + \frac{I}{2^n}D_0 \right)$$

$$= -\frac{V_{\mathrm{REF}}}{2^n}(D_{n-1}2^{n-1} + D_{n-2}2^{n-2} + \cdots + D_1 2^1 + D_0 2^0)$$

　　此电路的特点是:

　　(1) 当输入数字信号的任何一位是 1 时,对应开关便将 $2R$ 电阻接到运放反相输入端,而当其为 0 时,则将电阻 $2R$ 接地。

（2）当输入数字量某一位为 1，而其他位为 0 时，这一位对应的节点等效电阻为 $2R$（左侧），因此在此节点上通过开关向运放提供的电流是流入这一节点电流的一半。而相邻节点提供的电流相差均为 2 倍，故从参考电流流入电阻网络的总电流为 $I = \dfrac{V_{\text{REF}}}{R}$，只要 V_{REF} 选定，电流 I 为常数。

（3）输出模拟电压值可表示为

$$u_{\text{O}} = -\frac{V_{\text{REF}}}{2^n}(D_{n-1} \times 2^{n-1} + D_{n-2} \times 2^{n-2} + \cdots + D_1 \times 2^1 + D_0 \times 2^0)$$

（4）与权电阻网络 DAC 相比，所用的电阻的阻值仅有两种，串联臂为 R，并联臂为 $2R$，便于制造。

9.2.3 权电流型 DAC

尽管倒 T 形电阻网络 D/A 转换器具有较高的转换速度，但由于电路中存在模拟开关电压降，当流过各支路的电流稍有变化时，就会产生转换误差。为进一步提高 D/A 转换器的转换速度，可采用权电流激励型 D/A 转换器。图 9-6 所示为一个四位权电流 D/A 转换器原理电路。图中的一组恒流源从高位到低位电流大小依次为 $I/2$、$I/4$、$I/8$、$I/16$。

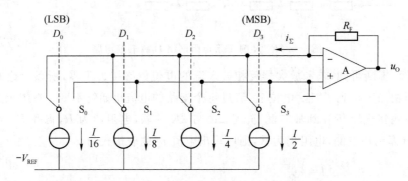

图 9-6 权电流型 D/A 转换器的原理电路

在图 9-6 所示电路中，当输入数字量的某一位代码 $D_i = 1$ 时，开关 S_i 接运算放大器的反相输入端，相应的权电流流入求和电路；当 $D_i = 0$ 时，开关 S_i 接地。分析该电路可得

$$u_{\text{O}} = i_{\Sigma} R_{\text{F}}$$

$$= R_{\text{F}}\left(\frac{I}{2}D_3 + \frac{I}{4}D_2 + \frac{I}{8}D_1 + \frac{I}{16}D_0\right)$$

$$= \frac{I}{2^4}R_{\text{F}}\sum_{i=0}^{3} D_i \cdot 2^i$$

利用了恒流源电路之后，各支路权电流的大小均不受开关导通电阻和压降的影响，这就降低了对开关电路的要求，提高了转换精度。

9.3 集成 DAC 及应用

集成 DAC 芯片通常只将电阻网络、电子开关等集成到芯片上,多数芯片中并不包含运算放大器。实现 D/A 转换功能时要外接运算放大器,有时还要外接电阻。有的芯片中包含数据锁存器及一些逻辑功能电路。常用的 DAC 芯片有 8 位、10 位、12 位、16 位等品种。几种常用 DAC 芯片及主要技术指标如表 9-2 所示。

表 9-2　几种常用 DAC 芯片及其主要技术指标

型　号	位　数	精度 %FSR(25 ℃)	转换时间	电源电压	封　装
DAC0808	8	0.39	150 ns	$\pm5\sim\pm15$ V	16 脚 DIP
DAC0832	8	0.3	1 μs	5～15 V	20 脚 DIP
AD7524	8	0.25	400 ns	5～15 V	16 脚 DIP
AD7520	10	(1/2)LSB	500 ns	5～15 V	16 脚 DIP
AD7522	10	0.2	500 ns	5～15 V	28 脚 DIP
DAC1210	12	0.05	1 μs	4.75～16 V	24 脚 DIP
AD7546	16	±0.012	10 μs	5 V, −5 V	40 脚 DIP

9.3.1　集成 DAC0832

1. 原理框图

DAC0832 是一种采用 CMOS 工艺制成的 8 位 DAC 芯片,其内部结构框图如图 9-7 所示。它由一个 8 位输入锁存器、一个 8 位 DAC 锁存器、一个倒 T 形电阻网络和三个控制逻辑门构成的。

它的内部电阻网络是 R-$2R$ 倒 T 形电阻网络,片内含有反馈电阻 R_F(15 kΩ),不含运算放大器,使用时需要外接运算放大器。

2. 管脚说明

DAC0832 采用 20 个管脚的双列直插式封装,管脚排列如图 9-7 所示。各管脚功能如下:$D_7 \sim D_0$ 为数字量输入(D_7 为最高位,D_0 为最低位);ILE 为数据输入锁存允许(高电平有效);CS 为片选输入(低电平有效);$\overline{WR_1}$ 为写信号 1 输入(低电平有效);$\overline{WR_2}$ 为写信号 2 输入(低电平有效);$\overline{XFER}$ 为传送控制信号输入端(低电平有效);V_{CC} 为工作电源输入端(5～15 V);V_{REF} 为参考电压输入端(−10～10 V);R_{FB} 为内部反馈电阻接线端;I_{OUT1} 为 DAC 电流输出 1 端;I_{OUT2} 为 DAC 电流输出 2 端;A_{GND} 为模拟信号接地端;D_{GND} 为数字信号接地端。

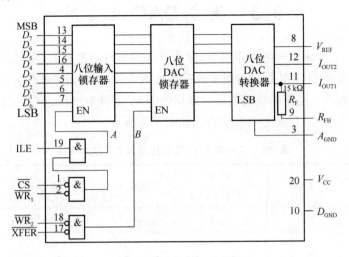

图 9-7　DAC0832 的结构框图

当锁存器的使能控制端 EN＝1 为高电平时,锁存器的数据输出跟随数据输入变化,即锁存器处于"透明"状态;当 EN＝0 为低电平时,输入数据锁存在锁存器中,锁存器的输出不再跟随输入数据的变化而变化。

由图 9-7 可知,锁存器的使能控制端 EN 受逻辑电路控制,8 位输入锁存器使能控制信号 $A＝\text{ILE}\cdot\overline{\text{CS}}\cdot\overline{\text{WR}_1}$。只有当 ILE ＝ 1;$\overline{\text{CS}}＝\overline{\text{WR}_1}＝0$ 时,A 点为高电平 1,输入锁存器处于"透明"状态,允许数据输入;而当 $\overline{\text{WR}_1}＝1$ 时,输入数据 $D_7\sim D_0$ 被锁存。

输入数据 $D_7\sim D_0$ 被锁存后,能否进行 D/A 转换还要看 B 点电位。8 位 DAC 锁存器使能控制信号 $B＝\overline{\text{WR}_2}\cdot\overline{\text{XFER}}$,只有 $\overline{\text{WR}_2}$ 和 XFER 均为低电平时 B 才为 1,使存储于输入锁存器中的数据被传送到 DAC 锁存器同时进行 D/A 转换,否则将停止 D/A 转换。

使用该芯片时,可采用双缓冲方式,即两级锁存都受控;也可以用单缓冲方式,即只控制一级锁存,另一级始终直通;还可以让两级都直通,随时对输入数字信号进行 D/A 转换。因此,这种结构的转换器使用起来非常灵活。

9.3.2　集成 AD7524

1. 原理框图

集成 AD7524 是 CMOS 单片低功耗 8 位并行 D/A 转换器,采用倒 T 形电阻网络结构。图 9-8 为 AD7524 的内部结构图,片内含有 8 位输入锁存器、8 位倒 T 形电阻网络和运算放大器的反馈电阻 R_F。

2. 管脚说明

供电电压 V_{DD} 为 $+5 \sim +15$ V，可输入 TTL/CMOS 电平。$D_0 \sim D_7$ 为输入数据端，$\overline{CS}$ 为片选信号，$\overline{WR}$ 为写入命令，V_{REF} 为参考电源，可正、可负。OUT 是模拟电流输出，一正一负。AD7524 的功能表见表 9-3。

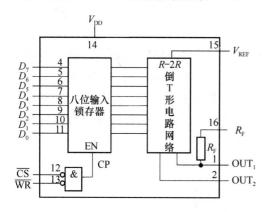

图 9-8　AD7524 内部结构图

表 9-3　**AD7524 的功能表**

$\overline{CS}$	$\overline{WR}$	功能
0	0	写入锁存器，并行输出
0	1	保持
1	0	保持
1	1	保持

当 $\overline{CS} = \overline{WR} = 0$ 时，输入数据可以存入 8 位锁存器；$\overline{CS}$ 和 $\overline{WR}$ 不同时为 0 时，不能写入数据，锁存器保持原数据不变。$2R$ 支路的电流经电子开关流向电流输出端 OUT$_1$、OUT$_2$。OUT$_1$ 通常外接运算放大器的负输入端，OUT$_2$ 接地。

图 9-9 为 AD7524 的典型应用电路，A 为运算放大器，将电流输出转换为电压输出，输出电压的数值可通过外接反馈电阻 R_{FB} 进行调节，其输出电压与输入数字量的关系如下：

$$u_O = -\frac{V_{REF}}{2^8}(D_{n-1} \times 2^{n-1} + D_{n-2} \times 2^{n-2} + \cdots + D_1 \times 2^1 + D_0 \times 2^0)$$

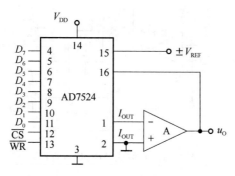

图 9-9　AD7524 典型实用电路

当参考电压 V_{REF} 取负值时，输出电压为正；参考电压 V_{REF} 取正值时，输出为负。

9.4 模拟-数字转换器

9.4.1 反馈式 ADC

1. 概述

构成反馈式 ADC 的基本结构框图如图 9-10 所示,是由 DAC、比较器和数字逻辑电路三部分构成。数字逻辑电路为 DAC 提供了从零开始递增的数字输入,当 DAC 的输出等于模拟输入时,比较器能自动检测并给出信号,使数字逻辑电路停止计数。这时输入 DAC 的数字量即代表了模拟输入信号。反馈式 ADC 可分为斜坡式、跟踪式和逐次比较式,它们之间的差异仅在于数字逻辑电路稍有不同。

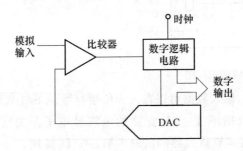

图 9-10 反馈式 ADC 基本结构框图

2. 斜坡式 ADC

斜坡式 ADC(又称计数式 ADC)是最简单的 A/D 转换器,这种转换器的数字逻辑电路由计数器组成,其原理框图见图 9-11。

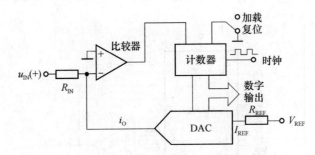

图 9-11 斜坡式 ADC 原理框图

首先将计数器预置为零,然后计数器对输入时钟脉冲进行加计数,DAC 输出不断增加并同输入信号相比较。当 u_{IN} 同 $i_O R_{IN}$ 相等时,比较器输出状态为 0,计数器停止计数。这时计数器所计数字即代表相应的模拟输入值。

在斜坡式 ADC 中,转换是在 DAC 输出同模拟输入信号相等的瞬时结束,图 9-11 采用的是电流比较技术,即 $I_O = \dfrac{u_{IN}}{R_{IN}}$ 时转换完成。如果模拟输入增加则计数器也增加计数,直到再达到相等为止。所以,斜坡式 ADC 的数字输出代表了计数器复位之前的模拟输入最大值。满刻度模拟输入值为 $I_{REF} R_{IN}$,数字输出代表了 $I_{REF} R_{IN}$ 的分数值。例如,$u_{IN} = \dfrac{255}{256} I_{REF} R_{IN}$ 对应的数字输出为"11111111"。

斜坡式 ADC 的转换时间不是固定的,取决于满刻度值分数表示的模拟输入值的大小。在图 9-11 的电路中,可表示为

$$转换时间 = \frac{V_{REF}}{I_{REF} R_{IN}} 2^n T_C \tag{9-5}$$

式中,n 为 DAC 的位数;T_C 为时钟周期。

在斜坡式 ADC 中,转换结束是在 DAC 输出和模拟输入信号之间寻求等量关系。u_{IN} 是连续变化的模拟量,而 DAC 的输出 i_O 却是由输入数字决定的分段改变的离散量,每次仅能增加一个 LSB 的电流增量 $\dfrac{I_{REF}}{2^n}$。所以,系统不能准确地确立等量关系 $u_{IN} = i_O R_{IN}$。实际系统的数字输出值是由下列关系式决定的,即

$$\frac{u_{IN}}{I_{REF} R_{IN}} + \frac{1}{2^n} > X_1 2^{-1} + X_2 2^{-2} + \cdots + X_n 2^{-n} > \frac{u_{IN}}{I_{REF} R_{IN}} \tag{9-6}$$

由此可见,在相差一个模拟增量($\dfrac{I_{REF} R_{IN}}{2^n}$)范围内的所有模拟输入值都产生相同的数字输出。所以,图 9-11 电路的转换量化误差为 1LSB。

3. 跟踪式 ADC

跟踪式 ADC 同斜坡式 ADC 在结构上的不同之处在于将加计数器代之为加/减计数器,其原理框图见图 9-12。

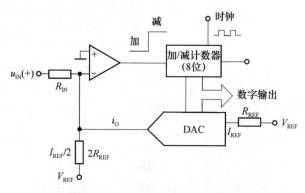

图 9-12 跟踪式 ADC 原理框图

跟踪式 ADC 的工作原理同斜坡式基本相同,差别在于比较器输出控制计数器进行加计数或减计数,从而使 DAC 输出电流增加或减少以跟踪输入模拟信号。如果 $\frac{u_{\text{IN}}}{R_{\text{IN}}} >$ i_O,比较器的反相输入端电位高于同相输入端电位,比较器输出为低电平,引起计数器的加计数。如果 $\frac{u_{\text{IN}}}{R_{\text{IN}}} < i_O$,则比较器输出为高电平,计数器完成减计数。系统处于平衡时,计数器最低位数字在 0 和 1 间摆动,这时计数器输出即代表输入模拟信号。

若在比较器的求和点加入 $\frac{I_{\text{REF}}}{2}$ 的偏移电流,则计数器产生同双极性模拟输入相应的偏移码数字输出。在目前的实际应用中,斜坡式 ADC 和跟踪式 ADC 使用较少。

4. 逐次比较式 ADC

逐次比较式 ADC 较前两种反馈式结构具有速度快的特点。参照反馈式 ADC 基本框图 9-11,该系统中的数字逻辑电路完成的是一系列比较转换,其实际是一种特殊形式的串/并转换寄存器,也称为逐次比较寄存器(简称 SAR)。下面以四位的逐次比较式 ADC 为例作一介绍,其原理框图见图 9-13。

工作原理:首先,SAR 将最高有效位 B_3(MSB)置为 1 输入到 DAC,经 DAC 转换为模拟输出($\frac{1}{2}$ 的满刻度)同输入模拟信号在比较器进行第一次比较。如果 DAC 输出小于模拟输入,则 $B_3 = 1$ 在寄存器中保存;如果 DAC 输出大于模拟输入,则 B_3 被清除为零。然后,SAR 继续令次高位 B_2 为 1,连同第一次比较结果,经 DAC 转换再同输入进行比较,并根据比较的结果,决定此位(B_2)在寄存器中的取舍。如此,逐位进行比较,直到最低位比较完毕,整个转换过程结束。这时,DAC 输入端的数字即为模拟输入信号的数字输出。

假定模拟输入在 $\frac{9}{16}V_{\text{FS}} \sim \frac{10}{16}V_{\text{FS}}$ 之间,V_{FS} 为模拟满刻度值,图 9-13 结构的 ADC 产生的时序波形如图 9-14 所示。

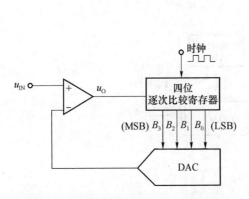

图 9-13 四位逐次比较式 ADC 原理框图

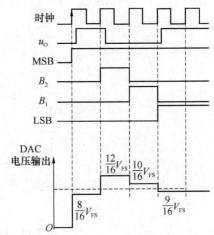

图 9-14 四位逐次比较式 ADC 转换时序波形

逐次比较式 ADC 的转换时间取决于转换中数字位数的多少,完成每位数字的转换需要一个时钟周期。由前面分析可知,第 $(n+1)$ 个时钟脉冲作用后,第 n 位数字才存入第 n 位寄存器中,故转换时间表达式如下:

$$转换时间 = (n+1)T_C \tag{9-7}$$

逐次比较式 ADC 具有速度快、转换精度高的优点。目前,其应用相当广泛。

9.4.2 积分式 ADC

在常用的模数转换电路中,除反馈式 ADC 外,还有一类重要的 ADC,即积分式 ADC。积分式 ADC 中,常见的有双斜积分式和量化反馈式,下面分别介绍。

1. 双斜积分式 ADC

双斜积分式 ADC 的框图如图 9-15 所示。该系统是由下列器件组成:参考电压源 V_{REF},电子切换开关 S,电阻 R、电容 C 和运算放大器 A_1 组成的积分器,比较器 A_2,控制逻辑电路,时钟脉冲源及计数器。

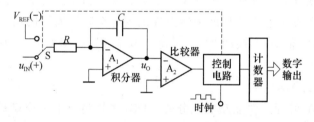

图 9-15 双斜积分 ADC 原理框图

双斜积分式 ADC 的工作过程可分为两段。第一段为输入积分,或称为定时积分;第二段为参考积分,或称为定压积分。

定时积分段:预先使积分电容 C 充分放电为零,并使计数器复位,控制电路给出控制信号使开关 S 接通输入信号 u_{IN},在固定的时间间隔 T_i 对输入信号进行积分。若输入信号在此间隔内为常数,则积分器的输出为线性斜坡,如图 9-16所示。

定压积分段:在间隔 T_i 结束时开始,控制逻辑将输入信号断开而将参考电压 V_{REF} 连接到积分器的输入端。参考电压同输入信号的极性相反,可使积分器输出的线性斜坡回复到零。

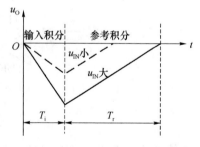

图 9-16 双斜积分 ADC 时序波形

这段是对参考电压 V_{REF} 的积分,积分返回到零的时间间隔为 T_r。由图可知,T_r 随输入信号 u_{IN} 增大而变长。

时间间隔 $T_i = N_i T_{CP}$,其中 T_{CP} 为时钟周期,N_i 为预先确定的脉冲个数。时间间隔

T_r 是由在 T_r 期间计数器所预计的脉冲数 N_x 所决定,即 $T_r = N_x T_{CP}$。

在定时积分段,积分器的输出 u_O 与输入 u_{IN} 的关系为

$$u_O = -\frac{1}{RC} \int_0^{T_i} u_{IN} dt$$

在定压积分段,积分器的输出 u_O 返零,有

$$\frac{1}{RC} \int_0^{T_r} V_{REF} dt - \frac{1}{RC} \int_0^{T_i} u_{IN} dt = 0$$

代入 $T_i = N_i T_{CP}$ 和 $T_r = N_x T_{CP}$,并整理可得

$$N_x = \frac{N_i}{V_{REF}} \cdot \frac{\int_0^{N_i T_{CP}} u_{IN} dt}{N_i T_{CP}} = \frac{N_i}{V_{REF}} \cdot \overline{u_{IN}} \tag{9-8}$$

其中,$\overline{u_{IN}}$ 为输入信号 u_{IN} 在 T_i 间隔内的平均值。由式(9-8)可知,计数器计数字 N_x 与 $\overline{u_{IN}}$ 成正比关系,也即代表了模拟输入信号平均值 $\overline{u_{IN}}$ 的数字量。

双斜积分转换计数具有抑制交流噪声干扰的能力和结构简单、转换精度高的特点,其转换精度取决于参考电压的精度和转换周期内每个时钟周期的精度。双斜积分计数的不足之处是速度低且转换时间不固定。双斜积分 ADC 广泛应用于数字面板表(DPM)。

2. 量化反馈式 ADC

量化反馈式 ADC 是一种新型的积分式 ADC,在某些应用中较双斜积分式有多种优点。图 9-17 为量化反馈式 ADC 的原理框图。

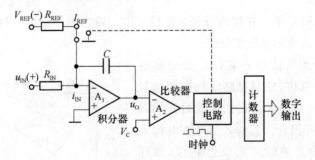

图 9-17 量化反馈式 ADC 原理框图

在转换开始前,电子切换开关 S 接向地端并将计数器复位。输入信号 u_{IN} 经积分器积分,积分器输出 u_O 电压下降,当其低于比较电平 V_C 时,比较器输出使控制电路产生信号将开关 S 转向接通运算放大器输入端。参考电流接通一个时钟脉冲周期,并足以保证积分器输出恢复到原电平。一般取 I_{REF} 约等于满刻度 i_{IN} 的二倍。在整个转换期间,系统维持输入 i_{IN},产生的电荷同参考脉冲电流 I_{REF} 泄放的电荷之间平衡,参考电流脉冲的个数

由计数器来计数。计数器所计数字即代表输入模拟信号。输入 i_{IN} 大,计数电流脉冲个数多;i_{IN} 小,则脉冲个数少,如图 9-18 所示。

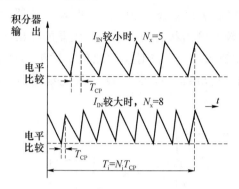

图 9-18　量化反馈式 ADC 时序波形图

量化反馈式 ADC 的转换关系表达式可由电荷平衡原理导出。令 I_{REF} 脉冲电流在一个时钟周期 T_{CP} 所产生的电荷为 q

$$q = \int_0^{T_{CP}} I_{REF} \mathrm{d}t = \frac{V_{REF}}{R_{REF}} T_{CP} \tag{9-9}$$

令固定转换时间为 T_i,$T_i = N_i T_{CP}$,N_i 为预先确定的脉冲数,则在 T_i 期间连续输入电流积累的电荷为

$$Q = \int_0^{T_i} \frac{u_{IN}}{R_{IN}} \mathrm{d}t = \frac{N_i T_{CP}}{R_{IN}} \int_0^{N_i T_{CP}} \frac{u_{IN}}{N_i T_{CP} R_{IN}} \mathrm{d}t = \frac{N_i T_{CP}}{R_{IN}} \overline{u_{IN}} \tag{9-10}$$

根据电荷平衡原理,电荷 Q 可由 N_x 个电荷 q 所平衡,即 $N_x q = Q$,由此可得

$$N_x = \frac{Q}{q} = \frac{N_i R_{REF}}{V_{REF} R_{IN}} u_{IN} \tag{9-11}$$

由式(9-11)可知,计数器在转换时间 T_i 内所计数字 N_x 代表了模拟输入信号的平均值。

量化反馈技术同双斜积分计数相比具有如下优点:

(1) 转换时间固定,适用于数据采集系统,便于同步操作;

(2) 对时钟脉冲精度要求不高,因为时钟的变化对输入信号产生电荷和参考电流泄放电荷的影响是同时的。

9.4.3　并行比较式 ADC

三位并行比较型 ADC 原理电路如图 9-19 所示。它由电阻分压器、电压比较器、寄存器及编码器组成。图中的 8 个电阻将参考电压 V_{REF} 分成 8 个等级,其中 7 个等级的电压分别作为 7 个比较器 $C_1 \sim C_7$ 的参考电压,其数值分别为 $V_{REF}/15, 3V_{REF}/15, \cdots, 13V_{REF}/15$。

输入电压为 u_1，它的大小决定各比较器的输出状态，例如，当 $0 \leqslant u_1 < (V_{\text{REF}}/15)$ 时，$C_1 \sim C_7$ 的输入状态都为 0；当 $(3V_{\text{REF}}/15) < u_1 < (5V_{\text{REF}}/15)$ 时，比较器 C_1 和 C_2 的输出 $C_{O1} = C_{O2} = 1$，其余各比较器输出状态都为 0。根据各比较器的参考电压值，可以确定输入模拟电压值与各比较器输出状态的关系。比较器的输出状态由 D 触发器存储，CP 作用后，触发器的输出状态 $Q_7 \sim Q_1$ 与对应的比较器的输出状态 $C_{O7} \sim C_{O1}$ 相同。经代码转换网络（优先编码器）输出数字量 $D_2 D_1 D_0$。优先编码器优先级别最高是 Q_7，最低是 Q_1。

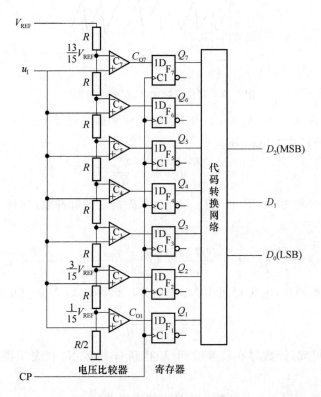

图 9-19　三位并行 ADC 原理框图

设 u_1 变化范围是 $0 \sim V_{\text{REF}}$，输出 3 位数字量为 D_2、D_1、D_0，三位并行比较型 A/D 转换器的输入、输出关系如表 9-4 所示。通过观察此表，可确定代码转换网络输入、输出之间的逻辑关系为

$$D_2 = Q_4$$

$$D_1 = Q_6 + \overline{Q}_4 Q_2$$

$$D_0 = Q_7 + \overline{Q}_6 Q_5 + \overline{Q}_4 Q_3 + \overline{Q}_2 Q_1$$

表 9-4　并行比较型 ADC 的输入输出关系

模拟量输出	比较器输出状态							数字输出		
	C_{O7}	C_{O6}	C_{O5}	C_{O4}	C_{O3}	C_{O2}	C_{O1}	D_2	D_1	D_0
$0 \leqslant u_1 < V_{REF}/15$	0	0	0	0	0	0	0	0	0	0
$V_{REF}/15 \leqslant u_1 < 3V_{REF}/15$	0	0	0	0	0	0	1	0	0	1
$3V_{REF}/15 \leqslant u_1 < 5V_{REF}/15$	0	0	0	0	0	1	1	0	1	0
$5V_{REF}/15 \leqslant u_1 < 7V_{REF}/15$	0	0	0	0	1	1	1	0	1	1
$7V_{REF}/15 \leqslant u_1 < 9V_{REF}/15$	0	0	0	1	1	1	1	1	0	0
$9V_{REF}/15 \leqslant u_1 < 11V_{REF}/15$	0	0	1	1	1	1	1	1	0	1
$11V_{REF}/15 \leqslant u_1 < 13V_{REF}/15$	0	1	1	1	1	1	1	1	1	0
$13V_{REF}/15 \leqslant u_1 < V_{REF}$	1	1	1	1	1	1	1	1	1	1

在并行 A/D 转换器中,输入电压 u_1 同时加到所有比较器的输出端,从 u_1 加入到稳定输出所经历的时间为比较器、D 触发器和编码器延迟时间之和。如不考虑上述器件的延迟,可认为三位数字量是与 u_1 输入时刻同时获得的。所以它具有最短的转换时间。但所用的元器件较多。如一个 n 位转换器,所用的比较器的个数为 $2^n - 1$ 个。

单片集成并行比较型 ADC 产品很多如 AD 公司的 AD9012(TTL 工艺,8 位)、AD9002(ECL 工艺,8 位)、AD9020(TTL 工艺,10 位)等。

9.5　集成 ADC 及应用

逐次比较式 ADC 和双斜积分式 ADC 是目前应用最多的 A/D 转换器,下面主要介绍这两种 ADC 集成芯片。

9.5.1　集成 ADC0809

ADC0809 是 AD 公司生产的一种逐次比较式集成 ADC,它由八路模拟开关、地址锁存与译码器、比较器、256 电阻阶梯、树状开关、逐次逼近式寄存器 SAR、控制电路和三态输出锁存器等组成。电路如图 9-20 所示。

ADC0809 采用双列直插式封装,共有 28 条引脚,现分四组简述如下。

1. 模拟信号输入 IN0～IN7

IN0～IN7 为八路模拟电压输入线,加在模拟开关上,工作时采用时分割的方式,轮流进行 A/D 转换。

2. 地址输入和控制线

地址输入和控制线共 4 条,其中 ADDA、ADDB 和 ADDC 为地址输入线,用于选择 IN0～IN7 中的一路模拟信号送给比较器进行 A/D 转换。ALE 为地址锁存允许输入线,高电平有效。当 ALE 线为高电平时,ADDA、ADDB 和 ADDC 三条地址线上的地址信号得以锁存,经译码器控制八路模拟开关工作。

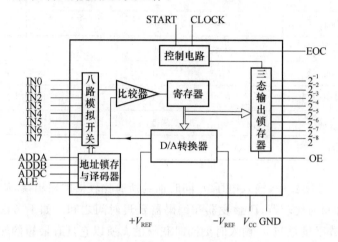

图 9-20　ADC0809 逻辑框图

3. 数字量输出及控制线

START 为启动脉冲输入线,该线上正脉冲宽度应大于 100 ns,上升沿清零 SAR,下降沿启动 ADC 工作。EOC 为转换结束输出线,该线上高电平表示 A/D 转换已结束,数字量已锁入三态输出锁存器。2^{-1}～2^{-8} 为数字量输出线,2^{-1} 为最高位。OE 为输出允许线,高电平时能使 2^{-1}～2^{-8} 引脚上输出转换后的数字量。

4. 电源线及其他

CLOCK 为时钟输入线,用于为 ADC0809 提供逐次比较所需 640 kHz 时钟脉冲序列。V_{CC} 为 +5 V 电源输入线,GND 为地线。

V_{REF}(+)和 V_{REF}(−)为参考电压输入线,用于给电阻阶梯网络提供标准电压。V_{REF}(+)常和 V_{CC} 相连,V_{REF}(−)常接地。

9.5.2　集成双斜积分式 ADC

集成双斜积分式 ADC 品种很多,大致分为二进制码输出和 BCD 码输出两大类,图 9-21是 BCD 码双积分型 ADC 的框图,它是一种 $3\frac{1}{2}$ 位 BCD 码 A/D 转换器。$3\frac{1}{2}$ 位的 3 表示完整的三个数位有十进制数码 0～9,$\frac{1}{2}$ 的分母 2 表示最高位只有 0、1 两个数码,分子 1 表示最高位显示的数码最大为 1,显示的数值范围为 0000~1999。这类产品有集成 ICL7107、7109、5G14433 等芯片。

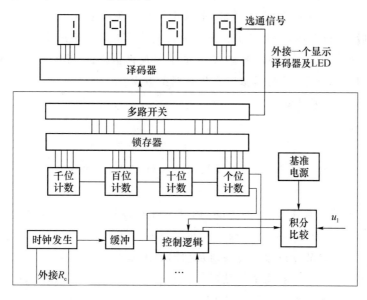

图 9-21　BCD 码双斜积分式 ADC 的原理框图

双斜积分式 A/D 转换器一般外接配套的 LED 显示器件或 LCD 显示器件,可以将模拟电压 u_1 用数字量直接显示出来。

这种双斜积分式 ADC 的优点,是利用较少的元器件就可以实现较高的精度(如 $3\frac{1}{2}$ 位折合 11 位二进制);一般输入都是直流或缓变化的直流量,抗干扰性能很强。广泛用于各种数字测量仪表、工业控制柜面板表、汽车仪表等方面。

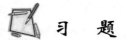 习　题

9-1　填空

(1) 8 位 D/A 转换器当输入数字量只有最高位为 1 时输出电压为 5 V,若只有最低位为 1 时,则输出电压为_____。若输入为 10001000,则输出电压为_____。

(2) A/D 转换的一般步骤包括_____、_____、_____和_____。

(3) 已知被转换信号的上限频率为 10 kHz,则 A/D 转换器的采样频率应高于_____。完成一次转换所用时间应小于_____。

(4) 衡量 A/D 转换器性能的两个主要指标是_____和_____。

(5) 就逐次比较式和双斜积分式两种 A/D 转换器而言,_____抗干扰能力强;_____转换速度快。

9-2 对于一个 8 位的 D/A 转换器,若最小输出电压增量为 0.02 V,试问当输入代码为 01001101 时,输出电压 u_O 为多少? 若其分辨率用百分数表示是多少?

9-3 若一理想的六位 DAC 具有 10 V 的满刻度模拟输出,并可使用下述编码。输入数字为"101001"时,此 DAC 的模拟输出值分别是多少?

(1) 自然加权二进制码

(2) 偏移码

(3) 补码

9-4 假如理想的三位 ADC 满刻度模拟输入为 10 V,当输入 u_{IN} 为 7 V 时,求此 ADC 采用自然加权二进制码时的数字输出值。

9-5 假如理想的四位 DAC 和 ADC 的满刻度模拟值均为 10 V,请分别画出它们采用自然加权二进制码和偏移码时的输入输出关系图。

9-6 简述转换器的分辨率与转换速度之间的关系。

9-7 简述转换器的 3 种基本误差源。

9-8 在图 9-4 电路中,若 $V_{REF}=10$ V,$R_F=1/2R$,$n=3$,求出输出电压 u_O 的最大值。当输入 $D_0=1$,$D_1=0$,$D_2=1$ 时,输出 u_O 为多少?

9-9 权电阻网络 DAC 与 R-$2R$ 倒 T 形 DAC 结构上有何不同? 各有什么特点?

9-10 权电流型 DAC 有何优点? 试简述之。

9-11 在图 9-9 所示电路中,若 $V_{REF}=10$ V,试求出当输入数字分别为下述值时的 u_O 值。

(1) 00000000

(2) 00000011

(3) 10000000

(4) 11111110

9-12 在图 9-4 所示的四位权电阻网络 DAC 中,若 $R_F=R/2$,参考电压为 V_{REF},试推导其输出电压 u_O 的表达式。

9-13 在图 9-5 所示的倒 T 形电阻网络 DAC 中,已知 $V_{REF}=-8$ V,试计算 $D_3D_2D_1D_0$ 当每一位代码分别为 1 时,在输出端所产生的模拟电压值。

9-14 在图 9-12 中,若 $n=8$,$R_{REF}=10$ kΩ,$R_{IN}=5$ kΩ,$V_{REF}=10$ V,时钟脉冲的频率为 2 MHz,求出输入为 4.5 V 时的转换时间及输出数字码。

9-15 在图 9-14 电路中,若输入信号在 $\frac{7}{16}V_{FS}$ 到 $\frac{8}{16}V_{FS}$ 之间,画出其时序波形图。

9-16 $3\frac{1}{2}$ 位十进制数字显示双斜积分 ADC,是以图 9-16 电路配以显示器构成,计数部分是由三个十进制计数器和一个触发器构成。若预先确定的积分时间为1000个时钟脉冲,并在定压积分时最大计数要代表最大的模拟输入1.999 V,求参考电压为多少?如果$f_{CP}=50$ kHz,积分电容$C=0.1$ μF,电阻$R=100$ kΩ,请求出和画出当输入为1.999 V时的积分器输出值和输出波形图。

9-17 书中介绍的ADC有哪些种类? 它们的原理各有何特点? 说明每一种的优缺点。

9-18 图P9-18为一个由四位二进制加法计数器、D/A转换器、电压比较器和控制门组成的数字式峰值采样电路。若被检测信号为一个三角波,试说明该电路的工作原理(测量前在$\overline{R_d}$端加负脉冲,使计数器清零)。若要使电路正常工作,对输出信号有何限制?

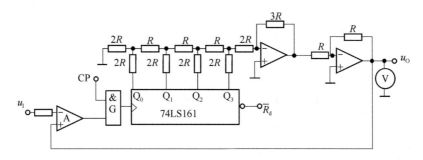

图 P9-18

9-19 双积分型A/D转换器如图P9-19所示,请简述其工作原理并回答下列问题:

① 若被检测电压$u_{I(max)}=2$ V,要求能分辨的最小电压为0.1 mV,则二进制计数器的容量应大于多少? 需用多少位二进制计数器?

② 若时钟频率$f_{CP}=200$ kHz,则采样时间T_1为多少?

③ 若$f_{CP}=200$ kHz,$u_1<V_{REF}=2$ V,欲使积分器输出电压u_O的最大值为5 V,积分时间常数RC应为多少。

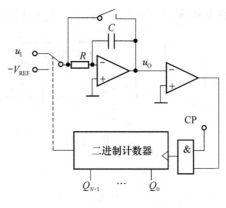

图 P9-19

9-20 逐次比较式 A/D 转换器中的 10 位 D/A 转换器的 $u_{O(max)} = 12.276$ V,CP 的频率 $f_{CP} = 500$ kHz。

① 若输入 $u_I = 4.32$ V,则转换后输出状态 $D = Q_9 Q_8 \cdots Q_0$ 是什么?

② 完成这次转换所需的时间 T 为多少?

9-21 有一个逐次比较式 8 位 A/D 转换器,若时钟频率为 250 kHz。

① 完成一次转换需要多长时间?

② 有一个 D/A 转换器,电压码与输入电压 u_I 逐次比较的波形如图 P9-21 所示,则 A/D 转换器的输出为多少?

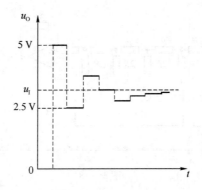

图 P9-21

9-22 双积分型 A/D 转换器如图 P9-22 所示。试问:

① 若被检测信号的最大值为 $u_{I(max)} = 2$ V,要能分辨出输入电压的变化小于等于 2 mV,则应选择多少位的 A/D 转换器?

② 已知时钟脉冲 CP 的频率为 32 kHz,若要求采样时间 $T_1 = 31$ ms,则计数器应预置的初值为多少?

③ 若输入电压大于参考电压,即 $|u_I| > |V_{REF}|$,则转换过程中会出现什么现象?

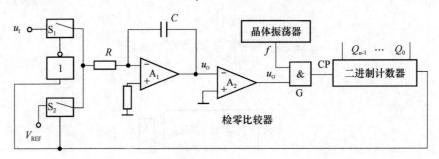

图 P9-22

9-23　试分析图 P9-23 所示电路的工作原理,存储器中存储的信息见表 P9-23,画出输出电压 u_O 的波形。

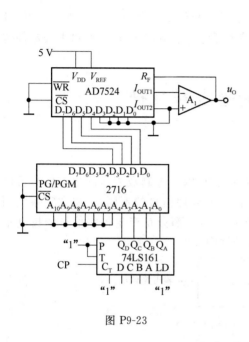

图 P9-23

表 P9-23　EPROM2716 的存储内容

A_3	A_2	A_1	A_0	D_3	D_2	D_1	D_0
0	0	0	0	0	0	0	0
0	0	0	1	0	0	1	0
0	0	1	0	0	0	0	0
0	0	1	1	0	0	1	0
0	1	0	0	0	1	0	0
0	1	0	1	0	0	0	0
0	1	1	0	0	0	0	0
0	1	1	1	0	0	1	0
1	0	0	0	0	1	0	0
1	0	0	1	0	1	1	0
1	0	1	0	0	0	0	0
1	0	1	1	0	0	1	0
1	1	0	0	1	1	0	0
1	1	0	1	0	1	1	0
1	1	1	0	0	0	0	0
1	1	1	1	0	0	0	0

第10章 数字系统设计举例

本章主要通过实例介绍数字系统的设计方法。先介绍 ASM(算法状态机)图表设计方法及数字系统设计举例,然后通过举例介绍采用硬件描述语言 VHDL 和可编程器件进行数字系统设计的过程和方法。

10.1 数字系统描述和设计

10.1.1 数字系统描述

数字系统是处理数字信号的系统。在数字系统中,以二进制数表示的数字信号可以分成两类,一类是控制信号;另一类是数据。根据系统处理信号的不同,可将数字系统划分为两个部分:一部分是处理数据的数据处理单元;另一部分是产生控制信号的控制单元。由数据处理单元和控制单元构成的数字系统框图如图 10-1 所示。

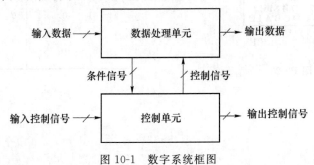

图 10-1 数字系统框图

(1)数据处理单元

如图 10-1 数字系统框图所示,数据处理单元接收来自外部的输入数据,并在控制信号的作用下,完成对输入数据和原有数据的加工和处理,然后将结果输出,同时为控制单元提供条件信号。数据处理单元对数据的加工和处理通常包括算术运算、逻辑运算和移位操作、置数操作等数据变换,以及存储操作等。数据处理单元通常是由组合电路和时序电路构成的,这些电路包括算术逻辑单元(ALU)、触发器、寄存器、移位寄存器、数据选择器、数据分配器等功能器件,数据处理单元通过这些功能器件完成系统要求的数据处理任务。

(2)控制单元

如图 10-1 所示,控制单元接收来自外部的输入控制信号和来自数据处理单元的条件信号,并根据系统的要求,产生内部控制信号去数据处理单元控制完成相应的数据处理任务,同时产生输出控制信号去控制数字系统外部的接口及执行装置。控制单元也是由组合电路和时序电路组成的,包括译码器、寄存器、储存器、数据分配器、计数器等功能器件。

10.1.2 数字系统设计

1. 数字系统设计方式

随着数字技术的进步和发展,尤其是数字器件的迅猛发展,以及软件技术的广泛应用,数字系统设计的概念和基本方法均发生了重大的改变,传统的数字系统设计理论已经不能适应当前技术的发展。

当前实现满足实际应用需要的数字系统可以有多种方式,除了用中、小规模数字集成电路实现外,还可用 PC 机或单片机来实现,也可用专用的数字信号处理(DSP)芯片来实现,也可采用可编程逻辑器件来实现等。上述这些实现形式,均是采用了大规模或超大规模数字集成电路,甚至是微机系统这样的高集成度的硬件芯片或系统,并且要进行系统的应用软件编程或硬件描述语言编程,如此才能完成系统设计的任务。

这里介绍的数字系统设计举例仅局限于采用中、小规模数字集成电路,不需要应用软件编程,而且仅仅是比较简单的系统,其过程和方法对于较复杂的系统可能并不适用。

2. 控制单元的两种设计方法

对于如图 10-1 所示数字系统,数字系统是由数据处理单元和控制单元组成的,在这样的系统中,数据处理单元的设计相对比较简单,一般主要是根据系统要求选用逻辑功能器件和建立数据及信号通道的问题,而系统设计主要是控制单元的设计。

控制单元的设计通常采用两种形式:一种是硬连线逻辑设计形式;另一种是微程序设计形式。硬连线逻辑设计形式一般采用计数器、触发器组或寄存器、译码器实现控制逻辑,而微程序设计是采用存储器和译码器产生控制信号。这里介绍的控制单元设计仅采用硬连线逻辑设计形式,微程序设计形式将在计算机组成与设计方面的课程中讲授。

硬连线逻辑设计和微程序设计这两种形式具有不同的特点,但实质上都是顺序操作的概念,这也是冯·诺依曼关于计算机操作原理的概念。硬连线逻辑设计方法通常用寄存器传送语言(RTL)和 ASM(算法状态机)图表等硬件算法描述,然后采用组合电路和时序电路组件来产生控制信号。这种方法相对规律性差,没有相对明晰的分析设计思路,但其设计的电路运行速度要快于微程序设计方法。微程序设计方法是将系统需要的控制信号全部存储在一个微码存储器中,也即查找 ROM 中,系统按一定顺序访问 ROM 中的存储单元,就可给出系统要求的控制信号。微程序设计方法要比硬连线逻辑设计有规律可循,设计思路清晰,相对设计过程要简单一些,但是其实现电路的运行速度要慢得多。

硬连线逻辑设计和微程序设计实质都是采用顺序操作的思路,仅是实现的形式不同。微程序设计是通过顺序访问存储器的存储单元,而硬连线逻辑设计是通过时钟脉冲顺序产生时序电路的状态序列。如果把时序电路中的状态存储器部分视为微程序设计中的微码存储器,这两者之间的操作原理是完全一致的,仅是所用器件及运行速度不同而已。如果微码存储器具有足够快的速度,则可以弥补其缺点。

3. 硬件算法描述

硬连线逻辑设计通常需要采用硬件算法描述之后,才能进行逻辑设计。硬件算法描述就像时序电路设计中的状态图一样,它可以比较清晰地描述出系统的操作顺序和操作条件。

传统的硬件算法描述形式就是 ASM 图表,也即是算法状态机图表。ASM 图表采用流程图的形式列举出控制单元的操作顺序和分支所需的条件,并且严格地规定了操作顺序的时间关系,因此与系统的硬件是密切相关的。ASM 图表实际上是时序电路状态图的进一步细化和完善,更适于较复杂时序电路的逻辑设计。

实际上,硬件描述语言(HDL)也是一种硬件算法描述形式。硬件描述语言能够更精确地描述和模拟数字系统设计的行为,而且能够完成从简单的逻辑电路到复杂的微处理器芯片的设计和综合。由于大规模或超大规模可编程器件(CPLD、FPGA)的广泛应用,硬件描述语言在数字系统设计方面将会有更加广阔的前景。

10.2 ASM 图表及设计举例

10.2.1 ASM 图表

1. ASM 图表符号

ASM 图表由三种基本符号组成,即状态框、条件判断框和条件操作框,如图 10-2 所示。在图 10-2 所示 ASM 图表中,包括了 ASM 图表的三种基本符号。

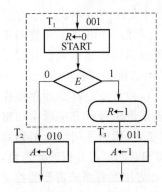

图 10-2 ASM 图表举例

(1) 状态框

图中的矩形框就是状态框,框的左上角标注的是状态变量,右上角标注的是状态编码,框内规定的是寄存器操作:$R \leftarrow 0$ 表示寄存器清零,还有 START 表示产生输出信号 START。

(2) 条件判断框

图中的菱形框为条件判断框,框内标注条件判断变量,根据变量的取值决定其操作流向。此例条件判断变量 $E=1$,选择右边支路;$E=0$,选择左边支路。

(3) 条件操作框

图中的两边圆弧形框为条件操作框,条件操作框通常连接于条件判断框的引出分支,框内规定操作的内容,可以是寄存器操作或输出状态,此例为 $R \leftarrow 1$,寄存器 R 置 1。

2. ASM 块

在 ASM 图表中,可将 ASM 图表划分为若干个 ASM 块。每个 ASM 块必须包含一个状态框,以及在其下方的条件判断框和条件操作框。在时序上,每个 ASM 块中的条件判断框和条件操作框都处于状态框的状态。ASM 块也可以是仅有一个状态框,而没有其他基本符号框,如 T_2 和 T_3。

ASM 图表类似状态图。一个 ASM 块等效于状态图中的一个状态,但比状态图表示更多的操作信息。因此,ASM 图表可以更全面地描述数字系统。

10.2.2 ASM 图表设计举例 1:交通灯控制器

例 10-1 交通灯控制器。设计城市道路某一主干道和支干道交叉路口交通灯显示控制器,要求如下:

(1) 主干道和支干道各设置一组三色红、黄、绿交通灯。

(2) 主干道和支干道车辆交替通行,但通行时间不同:主干道每次通行时间 60 秒,支干道每次通行时间 30 秒,并且通行道路绿灯亮,禁行道路红灯亮。

(3) 在交通灯由绿灯向红灯转换过程中要求黄灯先亮 5 秒,然后再变为红灯,而且在此过程中另一干道的红灯也要保持不变。

(4) 整个过程连续循环操作。

解 设

主干道绿灯亮(M_G)和支干道红灯亮(B_R)为状态 S_0,持续时间 $T_{60} = 60$ 秒;

主干道黄灯亮(M_Y)和支干道红灯亮(B_R)为状态 S_1,持续时间 $T_5 = 5$ 秒;

主干道红灯亮(M_R)和支干道绿灯亮(B_G)为状态 S_2,持续时间 $T_{30} = 30$ 秒;

主干道红灯亮(M_R)和支干道黄灯亮(B_Y)为状态 S_3,持续时间 $T_5 = 5$ 秒。

若采取每个状态使用一个触发器,并选用 D 触发器,因为有 4 个状态 $S_0 \sim S_3$,故需要 4 个触发器。设 4 个触发器的状态端为 Q_0、Q_1、Q_2 和 Q_3,且状态组合为 $Q_0 Q_1 Q_2 Q_3$,令状态编码为 $S_0 = 1000$,$S_1 = 0100$,$S_2 = 0010$,$S_3 = 0001$,并将持续时间 T_{60}、T_{30}、T_5 作为条件判断变量,根据设计要求,则可以画出交通灯控制器的 ASM 图表如图 10-3 所示。

根据 ASM 图表可列出状态转换表如表 10-1 所示。从表 10-1 可以看出,此系统共有 4 个状态,$1000(S_0)$、$0100(S_1)$、$0010(S_2)$、$0001(S_3)$,3 个输入变量 T_{60}、T_{30} 和 T_5,6 个输出变量 M_G、M_Y、M_R、B_G、B_Y 和 B_R。

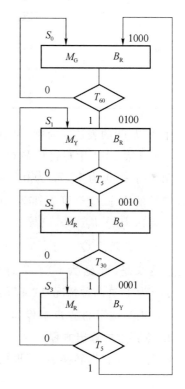

图 10-3 交通灯控制器 ASM 图表

1. 求 D 触发器输入方程

根据表 10-1 状态转换表可以推导出 D 触发器输入方程的表达式如下:

$$D_0 = Q_0^{n+1} = Q_0 \overline{T}_{60} + Q_3 T_5$$

$$D_1 = Q_1^{n+1} = Q_0 T_{60} + Q_1 \overline{T_5}$$

$$D_2 = Q_2^{n+1} = Q_1 T_5 + Q_2 \overline{T_{30}}$$

$$D_3 = Q_3^{n+1} = Q_2 T_{30} + Q_3 \overline{T_5}$$

表 10-1　交通灯控制器状态转换表

现　态				输　入			次　态					输　出					
	Q_0	Q_1	Q_2	Q_3	T_{60}	T_{30}	T_5		Q_0^{n+1}	Q_1^{n+1}	Q_2^{n+1}	Q_3^{n+1}	M_G	M_Y	M_R	B_G	B_Y	B_R
S_0	1	0	0	0	0	×	×	S_0	1	0	0	0	1					1
S_0	1	0	0	0	1	×	×	S_1	0	1	0	0	1					1
S_1	0	1	0	0	×	×	0	S_1	0	1	0	0		1				1
S_1	0	1	0	0	×	×	1	S_2	0	0	1	0		1				1
S_2	0	0	1	0	×	0	×	S_2	0	0	1	0				1	1	
S_2	0	0	1	0	×	1	×	S_3	0	0	0	1				1	1	
S_3	0	0	0	1	×	×	0	S_3	0	0	0	1			1		1	
S_3	0	0	0	1	×	×	1	S_0	1	0	0	0			1		1	

下面以 D_0 的表达式为例,说明 $D_0 \sim D_3$ 表达式的推导过程。

(1)在表 10-1 中观察状态 Q_0^{n+1} 为 1 的两行中现态和输入的取值情况:

第一行中 Q_0 为 1, T_{60} 为 0, T_{30} 和 T_5 是无关项,又因为采用每态一个触发器有效,故对应该行的次态 Q_0^{n+1} 可表达为 $Q_0 \overline{T_{60}}$;第八行中次态 Q_0^{n+1} 对应着 Q_3 为 1, T_5 为 1,故 Q_0^{n+1} 可表达为 $Q_3 T_5$。

(2)合并两行 Q_0^{n+1} 对应的表达式,可写出 $Q_0^{n+1} = Q_0 \overline{T_{60}} + Q_3 T_5$,此逻辑表达式代表的逻辑含义是:当 Q_0 为 1,且 $\overline{T_{60}}$ 同时为 0 时, Q_0^{n+1} 为 1;或者当 Q_3 为 1,且 T_5 同时为 1 时, Q_0^{n+1} 为 1,这两种情况是"或"的关系,因此用或逻辑合并两项。

(3)因为选用的是 D 触发器, $Q_0^{n+1} = D_0$,故 $D_0 = Q_0^{n+1} = Q_0 \overline{T_{60}} + Q_3 T_5$。

2. 求系统的输出方程

由表 10-1 状态转换表,并根据上述推导输入方程同样的道理,可写出输出方程如下:

$$M_G = Q_0$$

$$M_Y = Q_1$$

$$M_R = Q_2 + Q_3$$

$$B_G = Q_2$$

$$B_Y = Q_3$$

$$B_R = Q_0 + Q_1$$

3. 画出逻辑图(暂不考虑 T_{60}、T_{30} 和 T_5 的实现方式)

根据上述输入方程和输出方程的逻辑表达式,用逻辑门和触发器为实现器件,可画出交通灯控制器的逻辑图如图 10-4 所示。

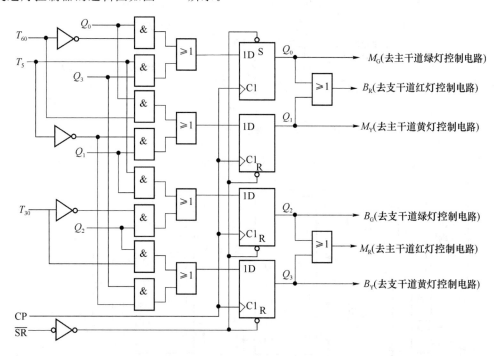

图 10-4   交通灯控制器逻辑电路图

在图 10-4 逻辑图中,选用的逻辑器件是逻辑门和触发器,也可采用中规模集成电路替代。比如 4 个触发器可用中规模集成电路 x175(4D 触发器或寄存器)替代;触发器输入端的逻辑门电路可用中规模集成电路四路 2-3-2-2 输入与或门 x52 替代。

触发器输入电路部分的 Q_0、Q_1、Q_2 和 Q_3 输入是来自于各触发器的状态输出端,图中因简化电路连线而没有画出之间的连接线路。

$\overline{SR}$ 为控制器初始设置信号,接 Q_0 触发器异步置 1 端,接 $Q_1 \sim Q_3$ 异步置 0 端,使时序电路进入有效循环中的状态 1000。

输出信号 M_G、M_Y、M_R、B_G、B_Y 和 B_R 是控制交通灯亮灭的控制信号,它应连接到交通灯控制的具体电路中去,驱动继电器动作,接通相应交通灯电源,使灯亮。一种交通灯驱动电路如图 10-5 所示。

4. 定时信号的实现电路

根据系统的要求,定时信号应包括交通灯控制逻辑电路所需要的 CP 时钟脉冲信号,还有交通灯亮计时信号 T_{60}、T_{30} 和 T_5,持续时间分别为 60 秒、30 秒和 5 秒。假定系统 CP 时钟脉冲的频率为 1 Hz,并由 555 定时电路接成多谐振荡器产生,那么可用计数器对

1 Hz时钟脉冲进行分频得到 T_{60}、T_{30} 和 T_5 定时信号。实现电路如图 10-6 所示。

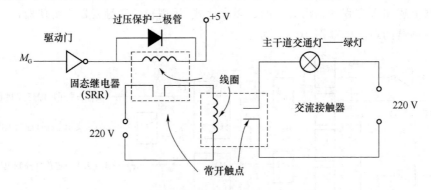

图 10-5　交通灯驱动电路

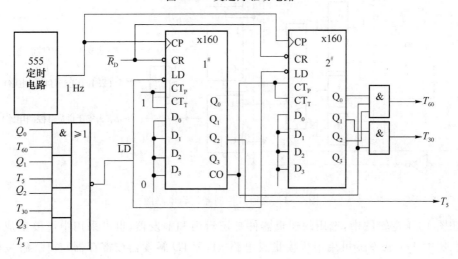

图 10-6　定时信号电路图

如图 10-6 所示定时信号电路选用了两个同步十进制计数器 x160,其中 $1^{\#}$ 计数器为低位分频,$2^{\#}$ 计数器为高位分频。两个计数器的时钟脉冲 CP 接 555 定时电路的振荡频率输出端,时钟脉冲频率为 1 Hz。两个计数器的清零端 CR 接系统的清零信号 $\overline{R}_D$。

$1^{\#}$ 计数器产生模 5 计数输出信号取自状态输出端 $Q_2=1$ 时,产生 T_5 定时信号;模 10 计数进位信号 CO 连接于 $2^{\#}$ 计数器的 CT_P 和 CT_T 端,也就是当低位计数器每计满 10 个数,向高位计数器产生一个计数脉冲。

$2^{\#}$ 计数器产生模 30 计数 T_{30} 和模 60 计数 T_{60} 两个定时信号。当计数状态 $Q_3Q_2Q_1Q_0=0010$ 时,即 $Q_1=1$ 时产生 T_{30} 信号;当计数状态 $Q_3Q_2Q_1Q_0=0101$ 时,即 Q_2 和 Q_0 同时为 1 时,产生 T_{60} 信号。

在图 10-6 电路图中,$\overline{LD}$ 是计数器的回零预置信号,这是一个很重要的信号。通过图

10-3ASM 图表可知,当定时信号即条件判断变量 T_{60}、T_{30}、T_5 为 1 且相应状态为 1 时,控制器的状态发生改变,同时需要计数器回零重新开始计数。由此 $\overline{LD} = \overline{Q_0 T_{60} + Q_1 T_5 + Q_2 T_{30} + Q_3 T_5}$,回零预置信号由一个与或非门输出。

10.2.3 ASM 图表设计举例2:彩灯控制器

例 10-2 彩灯控制器。设计彩灯控制器,彩灯由 8 个发光二极管组成,彩灯亮的具体要求和步骤如下,并循环工作。

(1) 8 个发光二极管由左至右渐亮至全亮。

(2) 8 个发光二极管由右至左渐暗至全暗。

(3) 8 个发光二极管由右至左渐亮至全亮。

(4) 8 个发光二极管由左至右渐暗至全暗。

(5) 8 个发光二极管全亮。

(6) 8 个发光二极管全暗。

(7) 8 个发光二极管全亮。

(8) 8 个发光二极管全暗。

解 首先确定解决方案。根据题目要求,可采用移位寄存器作为主要实现逻辑器件,利用寄存器的每位输出来控制 8 个发光二极管的亮、灭。因为有 8 个发光二极管,因此需要 8 位移位寄存器并利用移位寄存器的左移、右移和并入功能即可实现彩灯控制。根据题目要求,彩灯图案有 8 种形式和步骤,所以控制器应该有 8 个状态。对于前四种彩灯图案,移位寄存器的左移或右移需要计数控制,每移动 8 位后要改变移动方向。计数电路与控制电路之间由 N 和 CT_T 完成控制。N 为计满 8 个数的信号,CT_T 为允许计数信号。由此,可形成解决方案的基本框图如图 10-7 所示,其中触发器产生 0、1 数据。

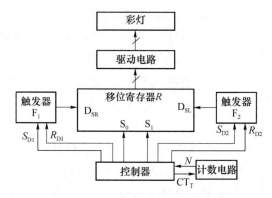

图 10-7 例 10-2 方案框图

根据解决方案,可画出彩灯控制器的 ASM 图表,如图 10-8 所示。控制器 8 个状态用 $T_0 \sim T_7$ 表示。

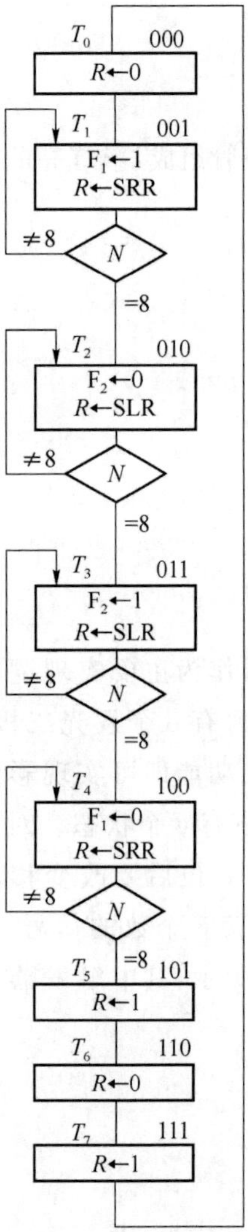

图 10-8 例 10-2ASM 图表

T_0 状态:移位寄存器各位置 0,用 $R \leftarrow 0$ 表示,可通过并入 0 完成;此状态完成题目第八步灯全暗的要求。

T_1 状态:触发器 F_1 置 1,用 $F_1 \leftarrow 1$ 表示,使 D_{SR} 输入数据 1,移位寄存器 R 右移,用 $R \leftarrow SRR$ 表示。

T_2 状态:触发器 F_2 置 0,使 D_{SL} 为 0;移位寄存器左移,在状态框中用 $R \leftarrow SLR$ 表示。

T_3 状态:触发器 F_2 置 1,使 D_{SL} 为 1;移位寄存器左移,完成项目第三步要求。

T_4 状态:触发器 F_1 置 0,使 D_{SR} 为 0;移位寄存器右移,完成项目第四步要求。

T_5 状态:移位寄存器各位全为 1,可通过并入 1 完成,使发光二极管全亮。

T_6 状态:移位寄存器各位置 0,使发光二极管全暗。

T_7 状态:移位寄存器各位全为 1,可通过并入 1 完成,使发光二极管全亮。

之后转换至 T_0 状态,如此往复循环,使彩灯显示出不同的图案。

由图 10-8ASM 图表可看出:控制器有 6 个输出控制信号,完成如下 8 种功能:

① 通过 $S_1 S_0 = 11$,并入数据 0 完成移位寄存器各位置 0。

② S_{D1} 令触发器 F_1 置 1。

③ 通过 $S_1 S_0 = 01$ 完成移位寄存器右移。

④ R_{D2} 令触发器 F_2 清零。

⑤ 通过 $S_1 S_0 = 10$ 完成移位寄存器左移。

⑥ S_{D2} 令触发器 F_2 置 1。

⑦ R_{D1} 令触发器 F_1 清零。

⑧ 通过 $S_1 S_0 = 11$,并入数据 1 完成移位寄存器各位置 1。

控制器设计的主要任务就是根据 ASM 图表流程的要求,产生系统所要求的输出控制信号,去控制移位寄存器设定相应的数据位为 0 或 1,然后通过驱动电路去使相应的发光二极管发光。

控制器有 8 个状态 $T_0 \sim T_7$，可用三个触发器 $Q_2 Q_1 Q_0$ 完成。因为是往复循环的题目要求，故可以考虑用模 8 计数器来完成。目前商品器件没有模 8 计数器，可选用四位二进制加计数器 x161 代替，高位 Q_3 空闲不用。

由上述分析，可以列出状态转换表如表 10-2 所示。

表 10-2　例 10-2 状态转换表

现态	输入 N	次态	输出					
			S_1	S_0	S_{D1}	S_{D2}	R_{D1}	R_{D2}
T_0	$\times$	T_1	1	1				
T_1	0	T_1	0	1	1			
T_1	1	T_2	0	1	1			
T_2	0	T_2	1	0				1
T_2	1	T_3	1	0				1
T_3	0	T_3	1	0		1		
T_3	1	T_4	1	0		1		
T_4	0	T_4	0	1			1	
T_4	1	T_5	0	1			1	
T_5	$\times$	T_6	1	1				
T_6	$\times$	T_7	1	1				
T_7	$\times$	T_0	1	1				

根据表 10-2，可得出输出方程的逻辑表达式：

$$S_0 = \overline{T}_2 \cdot \overline{T}_3$$

$$S_1 = \overline{T}_1 \cdot \overline{T}_4$$

$$S_{D1} = T_1$$

$$S_{D2} = T_3$$

$$R_{D1} = T_4$$

$$R_{D2} = T_2$$

控制器的 8 个状态 $T_0 \sim T_7$ 是由计数器 x161 的低三位产生的，但是当控制器处于 T_1、T_2、T_3 和 T_4 状态时，在状态的开始，也就是在上一个状态转换为现状后，这个内部计数器不得进行计数，必须等到外部的计数电路计满 8 个数后，也就是 $N=1$ 后，才能计数。而在 T_0、T_5、T_6 和 T_7 这 4 种状态时，因没有移位操作，故不需要计数，这时的内部计数器可以正常计数。这就需要一个内部计数器的控制信号 G。观察表 10-2，可写出 G 的逻辑表达式如下：

$$G = T_1 N + T_2 N + T_3 N + T_4 N + T_0 + T_5 + T_6 + T_7$$
$$= (T_1 + T_2 + T_3 + T_4) \cdot N + T_0 + T_5 + T_6 + T_7$$
$$= \overline{\overline{T_1 + T_2 + T_3 + T_4}} \cdot N + \overline{T_1 + T_2 + T_3 + T_4}$$
$$= \overline{\overline{\overline{T_1} \cdot \overline{T_2} \cdot \overline{T_3} \cdot \overline{T_4}}} \cdot N + \overline{\overline{T_1} \cdot \overline{T_2} \cdot \overline{T_3} \cdot \overline{T_4}}$$

而控制外部的计数电路的计数控制信号 CT_T 的表达式应为

$$CT_T = T_1 + T_2 + T_3 + T_4$$
$$= \overline{\overline{T_1} \cdot \overline{T_2} \cdot \overline{T_3} \cdot \overline{T_4}}$$

由此,可以画出控制器的电路如图 10-9 所示,外部计数电路如图 10-10 所示。图 10-9中的译码器 x138 用来形成 $T_0 \sim T_7$ 8 种状态,并以反码形式出现,这也是上述 G、CT_T 表达式中用反变量形式的原因。

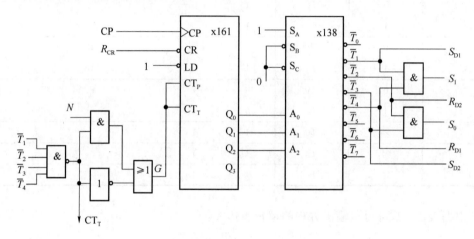

图 10-9 彩灯控制器逻辑图

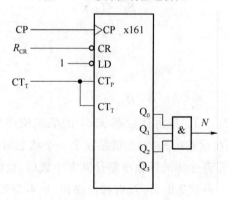

图 10-10 外部计数电路逻辑图

移位寄存器电路及驱动彩灯电路如图 10-11 所示，移位寄存器数据输入端接图 10-9 中 x161 的 Q_0 端，提供并入数据的 0 或 1。图 10-9～图 10-11 中 R_{CR} 为异步复位信号。

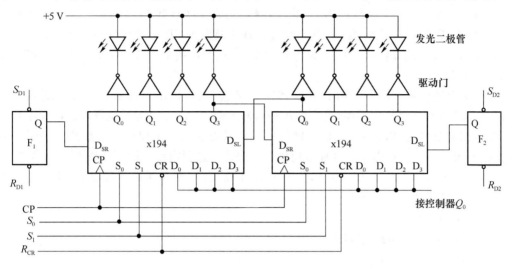

图 10-11　移位寄存器及驱动彩灯电路图

10.3　VHDL 语言及设计举例

10.3.1　交通灯控制器

例 10-3　用 VHDL 语言完成例 10-1 设计。

解　根据例 10-1 的设计要求，参考图 10-3 ASM 图表及表 10-1 状态转换表，可确定控制器的输入、输出端口如图 10-12 所示，状态转换图如图 10-13 所示。

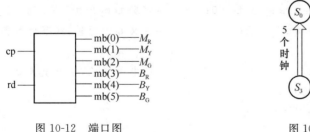

图 10-12　端口图　　　　　　　　　　图 10-13　状态转换图

在端口图中，确定 cp 为时钟信号（采用 1 Hz）、rd 为复位置 0 信号、mb(0)～mb(5) 为 6 位输出信号。mb(0) 与 M_R 对应，为主干道红灯；mb(1) 与 M_Y 对应，为主干道黄灯；mb(2) 与 M_G 对应，为主干道绿灯；mb(3) 与 B_R 对应，为支干道红灯；mb(4) 与 B_Y 对应，为支干道黄灯；mb(5) 与 B_G 对应，为支干道绿灯。

在状态转换图中，$S_0 \sim S_3$ 状态转换由时钟计数控制。采用 1 Hz 时钟频率，则时钟周期为 1 秒，时钟计数以 1 秒为基准进行。S_0 状态经过 60 秒转换为 S_1 状态，需要完成 60 次计数；S_1 状态经过 5 秒转换为 S_2 状态，需要完成 5 次计数；S_2 状态经过 30 秒转换为 S_3 状态，需要完成 30 次计数；S_3 状态经过 5 秒转换为 S_0 状态，需要完成 5 次计数。在状态转换的同时，对输出 mb(5)～mb(0) 进行更新，达到控制主干道和支干道红、黄、绿灯亮灭的目的。

针对上述分析，编写程序时，在实体中定义输入、输出端口的数据类型。输入端口 cp、rd 定义为标准逻辑位类型（见程序代码），输出端口 mb 定义为 6 位逻辑向量。在结构体中采用进程语句（Process）完成时钟的计数及状态转换。进程语句的敏感量采用时钟 cp，cp 外接 1 Hz，则每隔 1 秒进程语句执行一次。在进程内设定两个计数器，一个为时钟计数器 temp1，计数范围为 0～60，用于时钟计数；另一个为状态计数器 S，计数范围为 0～3，用于状态计数。程序如下：

```
Library ieee;
Use ieee.std_logic_1164.all;
Entity traffic is
  Port(   cp:in std_logic;
          rd:in std_logic;
          mb:out std_logic_vector(5 downto 0)   --支干道:mb5 绿灯 mb4 黄灯 mb3 红灯
                                                 --主干道:mb2 绿灯 mb1 黄灯 mb0 红灯
     );
End traffic;


Architecture func1 of traffic is
Begin
Process (cp)                              --进程语句
Variable temp1:integer range 0 to 60;     --定义 temp1 为变量,时钟计数器
Variable s:integer range 0 to 3;          --定义 s 为变量,状态计数器
Begin
    If (rd = ´0´) then                    --低电平复位,输出全置 0
          mb< ="000000";
          temp1:= 4;
          s:= 0;
    elsif (cp´event and cp = ´1´) then    --判断时钟脉冲上升沿
          temp1:= temp1 + 1;              --时钟计数器加 1
          if (temp1 = 5 and s = 0) then   --判断 S0 状态,时钟计数器累加到 5 时
                mb< ="001100";            --主干道绿,支干道红
```

```
                s: = s + 1;                     --状态计数器加 1
                temp1: = 0;
          elsif (temp1 = 60 and s = 1) then     --判断 S1 状态,时钟计数器累加到 60 时
                mb< = ˝001010˝;                  --主干道黄,支干道红
                temp1: = 0;                      --清时钟计数器
                s: = s + 1;
          elsif (temp1 = 5 and s = 2) then      --判断 S2 状态,时钟计数器累加到 5 时
                mb< = ˝100001˝;                  --主干道红,支干道绿
                s: = s + 1;
                temp1: = 0;
          elsif (temp1 = 30 and s = 3) then     --判断 S3 状态,时钟计数器累加到 30 时
                mb< = ˝010001˝;                  --主干道红,支干道黄
                temp1: = 0;                      --清时钟计数器
                s: = 0;                          --清状态计数器
          end if;
       end if;
     end process;
     end func1;
```

上述程序语句 if (rd = $'0'$) then 用于判断有复位信号时,将输出全置 0,同时置时钟计数器初值为 4,状态计数器初值为 0,使复位后的下一个时钟周期进入 S_0 状态的显示。语句 if(temp1＝5 and s＝0) then 用于判断当时钟计数器累加值为 5,同时状态计数器为 0(S_0 状态)时,使主干道绿灯亮、支干道红灯亮,状态计数器加 1。语句 elsif (temp1＝60 and s＝1) then 用于判断当时钟计数器累加值为 60,同时状态计数器为 1(S_1 状态)时,使主干道黄灯亮、支干道红灯亮,状态计数器加 1。

上面采用 VHDL 语言完成了交通灯控制程序的编写。为将软件设计转化为硬件控制电路,在实际应用中,EDA 设计平台可以支持这一转化工作。首先,要进行程序代码的编辑;其次,要将实体的输入、输出端口锁定到实际芯片的引脚上,再进行编译;最后,将编译代码通过 ISP 下载电缆传送到 CPLD 芯片中。CPLD 芯片与外围电路的连接如图 10-14 所示,将这些部分连接到一起,通电后可实现交通灯控制。

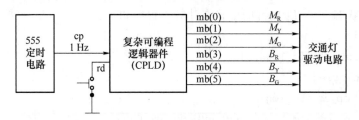

图 10-14　系统连接图

10.3.2 彩灯控制器

例 10-4 用 VHDL 语言完成例 10-2 设计。

解 根据例 10-2 的设计要求,参考图 10-7 方案框图和图 10-8 ASM 图表,可确定控制器的输入、输出端口如图 10-15 所示,状态转换图如图 10-16 所示。

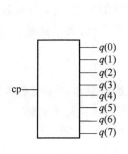

图 10-15　端口图

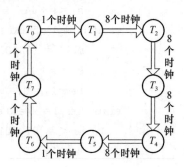

图 10-16　状态转换图

在端口图中,确定 cp 为时钟信号(采用 1 Hz),$q(0)\sim q(7)$ 为 8 位输出信号,可分别控制 8 个发光二极管亮灭。

在状态转换图中,8 个状态转换由时钟计数控制。T_0 状态经过 1 秒(1 个时钟周期)转换为 T_1 状态,T_1 状态经过 8 秒转换为 T_2 状态,T_2 状态经过 8 秒转换为 T_3 状态,T_3 状态经过 8 秒转换为 T_4 状态,T_4 状态经过 8 秒转换为 T_5 状态,T_5 状态经过 1 秒转换为 T_6 状态,T_6 状态经过 1 秒转换为 T_7 状态,T_7 状态经过 1 秒转换为 T_0 状态,循环往复。在状态转换的同时,T_0、$T_5\sim T_7$ 对输出 $q(0)\sim q(7)$ 进行更新,达到控制指示灯亮灭的目的。在 $T_1\sim T_4$ 状态内,又各有 8 个分状态,各个分状态每秒转换一次,对输出 $q(0)\sim q(7)$ 进行更新。

针对上述分析,编写程序时,在实体中定义输入、输出端口的数据类型。输入端口 cp 定义为标准逻辑位类型(见程序代码),输出端口 q 定义为 8 位逻辑向量。在结构体中采用进程语句(Process)完成时钟的计数及状态转换。进程语句的敏感量采用时钟 cp,cp 外接 1 Hz,则每隔 1 秒进程语句执行一次。在进程内设定两个计数器,一个为状态计数器 t,计数范围为 $0\sim 7$,用于 $T_0\sim T_7$ 的状态计数;一个为分状态计数器 temp1,计数范围为 $1\sim 8$,用于状态 $T_1\sim T_4$ 内部的分状态计数。程序如下:

```
Library ieee;
Use ieee.std_logic_1164.all;
Entity colorled is
  Port(  cp:in std_logic;
         q:out std_logic_vector(7 downto 0));
  end;
```

```
Architecture func1 of colorled is
Begin
Process(cp)
Variable t: integer range 0 to 7;                      --状态计数器
Variable temp1: integer range 0 to 8;                  --分状态计数器
Begin
    If (cp´event and cp = ´1´) then
        If (t = 0) then                                --状态 T0,全灭
                q< = "00000000";
                t: = 0;
                temp1: = 1;
        elsif (t = 1) then                             --状态 T1,从左至右依次亮
                if (temp1 = 1) then                    --分状态 1
                        q< = "10000000";
                elsif (temp1 = 2) then                 --分状态 2
                        q< = "11000000";
                elsif (temp1 = 3) then                 --分状态 3
                        q< = "11100000";
                elsif (temp1 = 4) then                 --分状态 4
                        q< = "11110000";
                elsif (temp1 = 5) then                 --分状态 5
                        q< = "11111000";
                elsif (temp1 = 6) then                 --分状态 6
                        q< = "11111100";
                elsif (temp1 = 7) then                 --分状态 7
                        q< = "11111110";
                elsif (temp1 = 8) then                 --分状态 8
                        q< = "11111111";
                        temp1: = 0;
                        t: = t + 1;
                end if;
                temp1: = temp1 + 1;
        elsif (t = 2) then                             --状态 T2,从右至左依次灭
                if (temp1 = 1) then
                        q< = "11111110";
```

```vhdl
            elsif (temp1 = 2) then
                q< = "11111100";
            elsif (temp1 = 3) then
                q< = "11111000";
            elsif (temp1 = 4)t hen
                q< = "11110000";
            elsif (temp1 = 5) then
                q< = "11100000";
            elsif (temp1 = 6) then
                q< = "11000000";
            elsif (temp1 = 7) then
                q< = "10000000";
            elsif (temp1 = 8) then
                q< = "00000000";
                temp1: = 0;
                t: = t + 1;
            end if;
            temp1: = temp1 + 1;
        elsif (t = 3) then                          --状态 T3,从右至左依次亮
            if (temp1 = 1) then
                q< = "00000001";
            elsif (temp1 = 2) then
                q< = "00000011";
            elsif (temp1 = 3) then
                q< = "00000111";
            elsif (temp1 = 4) then
                q< = "00001111";
            elsif (temp1 = 5) then
                q< = "00011111";
            elsif (temp1 = 6) then
                q< = "00111111";
            elsif (temp1 = 7) then
                q< = "01111111";
            elsif (temp1 = 8) then
                q< = "11111111";
```

```
                    temp1: = 0;
                    t: = t + 1;
            end if;
            temp1: = temp1 + 1;
    elsif (t = 4) then                    --状态 T4,从左至右依次灭
            if (temp1 = 1) then
                    q< = "01111111";
            elsif (temp1 = 2) then
                    q< = "00111111";
            elsif (temp1 = 3) then
                    q< = "00011111";
            elsif (temp1 = 4) then
                    q< = "00001111";
            elsif (temp1 = 5) then
                    q< = "00000111";
            elsif (temp1 = 6) then
                    q< = "00000011";
            elsif (temp1 = 7) then
                    q< = "00000001";
            elsif (temp1 = 8) then
                    q< = "00000000";
                    temp1: = 0;
                    t: = t + 1;
            end if;
            temp1: = temp1 + 1;
    elsif (t = 5) then                    --状态 T5,全亮
            q< = "11111111";
            t: = t + 1;
    elsif (t = 6) then                    --状态 T6,全灭
            q< = "00000000";
            t: = t + 1;
    elsif (t = 7) then                    --状态 T7,全亮
            q< = "11111111";
            t: = 0;
end if;
```

```
        end if;
    end process;
end func1;
```

上述程序语句 if (t=0) then 用于判断当状态计数器为 $0(T_0$ 状态)时,则进入其内部状态的循环。其后的语句 if (temp1=1) then 用于判断当分状态为 1 时,则使输出指示灯"左 1"亮。在多选择控制 if 语句结束后的语句 temp1:= temp1+1 完成分状态的自加 1,用于下次分状态判断选择。

上面采用 VHDL 语言完成了指示灯控制程序的编写。为将软件设计转化为硬件控制电路,在实际应用中,EDA 设计平台可以支持这一转化工作。首先,要进行程序代码的编辑;其次,要将实体的输入、输出端口锁定到实际芯片的引脚上,再进行编译;最后,将编译代码通过 ISP 下载电缆传送到 CPLD 芯片中。CPLD 芯片与外围电路的连接如图 10-17 所示,将这些部分连接到一起,通电后可实现指示灯 8 种状态的控制。

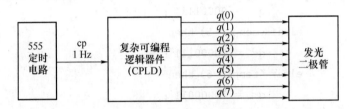

图 10-17　系统连接图

根据以上两个实例的分析可知,在采用 VHDL 语言进行电路设计时,首先,要确定电路的输入、输出端口信号,画出端口图;进行状态分析,画出状态转换图,确定状态转换的条件;进行编程,在实体中声明端口信号,在结构体中采用并发描述语句和顺序描述语句编写程序。其次,采用 EDA 设计平台进行代码的编辑,并将实体的输入、输出端口锁定到实际芯片的引脚上,再进行编译。最后,将编译代码通过 ISP 下载电缆传送到 CPLD 芯片中,将 CPLD 芯片与外围电路连接好,通电观察实际运行结果是否符合设计要求。

习题参考答案

第 2 章

2-18 (4) $XZ+YZ$ (5) 0   (7) $AB+BC+\overline{A}\,\overline{B}$

       (8) $BC+A\overline{C}$ (9) $A+CD$ (10) A (12) $AB+C$

2-24 (1) Y (2) $ABC+ABD+BCD$ (3) $BCD+\overline{A}\,B\,\overline{D}$

       (4) $AB+\overline{A}\,\overline{B}C$ (5) $\overline{A}\,\overline{B}\,\overline{D}+A\,\overline{D}E+\overline{B}\,\overline{C}\,\overline{D}$

2-25 (5) $F=D+\overline{B}C$

       (7) $F=X\,\overline{Y}+\overline{X}Z+W\,\overline{X}\,Y$

       (9) $F=DE+\overline{B}\,\overline{C}\,\overline{E}+\overline{A}\,\overline{B}C$

2-26 (2) $F=C\overline{D}+\overline{B}\,\overline{D}+BC\,D$

       (4) $F=A+C+BD+\overline{B}\,\overline{D}$

2-27 $d=m_0+m_4$

2-31 $F=\overline{\overline{B+\overline{A+\overline{C}+\overline{D}}}}$（圈为 0 的方块化简）

2-32 $F=\overline{A}D+A\,B\,\overline{C}$

2-33 $F=\overline{B}D+\overline{B}C+CD$

2-34 $F=XZ+\overline{X}Y$（$\overline{X}$ 用与非门并接输入实现）

2-35 用通常的化简方法,要用 7 个与非门实现。$Y_1=BC+\overline{A}C+\overline{B}\,\overline{C}\,D$, $Y_2=AC+\overline{B}C$ 。若 $Y_1=BC+\overline{A}\,\overline{B}C+\overline{B}\,\overline{C}D$, $Y_2=AC+\overline{A}\,\overline{B}C$,共用 $\overline{A}\,\overline{B}C$ 项,则用 6 个与非门实现(最少)。

2-36 将 F_1 和 F_2 所有最小项填入卡诺图,圈为 0 的方块化简,$\overline{F}=A\,\overline{B}\,\overline{C}D+\overline{A}BC+\overline{A}CD$, $F=\overline{A\,\overline{B}\,\overline{C}D+\overline{A}BC+\overline{A}CD}$ 。

第 3 章

3-1 (1) 0   (2) 未定义   (3) 1   (4) 0   (5) 未定义   (6) 1

3-2

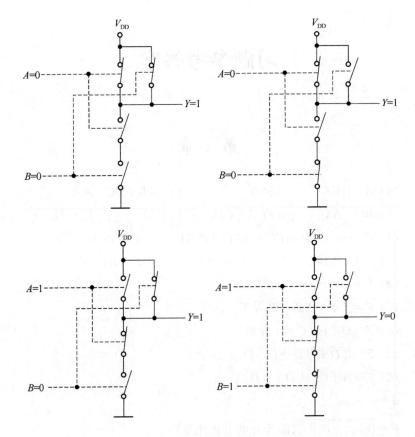

$A=B=0, A=0、B=1, A=1、B=0$ 时,输出 Y 为高电平; $A=B=1$ 时输出 Y 为低电平。

3-3 因为 CMOS 非反相门是在反相门的基础上再加一级非门构成的,所以反相门使用的晶体管的数目比非反相门使用的晶体管的数目少。

3-4 CMOS 与非门内部与电源相连的两个 PMOS 并联,与地点相连的两个 NMOS 串联;CMOS 或非门内部与电源相连的两个 PMOS 串联,而与地点相连的两个 NMOS 并联。

3-5 $Z=\overline{AB+CD}$,其逻辑门电路如下图所示:

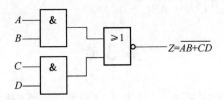

3-6 $Z=\overline{(A+B)(C+D)}$,其逻辑门电路如下图所示:

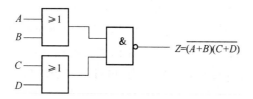

3-7 应选择逻辑门甲。因为逻辑门的抗干扰能力用噪声容限来表示,噪声容限越大,表示逻辑门的抗干扰能力越强。甲、乙、丙三种逻辑门的高、低电平噪声容限的大小分别如下:

逻辑门	$U_{HN}=U_{OHmin}-U_{IHmin}/V$	$U_{LN}=U_{ILmin}-U_{OLmin}/V$
甲	0.94	1
乙	0.4	0.4
丙	0.7	0.3

所以应选择逻辑门甲。

3-8 $U_{OHmin}=2.2\ V<U_{IHmin}=2.5\ V$,所以前者不能直接驱动后者;
$U_{OLmin}=0.45\ V<U_{ILmin}=0.75\ V$,所以前者可以直接驱动后者。

3-9 驱动门输出高电平时的扇出系数$=\dfrac{I_{OHmax}}{I_{IHmax}}=\dfrac{20\ \mu A}{1\ \mu A}=20$;驱动门输出低电平时的扇出系数$=\dfrac{I_{OLmax}}{I_{ILmax}}=\dfrac{20\ \mu A}{1\ \mu A}=20$,因此74HCT系列CMOS电路驱动同类型逻辑门时的扇出系数为20。

3-10 F_1和F_2的波形如下图所示:

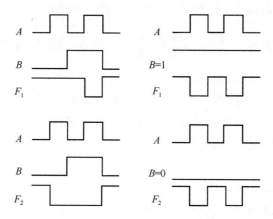

通过波形分析可知:对于两输入端的与非门,可令一个输入端信号为1,则令

一个输入端的信号可反相输出；对于两输入端的或非门，可令一个输入端信号为 0，则另一个输入端的信号可反相输出。

3-11 因为 CMOS 电路输入阻抗高，容易产生静电感应而导致 MOS 晶体管击穿，因此输入端不能悬空。CMOS 与非门多余的输入端接电源，或非门接地，若对逻辑门的工作速度要求不是太高，也可将多余的输入端和有用的信号端并联使用。

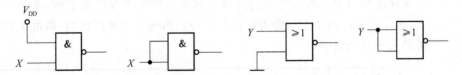

3-12 $Y=0$ 时，TG1 通，TG2 不通，$Z=\overline{X}$；$Y=1$ 时，TG1 不通，TG2 通，$Z=X$。因此该电路的输出信号 Z 的逻辑表达式为：$Z=\overline{X}\,\overline{Y}+XY$，该电路能实现 X 和 Y 的同或运算，其等效的逻辑门符号为：

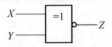

3-13 普通 CMOS 逻辑门的输出端并联使用时，在输入信号的一定组合下，从电源到地会出现较大电流，有可能导致器件的损坏，并且无法确定输出为高电平还是低电平，因此普通 CMOS 逻辑门的输出端不能并接。而漏极开路门电路因为漏极是开路的，从电源到地不会产生电流，因此其输出端可以并接使用。

3-14 CMOS 三态门的三种可能的输出状态：0、1 和高阻。主要用于总线传输。

3-15 驱动门输出高电平时的扇出系数 $=\dfrac{I_{\text{OHmax}}}{I_{\text{IHmax}}}=\dfrac{400\ \mu\text{A}}{20\ \mu\text{A}}=20$；驱动门输出低电平时的扇出系数 $=\dfrac{I_{\text{OLmax}}}{I_{\text{ILmax}}}=\dfrac{400\ \mu\text{A}}{400\ \mu\text{A}}=1$，因此 74HCT 系列 CMOS 电路驱动同类型逻辑门时的扇出系数为 1。

3-16 与 CMOS 逻辑门不同，TTL 逻辑门的多余输入端可以悬空，并认为是输入高电平。另外，TTL 电路的输入端可以直接接地或者通过一个较小的电阻接地，并认为是输入低电平。

(a) 正确

(b) 错误，$F_2=0$

(c) 错误，$F_3=1$

(d) 正确

3-17 静态功耗低。原因:CMOS 电路静态工作时,每一对 MOS 晶体管中,总有一个导通,另一个截止,使得从电源到地之间的静态工作电流非常小,因此 CMOS 电路的静态功耗极低,一般在纳瓦数量级。

3-18 CMOS 电路的噪声容限比 TTL 电路大,其抗干扰能力较强。

3-19 ECL 电路的主要优点:速度快;主要缺点:功耗大、高低电平摆幅小、抗干扰能力差。

3-20 电压参数:$U_{\mathrm{OHmin}} \geqslant U_{\mathrm{IHmin}}$,$U_{\mathrm{OLmax}} \leqslant U_{\mathrm{ILmax}}$;

电流参数:$I_{\mathrm{OHmax}} \geqslant I_{\mathrm{IHmax}}$,$I_{\mathrm{OLmax}} \geqslant I_{\mathrm{ILmax}}$。

第 4 章

4-1 (a) $P_1 = A\,\overline{B}$,$P_3 = \overline{A}B$,$P_2 = \overline{A \oplus B}$。

(b) $Y = A \oplus B \oplus C \oplus D$。

(c) $P_1 = A \oplus B \oplus C$,$P_2 = (A \oplus B)C + AB$。

(d) $P_1 = A \oplus B \oplus C$,$P_2 = (A \oplus B)C + AB$(这里用最少的与非门实现全加器的电路)。

4-2 $Y = \overline{\overline{AB \cdot \overline{ABC}} + \overline{BC} + \overline{C}} = \overline{ABC}$。

4-3 $F = \overline{\overline{\overline{A+B+C} + \overline{A+\overline{B}+\overline{B}}}} = \overline{AB}$。

4-4 $F_1 = \overline{X \cdot \overline{XY} \cdot \overline{XZ\,\overline{XY}} \cdot \overline{\overline{XZ\,\overline{XY} \cdot Z} \cdot Z} \cdot \overline{\overline{XY} \cdot Y} \cdot \overline{\overline{XY} \cdot Z} \cdot \overline{\overline{XY} \cdot Y} \cdot Y}$
$= X\,\overline{Y} + \overline{X}\,Y\,\overline{Z}$。

$F_2 = \overline{\overline{\overline{XZ\,\overline{XY}} \cdot \overline{XY}} \cdot \overline{\overline{XY} \cdot Z} \cdot Y} = XZ + XY + YZ$。

4-5 $F = \overline{A}\,\overline{B}\,\overline{C} + \overline{A}\,\overline{B}\,\overline{D} + \overline{A}\,C\,\overline{D} + ABD + ABC + BCD + ACD + \overline{B}\,\overline{C}\,\overline{D}$。

4-6 $B_0 = D_0$,$B_1 = \overline{D_3}D_1 + D_3D_2\overline{D_1}$,$B_2 = \overline{D_3}D_2 + D_2D_1$,$B_3 = D_3\overline{D_2}\,\overline{D_1}$,
$B_4 = D_3D_2 + D_3D_1$。

4-7 差 $D_i = \overline{A_i}\overline{B_i}C_i + \overline{A_i}B_i\overline{C_i} + A_i\overline{B_i}\,\overline{C_i} + A_iB_iC_i = A_i \oplus B_i \oplus C_i$。
高位借位 $C_{i+1} = \overline{A_i}B_i + \overline{A_i}C_i + B_iC_i = \overline{A_i}(B_i \oplus C_i) + B_iC_i$($C_i$ 低位借位)。

4-8 $P_3 = A_1A_0B_1B_0$,$P_2 = A_1B_1\overline{B_0} + A_1\overline{A_0}B_1$。

$P_1 = \overline{A_1}A_0B_1 + A_0B_1\overline{B_0} + A_1\overline{B_1}B_0 + A_1\overline{A_0}B_0$,$P_0 = A_0B_0$。

4-9 $F = \overline{D_3}D_2 + \overline{D_3}D_1D_0$。

4-10 提示:$F_2 = (A \oplus B)C$,$F_3 = AB \oplus C$。

4-12

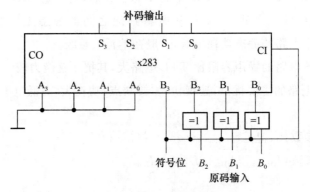

习题 4-12　逻辑图

4-13

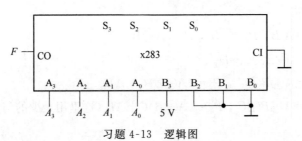

习题 4-13　逻辑图

4-14　$Z = \overline{A}C + B\,\overline{C}$。

4-15　$Z_1 = \overline{B}\,\overline{C} + \overline{A}BC + A\,\overline{C}$, $Z_2 = AC + B\,\overline{C}$。

4-18　提示:用四选一数据选择器实现三变量函数步骤:①列出函数真值表;②审视 AB 取值的每一组合及对应函数取值:当函数值为 1,则对应输入数据端接 1;当函数值为 0,则对应输入数据端接 0;当函数值与变量 C 取值相同,则对应输入数据端接 C;当函数值与变量 C 取值相反,则对应输入数据端接 $\overline{C}$。

4-19　提示:可用一片 x153、一个或门及一个非门,并利用选通信号 $\overline{\mathrm{ST}}$,采用上题方法,实现函数。见参考图。

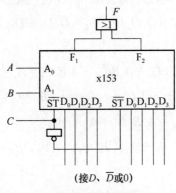

(接 D、$\overline{D}$ 或 0)

习题 4-19　参考图

4-21 提示:其中一片 x85 完成低两位或高两位数的比较,芯片输入数据端高两位接 0。

第 5 章

5-1

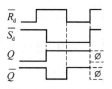

5-2 (1) 特性表(CP =0 时,保持;CP=1 时,如下表):

D	Q^n	Q^{n+1}
0	0	0
0	1	0
1	0	1
1	1	1

(2) 特性方程 $Q^{n+1} = D$。

(3) 该电路为锁存器(时钟型 D 触发器)。CP = 0 时,不接收 D 的数据;CP=1 时,把数据锁存。

5-3

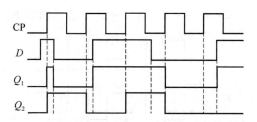

5-4 (1) $C=0$ 时该电路属于组合电路;$C=1$ 时是时序电路。

(2) $C=0$ 时 $Q = \overline{A+B}$;$C=1$ 时 $Q^{n+1} = \overline{B+\overline{Q^n}} = \overline{B}Q^n$。

(3) 输出 Q 的波形如下图。

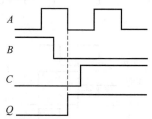

5-5

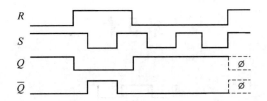

5-6 初态 $Q=0$，$\overline{Q}=1$。按键按下去时，触点 2 电平为 0，触点 1 电平为 1，则 $Q=1$，$\overline{Q}=0$。即使触点 2 发生多次抖动，由于 $\overline{Q}$ 为 0，保证 Q 保持为 1，因此输出波形不会变化。这个电路可用于去除按键的抖动。

5-7 此电路是由两个与或非门交叉耦合组成的时钟 RS 触发器，当 CP＝0 时，触发器的 R 和 S 输入信号被封锁，触发器处于保持状态；当 CP＝1 时，触发器等同于或非门构成的基本 RS 触发器。由以上分析，可以画出 Q 和 $\overline{Q}$ 的波形。

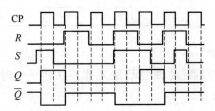

5-8 $Q_1^{n+1}=1$；$Q_2^{n+1}=\overline{Q_2}$；$Q_3^{n+1}=\overline{Q_3}$；$Q_4^{n+1}=Q_4$。波形图如下。

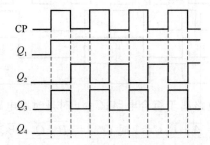

5-9 $Q^{n+1}=J\overline{Q^n}+\overline{K}Q^n=\overline{Q^n}\,\overline{Q^n}+\overline{Q^n}Q^n=\overline{Q^n}$，$Y=\overline{Q}\cdot\text{CP}$，$Z=Q\cdot\text{CP}$。波形图如下。

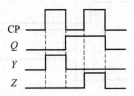

5-10　$D=S+\overline{R}Q$，$Q^{n+1}=D=S+\overline{R}Q$，由 D 触发器转换为 RS 触发器；真值表如下：

题 5-10　电路的真值表

R	S	Q	$\overline{Q}$	功能
0	0	不变	不变	保持
0	1	1	0	置 1
1	0	0	1	置 0
1	1	1	0	置 1

该 RS 触发器在输入 RS＝11 时，输出为置 1 状态，没有不允许状态。

5-11　D 触发器的特性方程：

$$Q^{n+1}=D$$

T 触发器的特性方程：

$$Q^{n+1}=T\,\overline{Q^n}+\overline{T}Q^n$$

对比特性方程可知，当 $D=T\,\overline{Q^n}+\overline{T}Q^n$，可将 D 触发器转换为 T 触发器，电路图如下图所示。

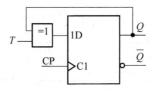

5-12

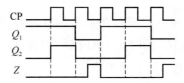

5-13

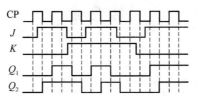

5-14　$B^{n+1}=B^n$，时钟为 A，$\overline{R_{\mathrm{d}}}=C^n$；$C^{n+1}=B^n$，时钟为 CP。波形图如下。

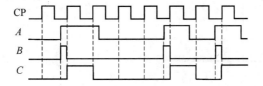

5-15

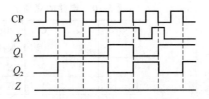

5-16 本电路将正边沿的 JK 触发器转换为负边沿的 D 触发器,按照负边沿 D 触发器的工作原理,可以画出 Q 的输出波形。

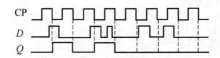

5-17 触发器(1)的 $J=K=1$,处于计数翻转状态,A 为其时钟,异步清零端为 $\overline{Q_2}$;触发器(2)的 $J=Q_1$,$K=1$,CP 为其时钟。

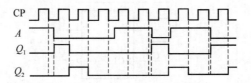

5-18 略。

5-19 在 RS 触发器中,输出 Q 和 $\overline{Q}$ 的状态同时为 1(或 0)是不允许的状态,在这种情况下,如果输入 RS 同时由 11(或 00)变为 00(11)时,由于传输延迟的不确定,RS 触发器的输出状态将不确定。

第 6 章

6-3

Q_1^n	Q_2^n	Q_1^{n+1}	Q_0^{n+1}
0	0	0	1
0	0	1	0
1	0	0	0
1	1	0	0

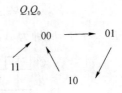

6-4

Q_2^n	Q_1^n	Q_0^n	Q_2^{n+1}	Q_1^{n+1}	Q_0^{n+1}
0	0	0	0	0	1
0	0	1	0	1	0
0	1	0	0	1	1
0	1	1	1	0	0
1	0	0	0	0	0
1	0	1	0	1	0
1	1	0	0	1	0
1	1	1	0	0	0

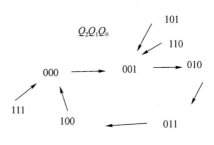

6-5

Q_2^n	Q_1^n	Q_0^n	Q_2^{n+1}	Q_1^{n+1}	Q_0^{n+1}
0	0	0	0	0	0
0	0	1	0	1	1
0	1	0	1	0	0
0	1	1	1	1	1
1	0	0	0	0	1
1	0	1	0	1	0
1	1	0	1	0	1
1	1	1	1	1	0

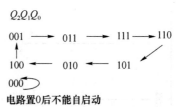

电路置0后不能自启动

6-6

Q_2^n	Q_1^n	Q_0^n	Q_2^{n+1}	Q_1^{n+1}	Q_0^{n+1}
0	0	0	0	0	1
0	0	1	0	1	0
0	1	0	0	1	1
0	1	1	1	0	0
1	0	0	1	0	1
1	0	1	1	1	0
1	1	0	0	0	1
1	1	1	0	0	0

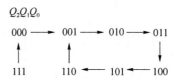

6-7

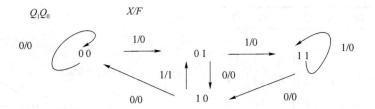

6-8

A	B	Q^n	Q^{n+1}	S
0	0	0	0	0
0	0	1	0	1
0	1	0	0	1
0	1	1	1	0
1	0	0	0	1
1	0	1	1	0
1	1	0	1	0
1	1	1	1	1

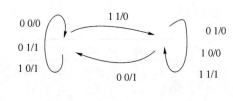

6-9

X	0	1	1	0	1	0	0	0	1	0	0
Q_2Q_1	00	00	01	01	11	01	11	00	00	01	11
Z_1	1	1	0	0	0	0	1	1	1	0	1
Q_2Q_1	00	01	00	10	11	10	11	01	00	01	01
Z_2	1	0	0	1	0	1	1	0	1	0	0

6-10

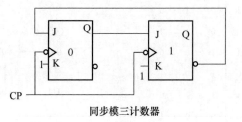

同步模三计数器

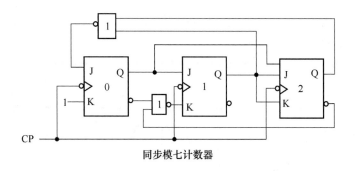

同步模七计数器

同步模五计数器

6-15

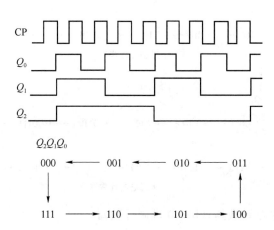

6-16

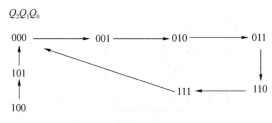

能自启动

6-17

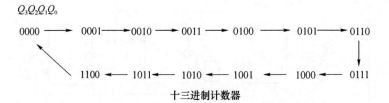

$Q_3Q_2Q_1Q_0$

0000 ⟶ 0001 ⟶ 0010 ⟶ 0011 ⟶ 0100 ⟶ 0101 ⟶ 0110

1100 ⟵ 1011 ⟵ 1010 ⟵ 1001 ⟵ 1000 ⟵ 0111

十三进制计数器

6-18

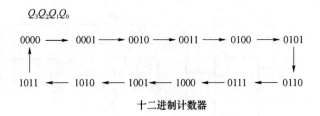

$Q_3Q_2Q_1Q_0$

0000 ⟶ 0001 ⟶ 0010 ⟶ 0011 ⟶ 0100 ⟶ 0101

1011 ⟵ 1010 ⟵ 1001 ⟵ 1000 ⟵ 0111 ⟵ 0110

十二进制计数器

6-19

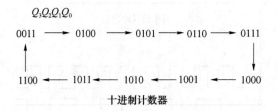

$Q_3Q_2Q_1Q_0$

0011 ⟶ 0100 ⟶ 0101 ⟶ 0110 ⟶ 0111

1100 ⟵ 1011 ⟵ 1010 ⟵ 1001 ⟵ 1000

十进制计数器

6-20

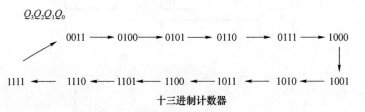

$Q_3Q_2Q_1Q_0$

0011 ⟶ 0100 ⟶ 0101 ⟶ 0110 ⟶ 0111 ⟶ 1000

1111 ⟵ 1110 ⟵ 1101 ⟵ 1100 ⟵ 1011 ⟵ 1010 ⟵ 1001

十三进制计数器

6-21 （a）137 进制计数器;(b) 50 进制计数器。

6-22

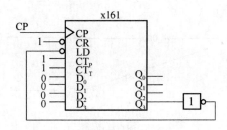

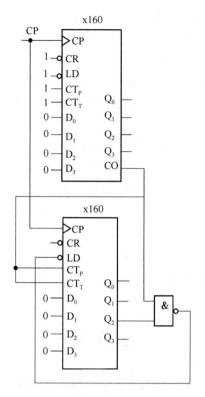

6-27 (a) 136 进制计数器;(b) 65 进制数计数器。

第 7 章

7-1 (1) ROM、RAM   (2) $2^{13} \times 8$ bit   (3) 12、8

7-2 问答题

(1) 字扩展相当于扩展地址线的条数,扩展一条地址线,则字数增大一倍,扩展时需要根据扩展量将 2 个或者 2 个以上的存储芯片串行连接,以增加地址线的条数来扩大存储容量。

位扩展就是根据需扩展的数据位数,将 2 个或者 2 个以上的存储芯片并行连接而扩大存储容量,也就是提高数据线的条数。

用户自己购买内存条进行内存扩充,是在进行 RAM 扩展。

(2) 可编程逻辑器件按照集成度分为低密度 PLD,它的集成度低,小于 1 000 门,例如 PLA、PAL、GAL;高密度 PLD,它的集成度高,大于 1 000 门,例如

CPLD、FPGA。

共同点是可由使用者根据自己的需要来设计、生成逻辑功能电路,即将逻辑电路转化为程序代码发送到 PLD 中,来修改 PLD 中存储单元的数据,使其建立特定结构,实现所需功能。

(3) 相同点是可以多次反复编程,断电后数据能保存。

不同点是 EPROM 是用紫外光擦写的可编程逻辑器件,E^2PROM 是用电来擦写的可编程逻辑器件。

(4) CPLD 是复杂可编程逻辑器件,FPGA 是现场可编程门阵列,都是可编程逻辑器件,共同之处是都可以完成大规模数字系统电路设计。但由于 CPLD 和 FPGA 结构上的差异,具有各自的特点:CPLD 更适合完成组合逻辑电路,FPGA 适合于完成时序逻辑电路,FPGA 的集成度比 CPLD 高。

7-3　(1) ×　(2) √　(3) ×　(4) ×

7-4　(1) B　(2) A　(3) A　(4) A　(5) A　(6) B、D

7-5　$2^{11} \times 8$ bit = 2 048 B,地址范围为 $000.0000.0000_2 \sim 111.1111.1111_2$,最高地址为 $7FF_{16}$。

第 8 章

8-1　单稳态触发器是一种能够改变其输入触发脉冲宽度的振荡器。它有两种状态,一个状态是稳定状态(简称稳态),一个状态是暂稳态。在外界触发脉冲的作用下,单稳态触发器可由稳态转换到暂稳态,暂稳态的持续时间由 RC 定时电路决定。暂稳态结束,电路又恢复为稳态,若无触发脉冲,电路将继续保持稳态不变。如下图所示:

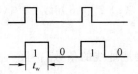

8-2　多谐振荡器是一种利用正反馈产生矩形波的自激振荡器,称之为"多谐"是因为矩形波中含有多次谐波。多谐振荡器有两种状态,但这两种状态都是暂时稳定的状态(简称暂稳态),故又称为无稳态电路。多谐振荡器常用于提供数字系统的同步时钟脉冲。如下图所示:

8-3　由式(8-1)可知,减少电阻 R、电容 C,可以提高振荡频率。选择(2)。

8-4　由式(8-5)可知,提高电阻 R_A,减小电阻 R_B,可以提高振荡频率。选择(2)。

8-5　由式(8-6)可知,提高电阻 R、电容 C,可以加大输出脉冲宽度。选择(1)、(3)。

8-6　这种环形振荡器必须为奇数个首尾相连,若一瞬间 G_5 输出为1,则 G_1 的输入为1,经过5个 t_{pd} 延迟后 G_5 输出为0,再经过5个 t_{pd} 延迟后 G_5 输出为1,因此,振荡器输出的周期为($10t_{pd}$)。由 $10t_{pd}=1/100\ \text{MHz}$,可以计算出 $t_{pd}=10^{-9}\text{s}=1\ \text{ns}$。

8-7　基本 RS 触发器具有保持、置0和置1功能,555定时电路也具有与之类似的功能。实际上,555定时电路的输入信号通过比较器与参考电压比较,比较结果以0、1或保持的形式由基本 RS 触发器存储,并经由缓冲电路输出。因此,555定时电路也具有保持、置0和置1的逻辑功能。

8-8　参见图8-13、图8-16,略。

8-9　假定电容初始电压为0,则 $R_d=1,\overline{Q}=5\ \text{V}$,$\overline{Q}$ 经 R、C 给电容充电。当电容充电到 V_{TH} 时,$R_d=0,\overline{Q}=5\ \text{V}$,触发器处于保持状态,电容继续充电。在下一个 CP 的上升沿,$\overline{Q}=0$,电容通过 R、C 放电,当电容放电到 V_{TH} 时,$R_d=1,\overline{Q}=5\ \text{V}$,又给电容充电,直到又一个 CP 的上升沿,周而复始地重复工作。这个电路是一个简单的单稳态电路,在 CP 的上升沿触发,单稳态时间由 CP 的周期和 R、C 的大小决定。示意图如下:

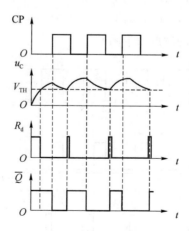

8-10　触发信号未到时,u_I 为低电平,输出 u_O 为高电平;正触发脉冲到来时,u_{O1} 翻为低电平,此时由于 u_{O2} 仍为高电平,输出 u_O 为低电平,电容通过 R 放电,当 u_{O2}

下降到 V_{TH} 时（u_I 仍为高电平），输出 u_O 翻为高电平，暂稳态过程结束。波形图如下。

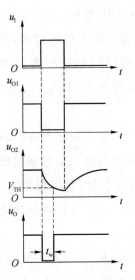

8-11 (1) 输出脉宽：$t_w = 0.7 R_{ext} C_{ext} = 0.7(R + R_w)$，分别代入 $R_w = 0$ 和 $22\ \text{k}\Omega$ 计算，可得到 t_w 的调节范围为 $3.6\ \text{ms} \leqslant t_w \leqslant 19\ \text{ms}$。

(2) 电阻 R 起保护作用。若无 R，当电位器调到零时，若输出由低变高，则电容 C 瞬间相当于短路，V_{CC} 将直接加于内部门电路输出而导致电路损坏。

8-12 (1) 输出脉宽

$t_{w1} = 0.7 R_1 C_1 = 0.7 \times 0.1 \times 10^{-6} \times 30 \times 10^3\ \text{s} = 2.1\ \text{ms}$

$t_{w2} = 0.7 R_2 C_2 = 0.7 \times 0.1 \times 10^{-6} \times 15 \times 10^3\ \text{s} = 1.1\ \text{ms}$

(2) 输出 u_{O1}、u_{O2} 的波形如下图所示。

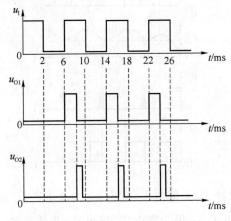

8-13 脉冲宽度 $t_{\mathrm{w}}=0.7RC=3\ \mathrm{ms}$，$R=2\ \mathrm{k\Omega}$，可以计算出 $C=2.14\ \mu\mathrm{F}$。

8-14 555 定时电路构成单稳态触发器，输入触发脉冲的宽度必须小于暂稳态脉冲宽度，否则，单稳态触发器电路变成反相器。若输入脉冲低电平持续时间过长，可以加微分电路以减小低电平持续时间。

8-15 电路如下图所示，电容充电时间 $T_1=0.7(R_{\mathrm{A}}+R_{\mathrm{B}})C$，电容放电时间 $T_2=\ln 2R_{\mathrm{B}}C=0.7R_{\mathrm{B}}C$。

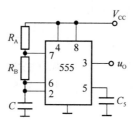

周期

$$T=T_1+T_2=0.7(R_{\mathrm{A}}+2R_{\mathrm{B}})C$$

频率

$$f=\frac{1}{T}=\frac{1.44}{(R_{\mathrm{A}}+2R_{\mathrm{B}})C}$$

占空比

$$D=\frac{T_1}{T}=\frac{T_1}{T_1+T_2}\times100\%=\frac{R_{\mathrm{A}}+R_{\mathrm{B}}}{R_{\mathrm{A}}+2R_{\mathrm{B}}}\times100\%$$

由题意可知，$f=20\ \mathrm{kHz}$，$D=0.75$，可以得到 $R_{\mathrm{A}}=2R_{\mathrm{B}}$，$R_{\mathrm{A}}C=3.6\times10^{-5}$。若 $R_{\mathrm{B}}=100\ \Omega$，$R_{\mathrm{A}}=200\ \Omega$，$C=18\ \mu\mathrm{F}$。

8-16 暂稳态时间 $t_{\mathrm{w}}=0.7\times RC=0.7\times330\times0.1\times10^{-6}=23.1\ \mu\mathrm{s}$。$u_{\mathrm{I1}}$ 低电平触发脉冲为 $50\ \mu\mathrm{s}$，大于 t_{w}，故不能作为触发脉冲；u_{I2} 低电平触发脉冲为 $20\ \mu\mathrm{s}$，小于 t_{w}，故可以作为触发脉冲。

波形图如下：

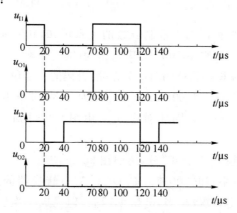

8-17 555 定时电路 I、II 均构成多谐振荡器,当 I 输出为高电平时,II 开始工作。

555 定时电路 I 的振荡频率为

$$f_1 = \frac{1}{T_1} = \frac{1.44}{(R_{A1} + 2R_{B1})C_1} = 0.069 \text{ Hz}$$

555 定时电路 I 的正脉宽的时间为

$$T_1 = 0.7(R_{A1} + R_{B1})C_1 = 7.7 \text{ s}$$

555 定时电路 II 的振荡频率为

$$f_2 = \frac{1}{T_2} = \frac{1.44}{(R_{A2} + 2R_{B2})C_2} = 1\,385 \text{ Hz}$$

因此,u_{O2} 的振荡频率为 1 385 Hz,振荡持续时间为 7.7 s。

8-18 555 定时电路 I 接成单稳态电路,由开关 S 触发,其暂稳态时间(延迟时间)为

$$t_d = 1.1 \times 1 \times 10 = 11 \text{ s}$$

555 定时电路 II 接成多谐振荡器,其频率(扬声器发出声音的频率)为

$$f = \frac{1}{0.7 \times 15 \times 0.01} \approx 10 \text{ kHz}$$

第 9 章

9-1 填空

(1) 40 mV,5.32 V； (2) 采样、保持、量化和编码； (3) 20 kHz,50 μs；

(4) 精度,速度； (5) 双斜积分式,逐次比较式。

9-2 由 $u_O = -\frac{V_{REF}}{2^8} \sum\limits_{i=0}^{7} D_i 2^i$ 可知,其最小分辨率 $\frac{V_{REF}}{2^8} = 0.02$ V,则 $V_{REF} = 5.12$ V。

将输入代码 01001101 代入输出电压表达式,可得到 $u_O = 1.54$ V。分辨率为 $1/(2^8 - 1) = 0.39\%$。

9-3 (1) 将 101001 代入 $u_O = \frac{10}{2^6} \sum\limits_{i=0}^{5} D_i 2^i$,$u_O = 6.41$ V。

(2) 由表 9-1 偏移码与十进制分数的关系可知,100000 对应着 0 输出,100001 对应着 $1/32 \times 10$,则 101001 对应电压为 $(8+1)/32 \times 5 = 1.41$ V。

(3) 由表 9-1 偏移码和补码对应关系是:补码的符号位取反后得到偏移码。补码 101001 对应的偏移码为 001001,对应电压为 $[-32/32 + (8+1)/32] \times 5 = -3.59$ V。

9-4 $11/16 < 7/10 < 13/16$,因此对应 $6/8$,由图 9-2 可知,其对应的二进制输出为 110。

9-5 FSR=10 V,进行 16(2^4)等分,仿照图 9-2 画出。

9-6 转换精度(分辨率)和转换速度是 D/A、A/D 转换器的重要指标。分辨率由转换器的位数决定,位数越多,分辨率越高,但完成一次转换的时间就长,即转换

速度就低。因此,分辨率和速度是一对矛盾,在实际使用时,应根据具体情况折中选择。

9-7 (1) 失调误差。失调误差又称零点误差,它的定义是:当数字输入全为 0 时,其模拟输出值与理想输出值的偏差值。对于单极性 D/A 转换,模拟输出的理想值为零点。对于双极性 D/A 转换,理想值为负域满刻度。偏差值大小一般用 LSB 的分数或用偏差值相对满刻度的百分数表示。

(2) 增益误差。D/A 转换器的输入与输出传递特性曲线的斜率称为 D/A 转换增益或标度系数,实际转换的增益与理想增益之间的偏差称为增益误差。增益误差在消除失调误差后用满码(全 1)输入时,其输出值与理想输出值(最大值)之间的偏差表示,一般也用 LSB 的分数或用偏差值相对满刻度的百分数来表示。

(3) 非线性误差。D/A 转换器的非线性误差定义为实际转换特性曲线与理想转换特性曲线之间的最大偏差,并以该偏差相对于满刻度的百分数度量。

失调误差和增益误差可通过调整使它们在某一温度的初始值为零,但受温度系数的影响,仍存在相应的温漂失调误差和增益误差。非线性误差不可调整。

DAC 的最大转换误差为失调误差、增益误差和非线性误差之和,ADC 的最大转换误差为量化误差、失调误差、增益误差和非线性误差之和。

9-8 因为 $R_F = 1/2R$,所以 $u_O = -\dfrac{10}{2^3} \displaystyle\sum_{i=0}^{2} D_i 2^i$。将 $D_2 D_1 D_0 = 101$ 代入,可得到

$u_O = 10/8 \times 5 = 6.25 \text{ V}$。

9-9 (1) 权电阻网络 DAC 结构简单,所用的电阻个数少。电阻的阻值相差较大,且电阻的数值较多,不是规格数值,当输入信号位数较多时,这个问题更加突出。为了保证转换精度,要求阻值很精确,这是很困难的。

(2) 倒 T 形 DAC 结构稍复杂,所用电阻个数较多,电阻阻值仅有两种,便于制造及提高精度。

9-10 尽管倒 T 形电阻网络 D/A 转换器具有较高的转换速度,但由于电路中存在模拟开关电压,当流过各支路的电流稍有变化时,就会产生转换误差。为进一步提高 D/A 转换器的转换速度,可采用权电流激励型 D/A 转换器。利用了恒流源电路之后,各支路权电流的大小均不受开关导通电阻和压降的影响,这就降低了对开关电路的要求,提高了转换精度。

9-11 图 9-9 为 AD7524 的典型应用电路,若 $V_{REF} = 10 \text{ V}$,其电路输出

$$u_O = -\frac{10}{2^8} \sum_{i=0}^{7} D_i 2^i$$

代入相应的数字量输入,可得到对应的输出值。

(1) 0 V

(2) $10/256 \times (2+1) = 11.84$ V

(3) $10/256 \times (2^7) = 5$ V

(4) $10/256 \times (2^7 + 2^6 + 2^5 + 2^4 + 2^3 + 2^2 + 2^1) = 10 \times 254/256 = 9.92$ V

9-12   推导过程参见 9.2.1 节,略。

9-13   电路输出电压 $u_\mathrm{O} = -\dfrac{10}{2^4}\displaystyle\sum_{i=0}^{3} D_i 2^i$。当 $D_3 D_2 D_1 D_0$ 分别等于 0001、0010、0100、

1000 时,u_O 分别等于 $10/16 \times 1$、$10/16 \times 2$、$10/16 \times 4$、$10/16 \times 8$,即为 0.625 V、

1.25 V、2.5 V、5 V。

9-14   图 9-12 为斜坡式 ADC,其转换时间由式(9-3)决定

$$\frac{V_{\mathrm{REF}}}{I_{\mathrm{REF}} R_{\mathrm{IN}}} 2^n T_\mathrm{C} = \frac{R_{\mathrm{REF}}}{R_{\mathrm{IN}}} 2^8 T_\mathrm{C} = 2^9 T_\mathrm{C} = 0.256 \text{ ms}$$

满量程时的输入值为

$$\frac{\displaystyle\sum_{i=0}^{7} 2^i}{2^8} I_{\mathrm{REF}} R_{\mathrm{IN}} = \frac{255}{2^8} I_{\mathrm{REF}} R_{\mathrm{IN}} = \frac{255}{2^8} \times 5$$

其对应的计数器输出为 11111111,当输入为 4.5 V 时,对应的计数器输出为

$\dfrac{255 \times 4.5}{\dfrac{255}{2^8} \times 5} = 230$,其对应的 8 位二进制数为 11100110。

9-15

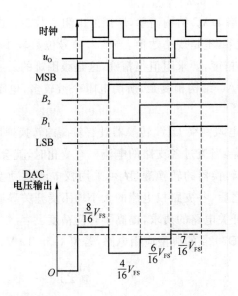

9-16 $3\frac{1}{2}$ 位十进制双斜积分 ADC 的最大计数能力为 1 999,由题意可知,$N_i=1\,000$,

$N_x=1\,999,u_{IN}=1.999$ V,则由式(9-6)可得,$V_{REF}=u_{IN}\cdot N_i/N_x=1$ V。

计数周期 $T_{CP}=1/f_{CP}=20$ μs。$T_i=1\,000T_{CP}=20$ ms,$T_x=1\,999T_{CP}=39.98$ ms。

在定时积分段,积分器的输出 u_O 与输入 u_{IN} 的关系为

$$u_O=-\frac{1}{RC}\int_0^{T_i}u_{IN}\mathrm{d}t=-\frac{1}{10^5\times0.1\times10^{-6}}\int_0^{1\,000\times2\times10^{-5}}1.999\,\mathrm{d}t=-3.998\text{ V}$$

波形图如下:

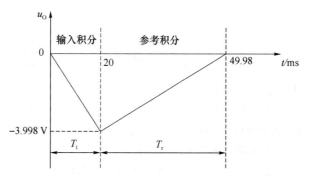

9-17 ADC 主要有反馈式 ADC、积分式 ADC 和并行比较式 ADC 三大类。

反馈式 ADC 由 DAC、比较器和数字逻辑电路三部分构成。数字逻辑电路为 DAC 提供了从零开始递增的数字输入,当 DAC 的输出等于模拟输入时,比较器能自动检测并给出信号,使数字逻辑电路停止计数。这时 DAC 输入的数字量即代表了模拟输入信号。

积分式 ADC 包括双斜积分式 ADC 和量化反馈式 ADC。双斜积分式 ADC 由积分器、比较器、计数器和电子开关组成,在定时积分段,对输入电压进行固定时间的积分;在定压积分段,用参考电压进行积分,使输出电压返零,计数器的输出就是转换结果。

并行比较式 ADC 由电阻分压器、电压比较器、寄存器及编码器组成。电阻分压器将参考电压量化,输入电压直接与之进行比较,从而判断出其大小区间,最后通过编码得到转换结果。

反馈式 ADC 速度较快、转换精度高、所用器件较少、结构简单、应用广泛。

积分式 ADC 抗干扰能力强、速度较慢、转换精度较低。

并行比较式 ADC 速度最快、结构复杂。

9-18 首先将二进制计数器清零,使 $u_O=0$。加上输入信号($u_I>0$),比较器 A 输出高电平,打开与门 G,计数器开始计数,u_O 增加。同时 u_I 亦增加,若 $u_I>u_O$,继续计数,反之停止计数。但只要 u_O 未达到输入信号的峰值,就会增加,只有当 $u_O=u_{Imax}$ 时,才会永远关闭门 G,使之得以保持。

9-19　(1) 若被检测电压 $u_{\text{I(max)}}=2\ \text{V}$，要求能分辨的最小电压为 $0.1\ \text{mV}$，则二进制计数器的容量应大于 $20\,000$；需用 15 位二进制计数器。

(2) 若时钟频率 $f_{\text{CP}}=200\ \text{kHz}$，则采样时间 $T_1=2^{15}\times5\ \mu\text{s}=163.8\ \text{ms}$。

(3) $\dfrac{T_1}{RC}\times2\ \text{V}=5\ \text{V}$，$RC=409.5\ \text{ms}$。

9-20　(1) DAC 的输出 $u_{\text{O}}=\dfrac{V_{\text{REF}}}{2^{10}}\displaystyle\sum_{i=0}^{9}D_i2^i$，输出最大值为

$$u_{\text{Omax}}=\frac{V_{\text{REF}}}{2^{10}}(2^{10}-1)=\frac{1\,023\times V_{\text{REF}}}{1\,024}=12.276$$

则，$V_{\text{REF}}=12.288\ \text{V}$。

若输入 $u_1=4.32\ \text{V}$，则 $\dfrac{V_{\text{REF}}}{2^{10}}\displaystyle\sum_{i=0}^{9}D_i2^i=4.32\ \text{V}$，$\displaystyle\sum_{i=0}^{9}D_i2^i=360$。则 $D=$

$Q_9Q_8\cdots Q_0=0100101100$。

(2) 完成一次转换的时间为 $(10+1)T_{\text{CP}}=11/500\times10^{-3}=22\ \mu\text{s}$。

9-21　(1) 完成一次转换的时间为 $(8+1)T_{\text{CP}}=9\times1/250\times10^{-3}=36\ \mu\text{s}$。

(2) A/D 转换器的输出为 01001111。

9-22　(1) $2\ \text{V}/2\ \text{mV}=1\,000$，$2^{10}>1\,000$，故至少应选取 10 位的 A/D 转换器。

(2) $T_{\text{CP}}=1/f_{\text{CP}}$，$T_1/T_{\text{CP}}=992$。

(3) 定压积分段时间 T_r 应大于定时积分段时间 T_i，计数器预置的初值应该小于计数器的计数最大值。

9-23　74LS161 接成十六进制计数器，计数器的输出接到 EPROM2716 的低四位地址输入端，2716 的高 7 位地址接地，2716 内部存储的数据由表 P9-23 给出，随着计数器的不断计数，2716 输出对应的数据给 AD7524(DAC) 作为高四位数据。AD7524 的输出 $u_{\text{O}}=-\dfrac{5}{2^8}\displaystyle\sum_{i=0}^{7}D_i2^i$，可以画出其波形如下：

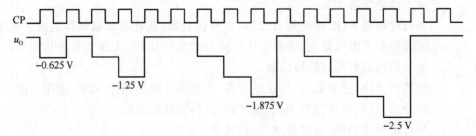

附录　典型中规模集成电路的国标逻辑符号及说明

　　本书在前述章节中介绍的中规模集成电路,仅给出了常用的逻辑符号,它们的国标逻辑符号在本附录予以介绍和说明。数字集成电路的国标逻辑符号是由国家标准 GB/T4728.12—1996 规定的表示方法,这个标准与国际标准 IEC60617—12 基本相同。目前,在实际应用中国标逻辑符号和国际标准逻辑符号使用较少,但今后可能会有越来越多地使用。

　　本附录仅对书中讲解的中规模集成电路的国标逻辑符号进行介绍,其他更多的内容请查阅专门的书籍。

A.1　中规模组合集成电路国标逻辑符号

1. x283 四位二进制加法器

　　四位二进制加法器 x283 的国标逻辑符号如图 A-1 所示。国标逻辑符号是由方框或方框组合和定性符号组成的。定性符号包括总定性符号和分定性符号,总定性符号用来标明中规模集成电路输出和输入之间的逻辑功能,分定性符号用来标明与具体的输入和输出有关的逻辑关系。在图 A-1 国标逻辑符号中,方框上方的 Σ 是加法器的总定性符号,下面 Σ 表示加法和的输出,大括号及数字 0 和 3 表示加法和共有四位输出,从 $0\sim3$;P 和 Q 代表四位加数和被加数;CI 和 CO 分别代表进位输入和进位输出。图中也标记了常用逻辑符号中所用的输入、输出变量(以下同)。

2. x181 四位算逻单元

　　四位算逻单元 x181 的国标逻辑符号如图 A-2 所示。图中最上面标注 ALU 总定性符号的方框是公共控制框,方框中的输入变量 $0\sim4$ 完成对本方框输出和下面各方框的控制。$M\dfrac{0}{31}$ 是方式关联符号,$0\sim31$ 控制本方框内的输出:$0\sim15$ 控制 CP、CG、CO 输出端,22 控制 $P=Q$ 输出端(注:根据 x181 功能表,① 当 $M=0$ 时,ALU 完成算术运算,CP、CG 和 CO 均为算术运算输出,因此由 $0\sim15$ 控制;② 当 $M=1$ 且 $S_3S_2S_1S_0=0110$ 时,$F=\overline{A\oplus B}$,即 $A=B$ 时,$P=Q$ 端输出为 1,因此由 $MS_3S_2S_1S_0=10110=22$ 控制)。

"◇"符号代表无源上拉输出。

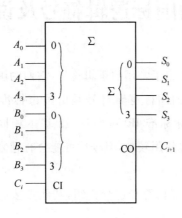

图 A-1　四位二进制加法器 x283 国标逻辑符号

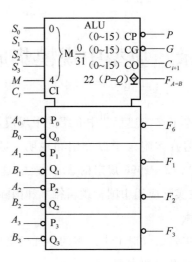

图 A-2　四位算逻单元 x181 国标符号

3. x147 二-十进制优先编码器

二-十进制优先编码器,也称 10 线-4 线优先编码器,x147 的国标逻辑符号如图 A-3 所示。总定性符号用 HPRI/BCD 表示,输入 1～9,输出 1、2、4、8,全部是低电平有效。

4. x138 3 线-8 线译码器(包括八路数据分配器)

3 线-8 线译码器 x138 的国标逻辑符号如图 A-4 所示,x138 作为八路数据分配器的国标逻辑符号如图 A-5 所示。在图 A-4 中,BIN/OCT 是 3 线-8 线译码器的总定性符号,数字 0～2 表示三位二进制码输入,数字 0～7 表示译码器八个输出信号,小方框用 & 表明三个输入是一种与逻辑关系,并用符号 EN 标明对输出信号的使能作用。

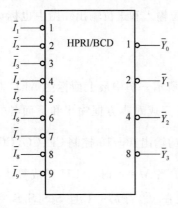

图 A-3　二-十进制优先编码器 x147 国标符号

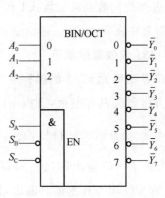

图 A-4　3 线-8 线译码器 x138 国标符号

在图 A-5 中,DMUX 是八路数据选择器的总定性符号,$G\dfrac{0}{7}$ 是与关联符号,说明通过 $0\sim2$ 三个变量控制输入数据向输出 $0\sim7$ 的传送。

注:这里的国标符号表示的是 x138 的 S_A 端作为数据输入端的情况。

5. x247 显示译码器

显示译码器 x247 的国标逻辑符号如图 A-6 所示,BIN/7SEG 是总定性符号,▷ 表示具有驱动功能。G21 是与关联符号,其和标记有 21 的输出是与逻辑关系,旁边的小圈是反相圈,其代表的方框是由四个外部输入和一个内部输入 $CT=0$,以及或、与逻辑关系组成。$CT=0$ 代表当这个内部输入有效时,与门接入 0。V20 是或关联符号,其和标记有 20 的输出是或逻辑关系。

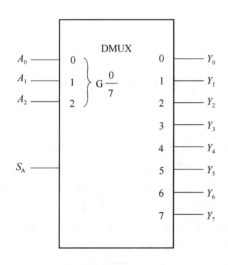

图 A-5　八路数据选择器 x138 国标符号

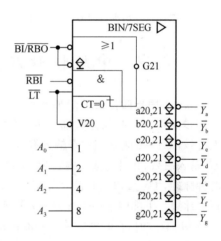

图 A-6　七段显示译码器 x247 国标符号

6. x153 双四选一数据选择器

双四选一数据选择器 x153 的国标符号如图 A-7 所示。MUX 为数据选择器的总定性符号,最上面方框为公共控制框,$G\dfrac{0}{3}$ 控制下面方框中每个输入到输出的数据传送。EN 为使能端,$0\sim3$ 为输入数据端,最下面方框与其上面方框功能完全一样,符号省略。

7. x151 八选一数据器

八选一数据选择器的国标符号如图 A-8 所示。

8. x85 四位数值比较器

四位数值比较器 x85 的国标符号如图 A-9 所示,COMP 是总定性符号。

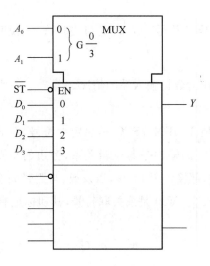

图 A-7 双四选一数据选择器 x153 国标符号

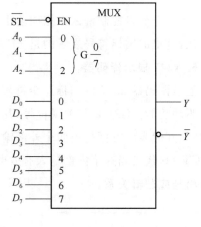

图 A-8 八选一数据选择器 x151 国标符号

A.2 中规模时序集成电路国标逻辑符号

1. x161 同步四位二进制加计数器

同步四位二进制加计数器 x161 的国标逻辑符号如图 A-10 所示。CTRDIV16 是总定性符号，CT＝0 表示当这个输入有效时，内容 0 送入计数器（即异步清零），3CT＝15 表示当 G_3 输入有效，并且计数器内容为 15 时，该输出为有效。M_1、M_2、G_3、G_4 均为控制信号，C5 为时钟脉冲，C5 /2,3,4＋表示当 M_2、G_3、G_4 为有效电平时，在时钟脉冲 CP 上升沿，计数器进行加计数。下部四个小矩形方框表示四个触发器，[1][2][4][8] 代表每一位的权值，1,5D 表示当 M_1 有效时，在时钟脉冲上升沿将输入数据并行送给其相应的计数输出。

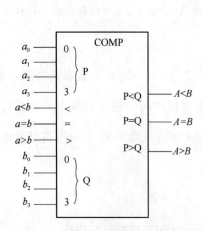

图 A-9 四位数值比较器 x85 国标符号

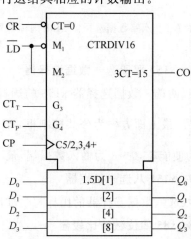

图 A-10 同步四位二进制加计数器 x161 国标符号

2. x160 同步十进制加计数器

同步十进制加计数器 x160 的国标逻辑符号与图 A-10 基本相同,仅总定性符号改为 CTRDIV10,输出改为 3CT＝10 。

3. x194 四位移位寄存器

四位移位寄存器 x194 的国标符号如图 A-11 所示。当图中 $M\dfrac{0}{3}$ 方式关联符号取值为 1 时,寄存器内容在时钟脉冲 C4 作用下右移一位,并且接收 D_{SR} 输入,这由"1→"和"1,4D"标明。当 $M\dfrac{0}{3}$ 取值为 2,寄存器在 C4 作用下左移一位,接收 D_{SL} 输入,这由"2←"和"2,4D"标明。当 $M\dfrac{0}{3}$ 取值为 3,寄存器在 C4 作用下完成 $D_0 \sim D_3$ 数据的并入,这由"3,4D"标明。

4. x175 4D 触发器(四位寄存器)

4D 触发器即四位寄存器 x175 的国标符号,如图 A-12 所示,RG4 是总定性符号。

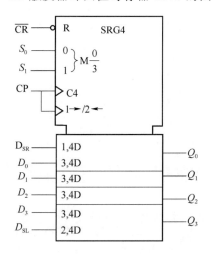

图 A-11　四位移位寄存器 x194 国标符号

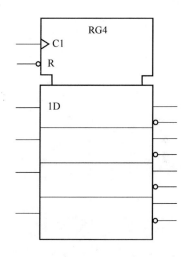

图 A-12　4D 触发器 x175 国标符号

参 考 文 献

1 韩振振，唐志宏. 数字电路逻辑设计. 大连：大连理工大学出版社，2000.

2 王毓银. 数字电路逻辑设计. 北京：高等教育出版社，2005.

3 康华光. 电子技术基础（数字部分）. 北京：高等教育出版社，2006.

4 阎石. 数字电子技术基础. 北京：高等教育出版社，1999.

5 John F. Wakerly. Digital Design：Princinples and Practices. 3rd Ed. Published by arrangement With Prentice Hall，Inc.，a Pearson Education Company，2000.

6 D. Winkel，F. Prosser. The Art of Digital Design. Prentice Hall，1980.